中国工程院院士文集

《魏复盛文集》编委会 编

魏复盛

文集

中国环境出版集团·北京

图书在版编目（CIP）数据

魏复盛文集 /《魏复盛文集》编委会编. -- 北京 : 中国环境出版集团, 2019.1

ISBN 978-7-5111-3858-3

Ⅰ. ①魏… Ⅱ. ①魏… Ⅲ. ①环境科学－文集 Ⅳ. ① X-53

中国版本图书馆 CIP 数据核字 (2018) 第 270660 号

出 版 人 武德凯
责任编辑 赵惠芬
责任校对 任 丽
装帧设计 彭 杉

出版发行 中国环境出版集团
（100062 北京市东城区广渠门内大街 16 号）
网 址：http://www.cesp.com.cn
电子邮箱：bjgl@cesp.com.cn
联系电话：010-67112765（编辑管理部）
010-67168033（环境技术分社）
发行热线：010-67125803，010-67113405（传真）
印 刷 北京建宏印刷有限公司
经 销 各地新华书店
版 次 2019 年 1 月第 1 版
印 次 2019 年 1 月第 1 次印刷
开 本 787×1092 1/16
印 张 25.25
字 数 430 千字
定 价 168.00 元

总序

二〇一二年暮秋，中国工程院开始组织并陆续出版《中国工程院院士文集》系列丛书。《中国工程院院士文集》收录了院士的传略、学术论著、中外论文及其目录、讲话文稿与科普作品等。其中，既有早年初涉工程科技领域的学术论文，亦有成为学科领军人物后，学术观点日趋成熟的思想硕果。卷卷《文集》在手，众多院士数十载辛勤耕耘的学术人生跃然纸上，透过严谨的工程科技论文，院士笑谈宏论的生动形象历历在目。

中国工程院是中国工程科学技术界的最高荣誉性、咨询性学术机构，由院士组成，致力于促进工程科学技术事业的发展。作为工程科学技术方面的领军人物，院士们在各自的研究领域具有极高的学术造诣，为我国工程科技事业发展做出了重大的、创造性的成就和贡献。《中国工程院院士文集》既是院士们一生事业成果的凝练，也是他们高尚人格情操的写照。工程院出版史上能够留下这样丰富深刻的一笔，余有荣焉。

我向来认为，为中国工程院院士们组织出版《院士文集》之意义，贵在"真、善、美"三字。他们脚踏实地，放眼未来，自朴实的工程技术升华至引领学术前沿的至高境界，此谓其"真"；他们热爱祖国，提携后进，具有坚定的理想信念和高尚的人格魅力，此谓其"善"；他们治学严谨，著作等身，求真务实，科学创新，此谓其"美"。《院士文集》集真、善、美于体，辩而不华，质而不俚，既有"居高声自远"之澹泊意蕴，又有"大济于苍生"之战略胸怀，斯人斯事，斯情斯志，令人阅后难忘。

读一本文集，犹如阅读一段院士的"攀登"高峰的人生。让我们翻开《中国工程院院士文集》，进入院士们的学术世界。愿后之览者，亦有感于斯文，体味院士们的学术历程。

徐匡迪

2012 年 7 月

魏复盛　实干的环境监测技术专家

魏复盛，1938 年 11 月出生于四川省简阳县，1964 年毕业于中国科学技术大学化学系，曾任中国科技大学讲师，中国环境监测总站副站长、总工程师，1997 年当选为中国工程院院士，曾任第四、第五、第六届中国环境科学学会副理事长，第四、第五、第六届全国环境监测专业委员会主任，第十届全国人大常委会委员、环境资源委员会委员。主要专业方向：环境化学、环境监测技术与方法，环境污染与健康研究。魏复盛多年来致力于环境技术体系研究和建设，负责、承担了国家一系列重大科技攻关课题及国际合作研究项目，并主持承担了中国工程院重大、重点战略咨询研究项目。魏复盛在环境监测、环境与健康、土壤环境保护及环境与经济协调发展战略咨询等有关方面作出了突出的贡献，先后获得两项国家科技进步奖、中国光华科技奖、环境化学终身成就奖。他培养出博士后、博士生、硕士生 30 多人，在核心刊物发表论文 230 余篇，出版专著十余部。

▲ 2018 年 4 月魏复盛院士和工程院李晓红院长环境与轻纺工程学部常委合影

▲ 魏复盛在中国环境监测总站科学家团队签约仪式上作报告

▲ 2010 年 6 月魏复盛院士获得第八届光华工程科技奖工程奖

▲ 2017 年 10 月魏复盛院士在第九届全国环境化学大会上获首届环境化学终身成就奖

▲ 魏复盛院士和蔡道基院士及工程院战略咨询课题组在宁夏调研

▼ 2004 年魏复盛院士与人大环资委人员考察大宁河（小三峡）富营养化情况

▲ 京津冀发展战略咨询专家委员会合影

▼ 魏复盛院士和钱正英院士、梁维燕院士等专家出席三峡工程论坛

◀ 魏复盛院士与共同主持中国土壤环境背景值科技攻关项目的专家——北京大学陈静生教授、中国科学院吴燕玉教授在一起

▶ 魏复盛院士与钱易院士、陈述彭院士在调研考察中

◀ 魏复盛院士与金鉴明院士、蔡道基院士在调研考察中

《水和废水监测分析方法》编写组合影

1987年在《水和废水监测分析方法》标准起草专家会上讲话

1993年魏复盛院士率团访问美国环境保护局

2002年6月中美合作砌对健康影响课题组合影

▲ 魏复盛院士和他的部分博士生

▼ 魏复盛院士和家人

目 录

第一篇

媒体访谈录

脚踏实地，环保探索路

魏复盛（1938—），四川省简阳县人。环境化学、环境监测专家，博士生导师，中国环境科学学会第五届、第六届副理事长，第四届、第五届、第六届全国环境监测专业委员会主任，第十届全国人大常委会委员，1997 年当选为中国工程院院士。20 世纪 70 代中期开始进行环境监测分析技术与方法的研究。20 世纪 80 年代中期领导并组织了全国按照水和废水、空气和废气、土壤、固体废物等要素进行监测分析方法的研究，统一验证和标准化，对建立和发展我国的环境监测技术与方法体系做出了重要贡献。30 年来承担了国家一系列的重大科技攻关课题，关注环境污染与健康的研究，开展与国外多项合作研究。主持和参与多项国家重大战略咨询项目的研究工作，提出的意见、建议多次得到国家领导的批示。

1　新中国培养出来的青年才俊

魏复盛出身贫寒，青少年的求学之路可以用心酸困苦来形容。他在家中排行第五，有 7 个兄弟姐妹，身为佃农的父亲，只能节衣缩食地供大哥一人上私塾。俗话说“穷人的孩子早当家”，幼小的他，6 岁就要下到农田割草、放牛、干杂活，成为这个贫苦家庭最小的劳动力。他见大哥能到村里的私塾读书非常羡慕，8 岁时抢大哥的书本要去上学，为此还受到父母责打。家里不是不想让他去读书，实在是无力负担读书的费用，还是私塾老师见他如此酷爱读书，就劝说父亲让他去上学，而且免收了学费，并且为他起了学名——魏复盛。

少年时的魏复盛在村里私塾接受的是中国延续了上千年的启蒙教育，他最初接触的课本是《三字经》、《百家姓》和《千字文》，直至 1949 年年底四川解放。1950 年国家废除私塾教育，魏复盛便入小学插班三年级，这位后来的中国工程院院士，当时竟然还不认识阿拉伯数字，更不用说做算术运算。

注：原文刊载于《中国知名科学家学术成就概览（环境与轻纺工程卷）》第 5 册。

凭借着过人的聪慧和刻苦努力，魏复盛的学习成绩很快就在班里名列前茅。在简阳三星镇中学念初中时，魏复盛每年都是全年级第一名，1956 年他被保送到简阳二中读高中，1959 年考入中国科技大学化学系，从此与分析化学结下了不解之缘。

魏复盛虽然以优异的成绩步入高等学府，但他的经济状况、生活水平远不如今天的“贫困生”。要到北京上大学了，全家为他赶制了一床棉被和一件棉袄，从四川到北京最便宜的火车票要 12.5 元，但魏复盛口袋里只有家人给的 5 元钱，没办法，他只有怀揣着人民公社开的一张证明，去成都市招生办申请补助。就这样，年轻的魏复盛满怀着对学习的渴望，对未来生活的憧憬、对家乡和亲人的眷恋、对新社会的感激登上了开往首都北京的列车。

这个肩背着行李卷、打着赤脚、穿着粗布衣裳的青年学子走进了中国科技大学的校门，渐渐融入了这个学术殿堂。但是他上体育课、锻炼跑步还是光着脚，当同学问起时，他答道：“一双光脚是父母给的，是永远穿不坏的。”虽然回答的俏皮，但大家都知道，他是舍不得穿那双母亲一针一线缝制的唯一的布鞋，这里面包裹着艰苦和辛酸，也透露着执着和倔强。

就是这一份执着和倔强，魏复盛在大学学习中非常努力。5 年的时间中，他学习成绩年年名列前茅。5 年的时间中，他有幸聆听钱学森、钱三强、华罗庚、严济慈等老一辈科学家的教诲，“天才在于勤奋，知识在于积累”、读书要“从薄到厚，从厚到薄”等成为魏复盛的座右铭，成为他一生中享用不尽的精神财富。凭借着优异的学习成绩、忠厚的做人准则、朴素的生活作风和攻坚克难的钻研态度，1964 年魏复盛大学毕业后留校成为一名中国科技大学的教师。

2 与中国环境保护事业同步

1973 年 8 月 5—20 日，由周恩来总理亲自部署，国务院委托国家计划委员会在北京组织召开了中国第一次环境保护会议，审议通过了“全面规划、合理布局、综合利用、化害为利、依靠群众、大家动手、保护环境、造福人民”的环境保护工作“32 字方针”和中国第一个环境保护文件——《关于保护和改善环境的若干规定》，以此次会议为开端，推动了中国环境保护工作的开展，迈出了中国环境保护事业关键性的一步，可以说，1973 年是中国环境保护元年。

人们常说“机会总是属于有准备的人”，不如说“机会总是属于实干的人”，魏复盛就是以实干与初创的中国环境保护事业结缘。他回忆道：

1970 年，那还是“文化大革命”的混乱年代，中国科学技术大学迁到安徽合肥，我们到那里把行李一放，就去基层接受工人和贫下中农再教育。我在马鞍山二铜厂当“炉前工”。当时毛主席有一个讲话，是说要注意综合利用，当时还不是叫环保。当时在铜陵，有很多废渣、废气，污染非常严重。厂里提出找两个老师来帮助他们进行调查，工宣队就通知我去了。这里有含砷、硒的废渣，还有二氧化硫的严重污染，每年 8 月工厂要停产一个月，以免二氧化硫影响稻花的授粉，否则周围水稻将颗粒无收。来到这里我很高兴，自己的知识可以派上用场。我们每天与工人师傅化验、做调查，做了十几个元素的分析方法，找原因，排除干扰，把我们的知识与工人师傅的经验结合起来。在这里我还了解到铜陵工人的血小板都低，环境污染不仅影响生产，还影响人们的身体健康。这些在当时都给了我深刻印象——污染是危害人的身体健康的，这也是我为什么后来做环境污染对人体健康影响的研究。

1973 年，我因为到中国科学院化学研究所进修回到了北京。这时北京的官厅水库发生了污染事件，周恩来总理批示，成立官厅水库水源保护领导小组，要求尽快查清污染情况。与此同时，还有京西的环境污染和京郊的农田污染。我当时看到化学所的人员从官厅水库采来水样进行汞、铅等元素的分析，与我在铜陵曾经遇到的问题相似，所以我就主动收集这方面的资料，同时还收集了震惊世界的八大“公害事件”和美国、日本在做环境监测等方面的研究成果。我回到学校以后，就开始做一些分析方法研究，积极参加相关方面的学术交流、学术活动，并把自己做的工作，刻成蜡版，油印几十份，分发给大家，希望别人和我一样重视环境保护研究。

后来，合肥的卫生防疫站来找我，做合肥饮用水水源汞污染调查，这是我做的第一件关于环保的事。后来又研究了废渣和土壤中砷的测定方法，当时做这方面工作的人很少。中国科学院环境化学研究所（即现在的中国科学院生态环境研究中心）成立后，办了有关环境科学的学术杂志，我既投稿也与他们保持着情报资料的交流。在1975年应邀参加了卫生部卫生研究所环境污染物分析方法研究协作组，因为当时最需要环境污染物的测定方法。我参与了《土壤固废环境卫生检验方法》一书的研究与编写出版工作。1977年，中国科学院又组织了环境污染物分析方法的协作组，我也被邀请参加。我至今非常感谢学校领导，在有限的科研经费中，每年都划拨给我的科研小组1万元，我们拿这些钱用来买设备、买试剂，研究并建立了多种污染物的分析方法。

通过以上朴实无华的讲述可以看出，魏复盛以他近乎执着的实干精神，为他所要从事的中国环境保护科学研究，与中国环境保护元年同步，稳稳地踏入环境保护领域。

3 夯筑中国环境监测事业大厦的实干家

1983年，魏复盛被调入刚刚组建不久的中国环境监测总站任分析研究室主任。创立伊始，工作千头万绪，魏复盛以他多年的基层环保科研工作经验敏锐地捕捉到建立环境监测标准化是研究工作的重点。

“通过制定、发布和实施标准，达到统一”是标准化的实质，“获得最佳秩序和社会效益”则是标准化的目的。因此，标准化是现代工业化国家发展的基石，而刚刚从漫长的农业化社会迈入现代化工业社会的中国，对标准化的认识还是模糊不清的，对中国环境监测制定标准化谈何容易。

1985年年初，魏复盛担任了中国监测总站副站长，使他有了一个面向全国的大舞台。为研究建立我国统一的监测分析方法体系，魏复盛负责组织全国百余个监测站、科研院所的专业技术人员，按照环境要素——水和废水、空气和废气、工业固体废物、土壤等研究、建立统一的监测分析方法。鉴于中国环境监测总站刚成立不久，技术实力不强，魏复盛向全国的监测站和科研院所提出“组织起来，团结协作，大家出力，共享成果”的16字工作方针，组织了多个监测方法科研协作组，每个协作组还成立了知名专家组成的技术核心组，研究解决关键技术问题。以《水和废水监测分析方法（第三版）》为例，就组织了122个单位，在原来工作的基础上增加54个项目、120多个监测方法，并将水体的水相、沉积相和生物相监测融为一体，建立了较为完整的水质监测方法体系。他组织专家所撰写的《水和废水监测分析方法指南》（上、中、下册），扩大了监测技术人员的知识视野，提高了中国环境监测的业务水平。

20世纪末，为了适应国家排污总量控制的迫切要求，魏复盛领导了“污染物总量控制监测关键技术研究”。在线连续监测仪是该研究项目的必需设备，而当时一套进口的在线连续监测设备动辄数百万元人民币，仅凭有限的课题经费是远远不够的。魏复盛并没有消极地“等、靠、要”，他积极地寻找仪器厂商合作，由这些厂商提供仪器条件，再由课题组去进行科研对比实验。就这样，为国家节省了大量仪器设备采购费用。他还设法指导国内仪器设备生产商对引进的仪器消化、吸收、再创新，开发出符合国内需求的总量控制监测仪器。其成果，一是为以后全国重点工业废水排放、工业锅炉窑炉烟尘烟气排放安装和运行在线连续自动监控系统提供了技术支持，编制了技术规范，目前已在全国安装了数万套；二是促进了总量控制监测仪器系统的国产化，降低了成本，现在的国产仪器已可以满足实际监测工作要求。

早在1997年，魏复盛根据国际发展趋势率先提出要加强有毒、有害化学品污染监测研究。他多次在《中国环境报》上发出呼吁，并在《中国工程科学》上著文。

“十五”期间，魏复盛承担了国家下达的“我国典型区域有毒有机物污染探索、安全评价与控制对策研究”课题，对我国一些重点城市的空气和重点河流开展研究，建立了多种分析方法，发现数百种有毒、有害有机物的不同程度的污染，并进行了初步评价研究，对该领域的研究起到积极的推动作用。

特别值得一提的是，1985—1986年魏复盛参与了“我国酸雨来源、影响及其控制对策研究”课题，承担了第一专题“我国酸雨污染现状、分布及化学组成特征的研究”。他和同事首先研究了降水的布点采样和分析方法，通过验证并使之标准化；制定了监测质量保证和质量控制措施，使全国500多个站点的监测结果准确可比；第一次搞清了全国酸雨主要分布在长江—淮河以南、秦岭—青藏高原以东的西南、华东、华南地区。当时日本曾对外宣称，日本国内的酸雨是受中国空气污染物漂移而产生的。通过魏复盛研究得出的无可辩驳的结论是：中国酸雨的形成是以煤烟型污染为主，即降水中以硫酸盐污染为主（硫酸根的贡献量超过90%），而日本等国的酸雨主要是机动车尾气污染，即以硝酸盐污染为主，两者的污染源截然不同，日本等国的“中国污染漂移论”是没有科学依据的，是站不住脚的。他的研究结论还为后两个“五年计划”期间全国酸雨形成机制、污染危害及控制对策的深入研究提供了最重要、最基础的科学资料。

1986—1990年，魏复盛担负了“中国土壤环境背景值研究”课题，他不是地学或土壤专家，他的专业特长是分析化学。他了解到当时世界上土壤背景值研究做得最好的是美国地质局，他们采用发射光谱法测定了48个土壤元素，但由于方法灵敏度不高，致使有些元素不能被准确定量，不能统计出准确的背景值。魏复盛使用了当时最灵敏的多种元素测定方法，如仪器中子活化法、X-荧光光谱法、等离子体发射光谱法、原子吸收光谱法、原子荧光光谱法、离子色谱法等，使土壤及其母质中的61个元素被准确定量。为了提高数据质量，还专门设立了质量控制研究专题。全国有60多个监测科研单位、大专院校、科研院所参加。经过5年多的潜心研究，提出了中国41个土类61种元素的土壤环境背景值。特别是提出了20余个稀有分散元素土壤背景值，填补了土壤学上的空白，组织编辑出版了《中国土壤背景值》《土壤元素的近代分析方法》《土壤环境元素化学》等专著，为保护土壤环境安全、制定土壤质量标准、评估与建设绿色食品基地、合理开发利用土壤资源提供了科学依据。这些研究的方法和研究成果至今仍被学术界所引用，其中两项科技成果分别获得部级科技一等奖和国家科技进步二等奖。

4　开拓环境监测与人体暴露评价研究

魏复盛认为：环境保护和发展经济的根本目的是保护生态环境、实现可持续发展、改善环境质量，使大众生活质量更高、更健康；环境污染会损害人体健康，只有积极开展污染暴露剂量监测与评价研究，提高大众环境健康意识，才能更好地推进环保工作。

1992 年，魏复盛受国家环境保护局委托，负责中美科技合作课题“空气污染对儿童肺功能影响的研究”。该研究以小学校 1 km 直径范围的学生作为观测对象，认为他们在此范围内受到 $PM_{2.5}$、$PM_{2.5\sim10}$、SO_2、NO_x 的污染暴露是相同的。在研究的小学内建立了监测点。以城区小学作为污染暴露点，郊区小学作为清洁对照点。科研小组通过对广州、武汉、兰州、重庆 4 个城市的 8 所小学内空气颗粒物 $PM_{2.5}$、$PM_{2.5\sim10}$ 两年完整监测，结合冬夏儿童肺功能测量和流行病学调查与研究，得出的结果表明空气 $PM_{2.5}$ 对儿童肺功能发育、儿童和成人呼吸健康危害最大，其次是 SO_2，再次是 NO_x。这对国内外制修订空气质量标准、防治空气污染、保护人体健康均有重要意义。相对如今在全国重点省市开展大气颗粒物 $PM_{2.5}$ 监测所引发的大规模讨论，魏复盛的研究提前了 20 年。

进入 21 世纪，魏复盛与美国新泽西大学合作，指导博士生在鞍山市对不同人群暴露多环芳烃进行采样监测与风险评价，采用个体 PM_{10} 采样器和饮食付盘法研究个体多环芳烃日暴露量，发现焦化厂工人日暴露量苯并［*a*］芘高达 0.4～156 μg/d，均值 9.2 μg/d，其中 90% 来自工作场所的空气污染。清洁对照点日暴露量均值 0.8 μg/d（0.2～14 μg），清洁对照点人群的暴露量来自饮食，尤其是高温爆炒和油炸食品。同时研究了人体摄入多环芳烃在体内发生化学反应和代谢，认为从尿中排出的 1-羟基芘和 3-羟基苯并［*a*］芘，其尿液代谢产物浓度可作为人体暴露多环芳烃的生物标志物，用于暴露风险评价。

魏复盛作为首席科学家与美国加州大学洛杉矶分校在中国开展“硼污染对男性生殖健康影响的研究”。在中国硼矿区，魏复盛用自己的研究成果表明：硼矿及硼化工企业附近的地表水、地下水、土壤和粮菜受到不同程度的硼污染，工厂车间受到较重的硼粉尘污染。在该研究中，采用个人粉尘采样器、饮水和饭菜付盘法采样法研究工人及对照人群个体日暴露污染物的剂量，监测和评价（包括硼和其他元素）结果表明工人通过车间粉尘和饭菜、饮水途径日摄入硼超过清洁对照区数倍至数百倍。硼的污染对男性生殖健康、精子性染色体、精子 DNA 链完整性、血清性激素存在某些不利影响。要防治硼污染，保护工人和工厂附近居民的健康，建议禁止在食品中加入硼酸和硼酸盐作添加剂。当地硼化工企业采纳了该研究建议，对生产车间污染、饮水污染采取了防治措施，使工人日硼污染暴露明显减少。

2003—2009 年，魏复盛与美国国家癌症研究所在云南省曲靖地区（宣威市、富源县）合作开展“以医院为基础，女性肺癌对照——PAH′s 暴露与易感基因交互影响的研究”。他的研究团队与美国国家癌症研究所合作收集到女性肺癌病例 1 200 余人和对照人群 1 300 余人，完成了现场流行病学调查、环境暴露和个体室内外暴露多环芳烃、SO_2、NO_x、颗粒物采样监测，由美国国家癌症研究所做基因测定及数据分析。当地因室内燃烧烟煤和室外空气污染一直是肺癌高发区，农民因病致贫、因病返贫，生活处于十分困难的境地。魏复盛院士带领全国人大环资委工作人员、课题组成员深入农村调查访问农民和肺癌病人，并向政府有关部门呈报了此次调查报告，时隔一年又进行了一次回访。因此，中央和地方政府投入了大量资金帮助农民改造生活炉灶、改造生活饮用水水源，建造沼气池帮助当地农民改变传统生活方式，整治环境取得了明显进展。农村合作医疗得到落实，大病救治得到多方的补助，使当地群众得到了实惠。

5 参与环境战略咨询，促进环境与经济协调发展

2003 年，身为全国人大常委会委员的魏复盛随全国人大环资委到三峡库区参观考察，见到库区的一些支流和回水区发生了富营养化问题，水体呈绿色，还时有“水华”发生，他深感问题严重，认为三峡库区绝不能重蹈太湖、巢湖和滇池富营养化问题严重难以治理的覆辙。他回京后立即向全国人大环资委汇报，组织专家到四川省、重庆市进行调研，又向中国工程院建议设立重大战略咨询项目，2004 年获得批准。在四川省、重庆市人民政府的支持与配合下，组织数十位院士专家历时 3 年多，深入工厂、农村、库区调查考察水污染防治的现状和问题，听取政府部门管理干部、专家、学者和群众

意见，调阅有关三峡地区（包括库区、影响区、上游区）经济、社会发展和环保工作的资料，经过反复研究先后给国务院呈报了两份阶段咨询报告，并于2008年撰写了总报告，提出15条对策建议。他们认为：“三峡水库水污染防治不能就三峡说三峡，要将库区、影响区、上游区作为一个整体同防同治；这就调动了上下游同防、同治的积极性，应研究制定和落实环境保护生态补偿机制；还要注重工业污染、城镇污水、生活垃圾的污染治理；要着手解决农村畜禽养殖、水产养殖、化肥农药、水土流失等面源污染。从源头控制和削减污染物排放总量是库区水污染防治的关键。”他们的对策建议被中央和地方政府在三峡水库及上游水污染防治规划修订中采纳。根据库区人口压力过大的状况，他们还提出应实施人口转移长期战略，现在重庆市政府已规划将从库区向渝西转移250万人口，对保护三峡水库将起到重要作用。

魏复盛看到全国食品安全问题的严重性，建议开展食品安全的现状、主要问题和对策战略咨询研究，因为食品安全和水、土、气污染及食品安全生产加工的污染密切相关。他根据多年工作研究的成果，与多位院士联名向国务院建议重视土壤污染相关问题，并建议工程院设立土壤环境保护与污染防治研究咨询项目，对土壤立法、土壤标准制修订等内容进行深入研究。

近10年来，我国突发污染事故频发，对人民生命财产和生态环境安全构成严重危害，对此，魏复盛建议开展我国有害化学物污染监管监测体系的现状、问题和对策战略咨询研究。他认为应转变应对污染事故像消防灭火的被动局面，要事前防患，将发生事故的概率降至最低；在事故中应根据预案进行科学监测和科学处置，把保护人民生命健康和饮水安全放在首位，防止污染扩散，以降低损失和危害；在事故后应该进行生态环境和人体风险评估，并进行生态环境修复。

随着人民群众对空气污染的重视程度日益加深，$PM_{2.5}$等概念越来越受到关注。作为国内较早开展细颗粒物对人体健康影响研究的专家，魏复盛院士多次参加与大气污染相关的战略咨询项目。从$PM_{2.5}$监测体系的构建到京津冀大气污染的监测监管策略，魏院士对我国大气污染监测进行了更深入的思考，提出结合先进的卫星遥感和无人机等技术，构建立体监测体系，落实责任，让监测与监管切实联动。

魏复盛院士认为，保护环境不能就环保论环保，环保离不开经济发展的战略转型，发展经济应努力实现五条标准：科技含量高、经济效益好、资源消耗低、环境污染少、人力资源优势得到充分发挥。他经常说环境与经济要高度协调发展。环境是重要的公共福利资源，人人都有权享受清新的空气、干净的饮水和安全放心的食品。因此我们都要从自身做起，上至中共中央、国务院，下至每一家企业、每一个老百姓，都有共同的义务和责任。我们只有一个地球，每一个人都要爱护我们的母亲。

致力环保，创造和谐

"环境污染损害了大众共享公共环境资源的利益，这个问题不能回避，早解决早主动，越拖延越被动。"

——魏复盛

1　一次偶然，注定一生的环保情缘

早年攻读分析化学专业的魏复盛，选择环保事业纯属偶然。1970 年，他被下放到马鞍山第二钢铁厂，成为一名炉前工，后来又参加了铜陵冶炼废渣综合利用工作，首次接触到了环境保护事业。由于当时冶炼厂炼铜后随意排放废渣和其他污染物（如排放高浓度二氧化硫），导致工厂附近的水稻产量严重减少，所以每年一到水稻扬花的季节，工厂便要停产一个月，否则该年的水稻便有可能颗粒无收。这种情况使魏复盛感到震惊，他第一次认识到工业污染对环境的严重破坏，也第一次认识到环境恶化给生产和生活带来的危害。从那时起，他便开始思索环境保护问题，并努力探索适合中国国情的环保之路。

那场持续 10 年的浩劫结束后，魏复盛回到中国科技大学任教。此时，他从砷、汞等有毒元素的环境污染调查着手，开始了一生无悔的环保之路。

他先后对我国酸雨及大气污染、固体废物和土壤污染状况进行了调查和研究。他组织全国环境监测科研人员完成了有关环境要素监测分析方法的研究、验证、统一和标准化的工作。

2　投身环保，从事若干重大课题的研究

从事环保工作以来，魏复盛先后主持和承担了若干项全国性重大科技攻

注：原文刊载于《科学中国人》2005 年 12 期，记者范兴川。

关课题和国际合作课题的研究。其中“我国酸雨来源、影响及其控制对策研究”首次搞清了我国酸雨污染的现状及分布情况，为后来两个“五年计划”的酸雨攻关课题提供了最基础、最重要的信息，荣获国家科技进步二等奖；“中国土壤环境背景值研究”获得了40多万个数据，弄清了我国土壤背景情况及分布变化情况，为土壤环境质量标准的制定、绿色食品基地的评价与建设提供了基础的科学数据。该成果又一次获得了国家科技进步二等奖。

正如魏复盛自己所说，他始终把环保科研工作当作一种享受、一种乐趣。能在工作中有所发现，有所创造，有所作为，这让他感到无比的开心和满足。为了得到第一手的数据和资料，他经常不辞辛苦地奔波在实地考察的路上。在做“中国四个城市空气污染对人体呼吸健康的影响”这个课题时，他在实践的基础上得到了300多万个数据，涉及200多个因子；在带领学生去丹东硼矿加工厂实地勘察和采集样品时，他与学生一起下车间、取水样、搞监测，工作兢兢业业，无怨无悔。

魏复盛负责编著了《水和废水监测分析方法》及《水和废水监测分析方法指南》。“九五”期间，他领导、组织了“污染物总量控制监测关键技术的研究”并获得成功，该研究为全国许多地区主要工业废水排污口、重点烟尘烟气排放点安装、运行在线连续监测、监控系统提供了技术支撑。他还承担了中美科技合作课题“空气污染对呼吸健康影响的研究”，带领研究组经过不懈的努力，终于找到了空气污染对儿童肺功能发育不利影响的定量关系以及空气污染与成人、儿童呼吸病症发生率的定量规律，这对国内外制定空气质量标准，防治空气污染，保护人体健康均有重要意义。这三个项目分别获1998年、2002年和2003年部级科技进步二等奖。

“十五”期间，魏复盛承担了国家下达的“我国典型区域有机污染物探查、安全评价与控制对策的研究”，对我国一些重点城市空气与河流水质中数百种有机污染物开展了方法研究、现状调查和初步评价；与美国加州大学洛杉矶分校合作在中国开展“硼污染对男性生殖健康影响的研究”，在环境污染对健康影响的国际合作研究方面迈出了重要的一步，取得了一些有重要价值的成果。之后，他又与美国新泽西州州立大学合作在中国开展了“不同人群多环芳烃暴露量及其代谢产物相关性的研究”，提出了用多环芳烃某些代谢产物与致癌物暴露量和患肺癌风险的评价，引起了学术界的浓厚兴趣。

近两年，有毒、有害的化学污染物的研究已成为国外环保研究的重点，我国在该领域的研究也已开始。由于是学化学出身，魏复盛觉得该研究对自己来说是机遇也是挑战。目前，他已经满怀信心地投入这项前沿课题的研究工作中。

3　更新观念，探索环境保护可持续发展道路

谈到中国的环境保护，魏复盛指出：我们要摒弃过去那种“原料—产品—废物—污染”的线性经济发展思路，大力发展循环经济，充分有效地利用有限的资源。他说：

> 搞环保的有一句流行的话是，“世界上没有废物，只是你把它放错了地方”。像众多的工业垃圾、生活垃圾，如果堆在垃圾场，只能污染环境，但通过回收处理，完全可以再利用。有的可用来做肥料、做建筑材料，有的可用来发电。世上没有什么废物，只要利用，都是资源。

目前，中国 1 万元的产值要耗水 448 m^3，是世界平均值的 4 倍，是发达国家的 10 倍。针对这种情况，魏复盛说：

> 过去我们的经济发展，靠的是“高投入、高消耗、高污染和低产出”的模式，是以增大资金投入和消耗自然资源为代价换来的。如今，这种“三高一低”的发展模式已完全不适应建设社会主义和谐社会的要求，要贯彻落实科学发展观、实现人与自然和谐相处，就必须改变经济增长方式，变“三高一低”为“低投入、低消耗、低污染和高产出”的“三高一低”的发展模式。

他强调：中国经济要持续增长，污染物排放必须做到零增长，进而达到

负增长，才能实现环境的改善。要做到这一点，首先认识要到位，尤其是要纠正“伴随经济发展，物耗、能耗和污染必然增加”的错误认识。其次要增加投入，运用高科技手段改造落后设备。三要建设可持续发展的经济体系和节约型社会。政府部门要研究发达国家如何处理环境问题的经验，提高产业准入门槛，加大环保投入；企业要在高水平上竞争，不能在落后的、污染大的基础上与人竞争，那样永远也竞争不过别人。同时，还要在全社会倡导节约，反对浪费，减轻环境的压力，努力营造一个适合人类居住、生活和工作的良好环境，真正实现人与自然的和谐相处。

作为一位环保专家，魏复盛院士谈起我国的环境保护现状，始终保持着特有的冷静与客观。他认为，近年来我国环境保护工作虽然取得了较大进展，但环境污染恶化的趋势尚未得到有效遏制。由于我国环境保护历史“欠账”太多，污染物的累积已经十分严重，即便进行积极治理，也需要一个长期的过程。目前我国的环境形势不容乐观。

采访即将结束的时候，魏院士一再强调：环保工作是一项长期而艰巨的工程。污染问题的解决和环境质量的改善，需要克服过去末端治理的思路，应全面落实科学发展观，通过循环经济、清洁生产，建立环境友好型和资源节约型社会。建立良性的生态系统和可持续发展的社会是环保工作者的最终目标。

听其言，观其行。魏院士的言谈举止间所体现出的对于国家和社会的高度责任感，让笔者深受感动。

环保不仅是像魏院士这样的环保专家的事情，也是全社会、全人类都不能回避的问题。我们难道不该从自身做起，为环保做点什么吗？

魏复盛——不是环保主义者的环境专家

2007年“六·五”世界环境日中国主题是什么？

不是联合国环境规划署确定的2007年主题——“冰川消融，后果堪忧”，而是国家环保总局在其网站上公布的——“污染减排与环境友好型社会”。主题因何不同？环保总局解释说，污染减排是我国“十一五”规划中的重点工作，并提出了要实现主要污染物排放总量减少10%的目标。如何能更有效地完成这个目标，这一重担便落到了魏复盛这些环境专家们的身上。

魏复盛，一位年近古稀的环境专家，常常为了环境污染问题而在全国各地奔波。当记者每问到一个问题时，他总喜欢把头靠在沙发后背上停顿几秒，然后再选择用最准确的语言来表述自己的观点。

1 转行来的环保专家

在“世界环境保护日”诞生的那一年——1972年，魏复盛还在研究分析化学，对环境保护还是门外汉。这一年，在“世界八大公害事件”的灰暗背景下，瑞典的斯德哥尔摩市，113个国家参加的联合国人类环境会议讨论了保护全球环境的行动计划，并通过了《人类环境宣言》。

“20世纪五六十年代，日本出现了几起环境污染事件，直接导致了数万人得公害病而死亡，间接受到威胁的人更多，直到70年代我国有人去日本考察，这种威胁还没有消除。这给了我很大的震动，第一次感受到工业污染对环境和自然的破坏，也第一次认识到了环境恶化给生活和生产带来的危害。”

从那时起，魏复盛开始思索环境保护问题，他想将所学的分析化学专业应用于保护环境上。

魏复盛第一次真正接触到环境污染，是在北京官厅水库的水质调查中。

注：原文刊载于《科技中国》2007年，作者张伯玲。

他来到中国科学院化学所二部进修。“环化所当时主要是进行环境化学、环境工程学等方面的研究。”魏复盛告诉《科技中国》，“在我进修的时候，官厅水库的水质被污染，严重影响了北京市的安全供水。”污染一直上报到国务院，周恩来同志要求对此进行全面调查。化学所承担了这项工作。就这样，他接触到了环境污染问题，开始懂得了一些初步的知识。

回到中国科技大学（以下简称“中科大”）后，魏复盛开始了在环境化学领域中的摸索。之所以说摸索，是因为当时国内的环境化学研究还处于起步阶段，魏复盛能借鉴到的东西很少，很多难题都需要他独立解决。但这并不足以成为阻止他从事环境化学研究的“绊脚石”。

“回到中科大后，我做的第一个项目是配合市卫生防疫站对合肥的环境污染和工业污染进行调查和监测，其中主要是关于砷、汞等元素的环保调查。”说起自己独立完成的第一个环保调研项目，魏复盛甚是自豪。

第一个调查项目，不仅为魏复盛带来了做第二个环保调查的机会，也让他开发出了一些环境分析方法。魏复盛在环保研究上的不懈努力，让他在这个领域越走越深，提出的一些环境分析方法也越来越有效。“后来中科院邀请我参加了他们的环境与监测方法科研协作组。在这段时间，我还应邀参加了卫生部的土壤和固体废物监测方法协作组的研究。”

这个时期，魏复盛已经逐步成为一名环保专家。1983 年，他调入中国环境监测总站，开始了完全意义上的环保工作。

2 我不是环保主义者

“我不是从政的料。对于政治我没有多大的兴趣，也没有什么想法。”魏复盛如此评价他现在担任的全国人大常委这一重要职务，同时也是对其之前曾任中国环境监测总站副站长的一种总结。

无论自己扮演什么角色，魏复盛总是把“环保”放在第一位。“在中国环境监测总站的时候，我主要抓一些重大课题的实施，如酸雨的课题、土壤环境背景值研究，还有一些国际合作项目等。”

在这期间，魏复盛很好地履行了一个业务型领导的职责——他第一次组织了全国范围内酸雨污染调查，基本搞清了酸雨的时空分布及成分组成，并在1989年获得了国家科技进步二等奖；负责的中国土壤环境背景值研究，为制定土壤环境质量标准、土壤质量评价、土地利用规划提供了基础科学数据；“九五”期间负责的污染物排放总量监测系统关键技术研究，为此后全国废水、烟气、烟尘在线连续自动监测系统的研制和建设、推广应用提供了技术支撑；“十五”期间组织的典型环境区域重点有害有机物探查、安全评价和控制对策研究，推动了全国痕量和超痕量有毒有机物污染的监测和调查研究。

对一个环保专家来说，行使人大常委的权利，最有效的办法是用自己的专业性来影响国家的一些政策的制定。

“其实要做一个称职的人大常委，思想上要有所转变。看待一些问题要更加宏观，更加具有战略性。”魏复盛讲述了他从2003年以来从事人大常委工作的体会。

正如他所说，现在研究的课题都是一些关系国计民生的项目。“三峡库区及其上游水污染防治战略咨询项目”便是其中一个。该项目于2005年启动，预计2007年完成，由魏复盛等50多位院士和专家参加研究。“我写了申请，说明三峡存在的环保隐患和应该尽快采取一些措施。后来国家批准了中国工程院这个重大战略咨询项目。”

现在这个项目的工作已接近尾声。魏复盛说，目前三峡库区干流的水质基本保持在Ⅱ类、Ⅲ类，属于良好，但上游的嘉陵江、沱江、乌江一些断面水质较差，多为Ⅵ类、Ⅳ类，对库区水质构成威胁。三峡地区大部分工业建在长江、嘉陵江的两岸产值不高。而且这部分污染对库区影响极大，“要保护三峡库区的水质，必须解决影响区和上游区水质污染问题。”

对环保和经济发展之间关系，魏复盛的看法显得更加人性化：“我在发现问题的同时，会提出问题解决的办法。有些所谓的环保主义者，总是提出一些问题，告诉你这个不能做，那个不能搞。但是我们还要设身处地为当地的老百姓想一想，你不让他做这个事情，那让他做其他什么比较好，既有利于环保，又有利于经济社会发展。因为他们也要脱贫致富，也要奔小康。”因此，他并不认为自己是个环保主义者。

他在很多问题上的看法，都显得更加理性和符合实际。如网箱养鱼，魏复盛认为网箱养鱼对水污染的影响巨大。但在反对网箱养鱼的同时，他为渔民提出了另一个致富之道——国家建设一个鱼苗繁衍基地，建立一个放养中心。然后放入几亿甚至几十亿尾鱼苗，等它们自己吃这些藻类长大以后，渔民再去打捞。“这样既保护了环境又利用了资源。国家这种投资是很值得的。如果等环境被破坏了以后，国家要花费的代价比现在要大得多。”

当《科技中国》问他，这种以民为本的想法，是否与其全国人大常委会委员这个头衔有关时，他微笑着点了点头。

魏复盛对他的两种身份——环保专家与全国人大常委委员之间的关系如此描述：虽然一年当中有两个月左右的时间花在常委工作上，但是这并不影响环保工作，甚至对环境立法会起到一些帮助。“我每年都会和环保总局进行沟通，他们在环境立法方面有一些什么问题，环境法律有哪些地方需要修改，我都会听取他们的意见。然后把这些意见带到人大常委会上。对环保立法和监督执法检查是有帮助的。”

3 正确的环境政策是正确的经济政策

魏复盛在全国各地进行考察和研究的时候，经常能听到这样一些言论：环保固然重要，但毕竟发展才是硬道理：经济发展与环境保护是矛盾的，两者只能取其一。

往往这个时候，魏复盛会及时地进行反驳。他会告诉提出这些言论的人——“正确的环境政策一定是正确的经济政策，反过来也是一样，这两者应该完全是协调的。”

过去中国的经济发展，靠的是“高物耗、高能耗、高污染和低产出”的模式，是以增大资金投入和消耗自然资源为代价换来的。魏复盛给《科技中国》列举了几个数字：目前，中国1万元的产值要耗水448 m^3，是世界平均值的4倍，是发达国家的10倍；世界平均用1 t水产生的效益是48美元，中国仅有2美元。

“这就是所谓的经济发展与资源消耗的脱钩，经济发展的同时自然资本消耗也要增加。现在我们必须改变经济增长方式，变‘三高一低’为‘低物耗、低能耗、低污染和高产出、高效益’的‘三低两高’发展模式。”

如何做到“三低两高”，做到污染物排放负增长？魏复盛指出，要依靠技术进步，提高生产效率；要控制消费需求，减少浪费；要减少资源消耗，回收利用废物。“我们搞环保的有一句流行的话：‘世界上没有废物，只是你把它放错了地方。’像众多的工业垃圾、生活垃圾，如果只堆在垃圾场，就会污染环境，而通过回收处理，完全可以再利用，有的可用来做肥料、做建筑材料，有的可用来发电。世上没有什么废物，只要利用，都是资源。同时还可以降低产品的成本。例如，在制造业上利用废弃机械的零部件，运用在新的机器上，可以使产品成本降低到50%，节能60%，节材70%。”魏复盛所说的正是循环经济的精髓。

魏复盛在考察中发现，目前我国的循环经济做得并不理想。“不少企业对发展循环经济不感兴趣，是因为他们觉得发展循环经济是赔本的买卖，更新设备、引进技术或投入研发资金都需要增加成本。但这是前期的合理投入，怕担风险而不去发展循环经济，这种认识是不正确的。”

有些地方政府的做法让魏复盛深恶痛绝。“很多地方政府片面地追求GDP而不顾经济发展质量，以此来求得自己的政绩，因此导致了一些地方环保局不敢讲环保。如果讲环保，说污染环境需要关闭、停业，整顿企业，企业领导马上给县长打电话，县长马上给环保局局长打电话，说你还想不想当局长？不想当，立刻走人。”魏复盛说，很多地方对环境污染问题“睁一只眼、闭一只眼”，很多都不能真正监管到位。一旦出现事故，其违法成本远比守法成本低。“我看到企业有些由于污染事故罚了十几万元，但是他们一天的盈利就是40万元，罚款对他们来说是小菜一碟。”

这些问题让魏复盛忧心忡忡，他向政府建议：政府应该考虑建立环保体系垂直领导关系；要提高环境准入门槛。另外要对造成重大环境污染的企业和有关负责人严厉查处；同时政府也要对环保产业提供公共财政支持，吸引多元化投资，使环保产业有利可图。

4　环保是为了人民的健康

“世界八大公害事件”对魏复盛的影响在于不仅让他投身了环保事业，还让他一直关注着环境污染对公众健康的影响。

2006年中国环境科学学会成立了专门的环境与健康专业委员会，魏复盛担当了主任一职，并在中美科技合作项目——空气污染对人体呼吸健康影响研究课题中担任中方首席科学家。在他看来，环境与健康的问题是研究的重点。他告诉《科技中国》，如果有些考察调研的时间与这个项目有冲突，他会选择这个项目。因为他认为——“我们保护环境，归根结底是为了保护人民的身体健康。”

“有时候我走在大街上，看到在浓浓的汽车尾气中穿梭的行人；到一些染料厂、化工厂，看到毫无防护的工人在进行生产操作时，我很替他们担心。我觉得他们应该有知情权，至少他们需要了解身边这种持久性有毒物的危害。”说到这里魏复盛表情凝重。

根据监测，中国有64%左右的城市人口生活在空气质量不达标的环境中。由于化工燃料消耗成倍增长，北方一些城市的居民长年呼吸的都是致癌物超标的空气，30年内中国肺癌的死亡率上升了近6倍，平均每3个孩子中就有1个铅中毒，这就造成了孩子们智力发育迟缓。

更令魏复盛担心的是二噁英污染——冶金、发电厂燃烧以及汽车尾气等产生的持久性有毒污染物。“二噁英是一种一级致癌物。有些人只要‘吃’进亿分之一克，就会有患癌症的风险。最糟糕的是它们几十年都很难被降解，堵不住、洗不掉，只能依靠大自然微生物的作用慢慢分解。可这几十年里它弥漫在空气中，随大气环流飘到南极、北极，连企鹅和北极熊都难逃一劫；沉积在土壤里、人体中，10年20年后才让你患病，甚至可以通过胎盘和奶水传给你的子孙，导致畸形或让人失去免疫力。”

在开展环境污染对人体健康影响的研究过程中，魏复盛最担心的是农民的健康。他说，现在农民进城所干的活多是最脏、最累、风险很大的，他们受到污染危害和职业危害的概率很大。他举了一个例子，在箱包厂、鞋厂，这些都用含苯的有机化学胶黏剂，工人被关在封闭的车间进行生产。长期暴露在含苯的环境里，他们有可能得血癌（白血病）。再如，某些工厂的一些工种本身是有害有毒的，工厂的正式工人不干，就找农民工来干。农民工干了一两年就把他辞退，他们回家生病了也不知道是什么原因。“进城干活挣了几千元钱，本来很高兴，结果治病反而用了十几万元。”对于这些因病致贫、因病返贫的农民，魏复盛甚为痛心。

谁来保护我们的安全？魏复盛说，由于持久性有毒污染物存在于大环境中，老百姓不能像洗菜一样把大气、水都过滤一遍，“我们只能依靠政府的力量。”据魏复盛介绍，目前各国都设立了专门的研究机构，投入大量资金开展环境污染对人体健康研究，尤其是针对持久性有机污染物的研究。

但在他看来，中国在这方面做得并不好——美国早在1991—1994年，就投资数千万美元开展二噁英类对人体健康影响的评价研究；日本环境省环境与健康部2004年的经费预算约合24亿元人民币……而据国家环保总局2006年8月在全国环保科技大会上发布的一份交流材料透露，近30年来该局环境与健康科研投入不足1 000万元人民币。

“要想弄清楚环境污染与健康损害的关系，还有很长的路要走。”魏复盛说。

魏复盛院士话环境与健康

中国网：获得2007年诺贝尔和平奖的美国前副总统戈尔称：我们正对地球本身发起战争。如果环保问题再不受到重视，这将事关人类文明的兴衰存亡。在巴厘岛联合国气侯变化大会召开之际，我们邀请到中国工程院院士魏复盛先生，请他来为大家谈一谈环境保护与健康的关系。非常欢迎您来到我们访谈现场。首先，您能不能跟我们中国网的网友打一声招呼呢？

魏复盛：大家早上好。

中国网：您开始学的是化学，那您是在怎样的情况下走上环保之路的呢？

魏复盛：我是20世纪70年代走上环境保护这条道路的。环境污染问题有60%～80%都是化学问题。我感觉到，我学的化学对于保护环境、保护群众身体健康应该能做一份有益的工作。所以我对环境保护就会特别的关注，特别有兴趣。

中国网：现在环境污染其实有很大的成分是与化学污染有关的。您以前最开始也是从事化学这一块的工作，是怎么接触到环境保护问题的呢？

魏复盛：1973年，我在中科院化学所进修时知道北京西郊大气受到了污染，当时他们正在做一个西郊大气污染的评价。北京市的官厅水库受到污染影响首都饮水安全，因此总理批示要对其调查。所以从这个时候我开始接触环境保护。

中国网：魏院士，您常年对我们各大城市环境进行监测与评估，您能不能对大家说一说，我国各大城市环境保护状况是什么样的？

魏复盛：各大城市现在在环境保护方面，都花了很大的力气削减污染物。但是因为我们的经济发展速度非常快，污染物的排放量增长很快，所以有50%以上城市的环境空气质量还不达标，能够达标的只有40%。影响城市环境空气质量的主要污染物是颗粒物，还有就是二氧化硫和氮氧化物，这些污染物对人体健康是有害的。

注：原文刊载于中国网2007年12月12日，责编一言。

中国网：这些污染物主要是哪些方面造成的呢？

魏复盛：颗粒物的污染一个是燃煤的烟尘，另一个是汽车尾气的碳黑和一些尘，还有建筑冶金引起的灰尘污染。再有就是二氧化硫、氮氧化物排放后，形成了二次污染，形成硫酸铵、硝酸铵，这些颗粒物在空气中长期飘浮，影响蓝天的出现，也影响了空气的清洁度。

中国网：您谈到的污染在化工业比较发达，或者是汽车比较多的城市，污染就会更大是吗？

魏复盛：一般来说是这样的。

中国网：除了咱们说的城市的环境污染，我还想请您给大家介绍一下，现在我国农村的环境污染是什么样的状况呢？

魏复盛：我国改革开放的初期，是农村搞责任田、承包责任制，经济开始好转，城市老百姓生活水平开始提高的时期。但是，后来城市搞环境保护，很多项目不搞了，污染就下乡了。很多污染中小企业就转移到农村去了。农村的水环境、大气环境、土壤都受到了严重的污染，这是一个方面。另外，群众喝的水，因为很多地方喝的是地表水、浅层的井水，这些水源很容易受到污染。现在，我国约有3亿农民，他们喝的饮用水是不安全的，是不达标的。

中国网：刚才魏院士给大家介绍了一下我国城市农村一些环境污染的状况。我还请您给大家介绍一下，现在环境发展的趋势是怎么样的？

魏复盛：现在我们的环境发展还存在持续的污染。根据中、东、西部不同的发展经济水平，有的地方得到了控制，环境有所好转或者有所遏制。但是因为我们工业的增长速度超过了10%，这样污染物按照排放速率，排放强度也要增加10%。如果说我们一年减少污染物的排放2%，实际上总的污染物还是有增长的趋势。另外，我们的环境已经污染比较严重了，现在要恢复它，需要比较长的时间，需要很长的过程。因为我们过去污染“欠账”太多，现在要逐步还清旧债，这个时间不是一两天能够达到的。

中国网：看来这个工程还是很巨大的，需要我们长期持续地努力才能完成。魏院士，我们看到2007年6月太湖水污染事件，以及2005年松花江水污染事件，都引起全国人民的关注，大家对水污染的问题，就非常关注。刚才您也谈到了，在农村，现在一些水环境也不是很好，那么您能不能给大家说一下，像我们刚才谈到的太湖水污染事件、松花江污染水事件是突发性事件还是有必然原因的？

魏复盛：这些事件是突发的污染事件，但是它有必然产生的条件。比如太湖，它的四周经济高度发展，人口非常的密集，而且很多工厂都在偷排污水，把太湖当成是污水桶。这样这些污染物、禽畜粪便、农业废水造成了太湖水污染。这些化学污染物质的存在，给藻类生长创造了条件。在气候适当的条件下，这些藻类大暴发需要消耗水中大量的氧，导致水中缺氧，造成鱼虾死亡。然后，水质发黑、发臭。

这种现象看起来是个突发现象，实际上是由于我们治理太湖没有真正的完全截断污染源，这边治理，那边继续污染，这边改善环境，那边继续破坏。改善的速度赶不上破坏的速度，所以水资源继续恶化，这是不争的事实。所以，这个对我们来说，也是一个沉痛的教训。治理太湖和其周边其他的水污染，首先，必须把污染源管住，从源头把污染控制住，不让它往湖里排，污染物符合要求以后再排放出来。

其实这种污染也不仅仅是人民群众喝不上安全的饮用水这样简单的问题，它是一系列生态环境的问题。今天早上看到一个新闻，漓江的河流已经被截留了，游船过不去了，看到这个消息我们非常担心。漓江是人们非常向往的旅游胜地，桂林山水甲天下，到了桂林就要下漓江，但现在已经去不了了。我们有没有一些更多的方法来保护我们的水和环境呢？

中共中央政治局常委、国务院总理温家宝出席了第六次全国环境保护大会并发表重要讲话，提出实现环境保护工作的三个战略转变：一是从重经济增长轻环境保护转变为保护环境与经济增长并重，在保护环境中求发展；二是从环境保护滞后于经济发展转变为环境保护和经济发展同步，努力做到不欠新账，多还旧账，改变先污染后治理、边治理边破坏的状况；三是从主要用行政办法保护环境转变为综合运用法律、经济、技术和必要的行政办法解决环境问题，自觉遵循经济规律和自然规律，提高环境保护工作水平。

这三个转变是非常重要的。另外还有一个认识——就环保论环保，搞不好环保。如果环保每一位领导者决策不正确，污染问题得不到控制；每一位企业家不对社会尽到责任，污染物不控制，偷排或超标排放，环境污染问题就会加重。每一位老百姓，每天要排放生活废水等，水要进行处理，所以我们需要缴纳污水处理费。我们要扔垃圾，有些是有害垃圾，有些垃圾虽然无害，但是它影响环境的感观，另外我们使用的化学品，不能乱扔，如废旧电池，有重金属污染，乱扔就污染了环境。

环境保护涉及各行各业和每一个人，上至党中央、国务院，下至每一家企业、每一个老百姓，都有共同的责任来保护环境。我们只有一个地球，我们大家都要共同爱护这个地球，地球是我们的母亲，我们每一个人都要爱护我们的母亲。

中国网：魏院士谈得非常好，很多网友在意识里可能有这样的思想，觉得这种化学污染与我们个人来说没有多大关系，只是同重工企业、大企业才有关，其实并不是这样的。就像刚才魏院士谈到了，我们乱扔一个电池、一个塑料袋都是对环境的污染。在生活中有很多这样的污染，都是由我们个人造成的。可能我们网民朋友们没有意识到，环境污染问题与我们的生活不良习惯是有关的。魏院士您能不能给大家介绍一下，咱们平时日常生活中，有哪些不良习惯会给大自然带来污染。

魏复盛：我们要提倡绿色消费，吃饭不要浪费。有的人喜欢豪华的房屋，过度装修产生的污染不利于健康；室内吸烟不仅危害自己的健康，还会伤害家人。我们曾经做过一个研究，吸烟家庭的儿童或妇女患呼吸道疾病感冒的比例比不吸烟家庭要高。

中国网：刚才您谈到不良习惯会对我们的身体造成一些危害，其中谈到了一个问题，就是室内环境污染，您能不能给大家介绍一下室内环境污染的问题？

魏复盛：室内环境污染问题中空调是一个方面，因为空调里面容易生成细菌。室内需要经常进行通风换气，这样才有利于健康。

我们在一些地方也发现，室内烧烟煤会引起肺癌的高发，特别是女性肺癌的高发。还有一些地方使用含氟高的煤，这样不仅会影响环境，还会造成人们氟中毒，如氟斑牙等。现在农村推广使用沼气改变农民的生活环境，这对提高农民的健康水平有好处。

中国网：刚才魏院士也是给大家提供了很多例子，那么，在生活里哪些情况会造成污染，我们怎样才能远离污染，怎样才能消除污染呢？

魏复盛：前面已经说过，我们要保护环境。同时要投入资金治理污染，因为投入以后，可以保护我们的环境，可以保护我们的健康。我们不要喝不符合卫生标准的水，对违法排污和违反环保的一些行为，我们应该进行举报，应该进行监督。

中国网：刚才魏院士您谈到了一个问题，我们可以吃一些无公害食品，网友也问到相关问题，我们在市场上看到无公害食品或者是绿色食品，怎么定义的不清楚，请魏院士给我们介绍一下。

魏复盛：无公害食品的各项污染物指标是符合健康标准的，符合食品卫生标准的，那么这种食品对健康不会产生危害，这种叫作无公害食品。绿色食品就是说生产绿色食品的基地、土壤是符合环境质量标准的。它在生产过程当中不违规使用一些剧毒农药、高残留农药，尽量少用化肥，多用农家肥和有机肥进行生产，生产条件是绿色的，生产出来的食品比无公害食品高了一个档次。无公害食品是一个基本条件，而绿色食品是在比较良好的生长环境和生产方法的条件下，生产出质量更好的食品。它对人的身体健康更加有利，这叫作绿色食品或者绿色蔬菜。

中国网：所以说咱们在生活当中要多吃这种绿色无公害的食品，对大家的身体健康是有好处的；谢谢魏院士。咱们再关注一下其他网友的提问。

网友：现在我们装修污染也是比较严重的，在装修里不可避免地有一些空气污染，我们应该怎么样来避免和减少它们对我们身体的伤害呢？

魏复盛：装修中是会用有机胶、黏合剂的。有机胶是用甲醛生产的树脂。甲醛在胶里，或者在家具里使用后会释放出来。如果装修完的房子进去以后会有刺眼的感觉，这就是释放甲醛的影响，甲醛完全释放并且要达到安全浓度，可能需要一两年的时间。所以我们装修的时候，不要使用醛类树脂胶，尤其是一些有机溶剂、二甲苯类的溶剂。同时，不要使用含有苯类的有机溶剂来做胶。装修后的房屋，如果有条件，要经常开窗、通风，至少三个月以后再去住，或者是半年以后再去住就更好了。因为让它释放、排放出来，然后扩散掉，把室内的浓度大大降低，降低到一个安全限制下，这样再搬进去住可能就比较适合了。

中国网：要多通通风，使挥发出来的污染物扩散了，咱们再搬进去住，对健康有好处。我们再来关注一下其他网友的问题。

网友：在城市中生活的人，很多会患有各种呼吸道疾病，这些问题是因为空气污染造成的吗？生活在城市中的我们，是不是只能默默地承受？

魏复盛：城市里面呼吸道疾病跟大城市空气污染是直接相关的。空气污染中有化学污染，也有生物污染。所谓化学污染，比如说汽车尾气的污染，里面有挥发性有机物、醛类等和一些颗粒物污染，这对我们呼吸健康有害。还有一些工厂，排放出二氧化硫、氮氧化物对我们健康也会有影响。所以我们可以这样感觉到，如果现在气温比较高，而风速比较大，空气的污染物有利于扩散。扩散有两种方式：一种在水平方向扩散，风把它吹走了，另一种是它产生空气上下对流，把它上下输送，输送到高空，然后再到外地。这个时候蓝天白云就出来了，大家会感觉到天气好，空气污浊度小，是很明显的例子。如果这一个礼拜都不刮风、不下雨，空气污染物越积越多，浓度越来越高，人会感觉到很不舒服。这是因为空气污染物浓度在不断增加。冬季连续一礼拜不刮风，医院里求治呼吸系统疾病的人人满为患，连走廊里都挤满了人，比平常门诊的病人增加30%~60%，很多城市有这样的报道，这与城市污染关系是非常密切。

网友：我想了解一下癌症与污染的关系？

魏复盛：癌症原因是比较复杂的。有遗传方面的因素，也有环境污染的因素，也有个人的生活习惯方面的因素。但是环境污染是其中的一个重要的危险因子。比如说在最近几年，儿童白血病的病例在上升，因为城市里面空气污染、家庭装修污染以及汽车尾气污染、燃煤污染都会释放出苯，苯是致血癌的主要危险因子，这跟苯的化学污染关系比较密切。

又比如说大城市从20世纪60年代到现在，肺癌的发病率已经上升了一倍甚至两三倍，这是为什么呢？这是因为我们城市能源的消耗增加了十几倍，污染也是大量增加，特别是其中的燃烧过程中产生的肺癌的致癌物叫苯并［a］芘。大城市的癌症的增加跟空气污染有密切的关系。

再比如说，河南的林县在20世纪70年代食道癌高发，很多人到那做研究，找了很多的原因，最终研究证明了主要是红旗渠饮水问题。该地区饮水受到了地表水的氮肥的污染，硝酸盐进入人的胃里，合成一种致癌物——亚硝酰胺，亚硝酰胺导致了食道癌的高发。后来经过改水，食道癌就开始呈下降的趋势。这证明当地饮用水污染与癌症高发是有密切关系的。

网友：前不久媒体上报道的二噁英，主要是怎么产生的，对人体的危害有多大，有什么防范措施呢？

魏复盛：二噁英是毒性最强的致癌物，很小的剂量就可以使人致癌。20多种生产过程都会产生二噁英，比如垃圾焚烧过程会产生，特别是烧塑料，只要是有能耗物存在，在高温的条件下，二噁英就能够生成。在应对持久性有机污染物的过程当中，我们已经制定了解决二噁英问题的规划。

二噁英毒性很大，我们采取了防范措施，现在我国正在做相关调查，调查人们每天摄入多少二噁英。二噁英的危害非常大，其对人体健康产生的影响与其摄入剂量、摄入浓度有关，如果二噁英摄入剂量非常低，就不太可能对人体产生影响，进入我们体内以后很快就代谢掉了。如果二噁英摄入浓度很高，代谢不出去，就可能会伤害我们的身体。从这个意义上说，大家不要恐惧，其实我国的二噁英污染情况比国外要轻。我国很多持久性有机化合物的污染情况都比国外要轻，究其原因是我们的工业是后发展的，国外一些国家在发展过程中出现的这些问题，我们已经开始注意、开始防范了。

网友：我国环保技术在世界范围内是怎样的水平，废物利用率如何呢？

魏复盛：我国环保技术水平不高，与发达国家比起来还是比较滞后的。因此，首先我们需要大力发展环保市场和环保产业，使我们在环保方面的治理和处理都能够市场化和产业化。可以通过循环经济和清洁生产来提高废物利用率。首先要少消耗资源，提高生产效率。少消耗相当于少排放，这是从源头来控制的。其次，废物可以再利用，对每一道工序生产过程的原料来加以利用，如果引到发电厂去发电，就是能源、资源。堆积如山的钢渣有害环境，但如果回收之后磨碎就可以作为水泥原料，可以减少开山采石。对废盐酸加以回收利用，加工稀释后可以用来溶解废钢铁，这样产生一个新的产品——加工为净水剂，既减轻了污染，废物又得到了利用，又形成了新的产业。现在我们通过立法来推进清洁生产和循环经济，充分地利用资源以节约资源和能源、减轻污染和消除污染，这是一个非常好的办法。

中国网：这是不是也是我国环境保护之路的方向和趋势呢？有没有制订具体目标呢？

魏复盛：我国已经颁布了《清洁生产促进法》。现在，国务院提出了两个限制因素，一个是节能，另一个是减排。这也体现出这两个是硬性指标，因此，做起来难度非常大，因为我们经济在快速增长，但是能源消耗量和污染物排放量要减少，难度是很大的。这是各级领导重视不重视的问题。过去考核领导干部依靠GDP指标。多数地区以消耗能源资源污染环境为代价来换GDP的增长，这样破坏了环境，这是得不偿失的问题。现在我们可以看到很多省市，它的GDP和经济指标都是超额完成的，但是它的环保指标大多数是没有完成的，这就证明了是一个认识的问题。党中央、国务院认识很高，但是越到下面认识就越来越低，所以落实的就越来越差，这一点是非常值得关注的。观念的改变要靠考核制度的改变，我们应该反过来想，我们经济的指标没完成，但是我们环保指标超越完成了，要变成这样的状况，我们环境的改善和环境的好转就有希望了。

中国网：非常感谢魏院士今天能够来到我们的访谈现场，我们从魏院士话中听到很多建议，以及对我们整个生活，对我们每个人，对环境的一些建议，我们也看到国家对和谐社会的提出，以及对人均环境的考核，乃至在党的十七大报告当中第一次看到了环境问题的写入，这都是一种态度和转变，我们也非常欣喜地看到这种转变，也希望各位民众、网友能够像魏院士提出的那样，让我们每一个人都行动起来，共同建造一个绿色的和平家园。非常感谢魏院士今天能够做客中国访谈，谢谢您，也感谢各位网友的关注，再见。

魏复盛：再见。

魏复盛院士谈重金属污染、危害及其防治

斑斓山石，奔腾河流，幽闭静水，地球上传承下来了各种美景，我们却无法将美丽延续。这是一个急速发展的时代，资金快速流动，观念快速变换。但并非所有的变化都如繁星替代晚霞般优雅美丽，当黑色的石油在地球动脉中流淌，当二氧化硫糅杂进碧蓝天空时，没有人能挽留住所有美景。

对地球生存环境的关爱和保护，不仅是生存的需要，更是人类发展历程中不可缺少的心灵净化器。只有这样，才能源源不断地从大自然中汲取无数灵感和创意，令我们的生活更加美好。

2011年4月初，我国首个“十二五”专项规划——《重金属污染综合防治“十二五”规划》获得国务院正式批复，防治规划力求控制5种重金属。本刊就重金属污染、危害及其防治等问题专访了我国环境监测专家、中国工程院院士魏复盛。

记者：2011年4月初，我国首个“十二五”专项规划——《重金属污染综合防治“十二五”规划》将重金属污染问题提高到国家意志，我们必须进一步提高认识。首先请魏院士您谈谈人体和地壳元素的相关性好吗？

魏复盛：人类在长期的进化过程当中，跟地球发生物质和能量的交换，已经达到了一个动态平衡，人体血液中几十种元素与地壳元素的平均值（丰度）有很好的相关性即是证明。

我们人体血液当中的元素与地壳的丰度值关系非常明显。说明我们人类和地球之间发生物质和能量交换至今已经达到了一个平衡。

人体对外界环境因素的反应，随着“量变”过渡到“质变”。有害因素要达到一定的数量才能造成危害，即使是有益的必需元素超过允许摄入量也会造成危害。因此我们不能以“有无”论是非，而要以“量的多少”论长短。在工业化之后，许多深埋在地下的重金属、类金属元素被挖掘出来，并

注：原文刊载于《科学中国人》2012年第14期，作者刘之灵。

被广泛使用，造成环境污染，破坏了人体元素与外界环境平衡，从而引发健康问题。

有这样的一个研究，一个古代的标准人和一个现代的标准人。现代人的一些微量元素，浓度值比古代人高了几十倍甚至上百倍。这就证明我们这个平衡已经被打破了，对人体的健康是有一定的影响的。组成人体的元素有宏量元素碳、氢、氧、氮、硫、磷、钾、钠、钙、镁等人体必需的元素。有的构成我们的肌肉能量蛋白质，有的构成我们的骨骼，构成我们身体里电解质的平衡。这些都是我们人体所需要的。

“文革”时期的克山病（KD），也称地方性心肌病（ECD），于 1935 年在我国黑龙江省克山县发现，因而命名克山病。主要病变是心肌实质变性、坏死和纤维化，其死亡率很高，交织在一起，心脏扩张。心室壁增厚，附壁血栓常见，光镜下可见心肌变性坏死，电镜下可见线粒体肿胀、嵴分离和断裂。克山病是一种流行于荒僻的山岳、高原及草原地带的以心肌病为主的疾病。

经过 30 多年的研究，最后证明了人体缺硒就会导致心肌组织的坏死，后来就提出向人体中补充适量的亚硒酸钠，病情就得到了控制，因此把硒定成了人体必需的微量元素。

人体摄入微量元素的途径主要是通过饮水、食物、空气吸入、皮肤接触，一般人主要是从饮食中摄入微量元素，其中又以食物占最主要；但如果处于空气污染严重的区域，则会通过呼吸系统吸入颗粒物或蒸气，也有一部分通过皮肤接触吸收，譬如，过去工人做电解食盐的过程中，就很容易吸入汞蒸气导致汞中毒，还有在一些有色金属冶炼厂附近，砷的空气污染会使人受害。

即使是有益的必需元素，超过允许摄入量，也会造成危害。例如，氯化钠是人体所必需的，但是如果你食盐摄入多了，也会对你的健康造成危害，所以说剂量是一个非常重要的概念。

因此我们不能以某种元素有无论是非，而是要以量的多少论长短。我们在评价一个元素或者一个污染因子的时候，一定要有剂量方面的考量，这是最主要的。

人体对环境因素剂量反应的关系，纵坐标是健康、亚健康、患病、死亡，横坐标是在一个正常浓度的摄入计量范围之内。如果超过了健康水平的剂量范围，就有可能产生一些亚健康的问题，如果再进一步增加剂量，就会患病，需要医学的治疗，再进一步增加剂量的话就可能会中毒死亡。

美国科学院有一个四步法的评价程序，一是污染物的危害鉴定，二是暴露评价，你会通过哪些途径来摄入这些污染物质，三是剂量效应评价，摄入量是多大，引起的健康效应是什么样的问题，四是风险表征。

美国 EPA 将致癌分为五级。第一个等级是人类确认的致癌物，第二个等级是很可能是致癌物，证据不是很充分，第三个等级是可能是人类的致癌物。证据更加不充分，第四个等级是不能确定是否对人类致癌，对人类没有致癌的证据，第五个等级是对人类没有致癌证据。

记者：你能否再举例详细谈谈重金属污染对人类的危害？

魏复盛：近几年在陕西、河南、四川等地发生了多起铅污染事件，总计有数千人血铅超标，甚至发生铅中毒，导致了群体事件，影响了社会的安定。

国务院和地方政府高度重视，对污染区进行了整改，对受伤害的群众进行了妥善的医疗救治，关闭了很多不合格的企业，对有些可以挽救的进行了整改，落实治理措施，再进行生产，其他媒体对这方面也有了很多报道。

铅污染会对儿童的智力发育、肾功能发育造成不良影响，有这样一个调查，离铅蓄电池厂越近，儿童血铅的含量就越高，小学生的成绩差的就越多，证明对智力发育会有影响。儿童脑发育阶段，如果摄入铅，造成铅中毒，特别是对婴幼儿及五六岁以下儿童的影响是非常大的。最近科技部有一个重大的“973 项目”，就是研究儿童血铅的，第四军医大学负责来做。

中国儿童的血铅含量处于一个较高的水平，高于美国平均值和加拿大的平均值。血铅超标的数据大概是 1/3，近 10 年禁用含铅汽油后，儿童血铅含量已有明显下降。估计血铅超标 100 μg/L 的为 10% 左右，取得了一些进展。

主要污染来自化石燃料燃烧、冶金过程及制造业产生的金属氧化物或蒸气。进入空气后冷凝而聚集成细颗粒物。它进入人的下呼吸道甚至穿过肺泡而进入血液，使人体血液中重金属浓度增高，也可使尿液、头发、指甲及脏器中重金属聚集，产生危害。

近几年，湘江镉污染影响长沙、湘潭供水安全。广东韶关 Pb-Zn 冶炼厂，高浓度含 Cd 废水排入北江，经测算约排放 Cd 3.63 t。北江水超标 12 倍，威胁韶关、清远、佛山三市供水安全。2012 年年初广西龙江河含 Cd 高浓度酸性废水非法偷排致龙江河 Cd 严重污染。水超标 80 倍（估计排量 Cd 21 t）。砷污染事件也频频多发。山东临沂市一化工厂趁暴雨将 800 m^3 含砷 10 000 mg/L 的废水排入河中，使 70 万 m^3 水含 As 浓度高达 10～18 mg/L，涉及鲁、苏 80 万人饮水安全，公司经理判刑 15 年，6 人被追究刑事责任。还有河南大沙河 As 污染事件，工厂未经批准扩大生产，超标排放。污染了大沙河。后经筑坝截流，控制在河南境内进行处理。

记者：您对我国重金属污染事件的处置方式有何建言？

魏复盛：我们要总结历史经验教训，依法严肃处理重金属污染违法事件，维护群众合法权益。提高全社会法制意识和社会责任意识，否则触犯法律是要付出代价的，而且给国家、人民造成巨大损失。环境污染事故事前要实行排查，风险管理，降低发生事故的可能性。一旦发生污染事故，要科学应对和处置，将污染控制在最小范围内，尽量减少可能的损失和危害。发生污染事故时，应把保护人民群众的生命、饮水安全放在首位，涉及环境违法、维权的矛盾，政府、群众和企业都要依法行事，不能激化矛盾。发生事故后要跟踪监测，进行生态风险评估和损害评估，开展生态修复。

记者：可以说土壤是粮油果菜食品原料的生产基地，一旦受到污染会影响食品安全。您能否再谈谈重金属污染土壤的防治方面的问题？

魏复盛：食品安全涉及从“农田到餐桌”的全部过程，土壤是第一环节，存在水、大气、固体废物、尾矿、危险废物对土壤的污染，某种意义上讲各种环境介质污染都会转移到土壤中，再通过食物链进入人体，威胁着人体健康。环境是一个整体系统，土壤又会成为水、大气环境的二次污染源。抓食品安全则应重点抓源头控制。

据统计，我国受污染的耕地约 1.5 亿亩，污水灌溉耕地 3 250 万亩。固体废物堆存地占 200 万亩，合计超过 1.8 亿亩。每年由于污染导致粮食减产 1 000 万 t，还有 1 200 万 t 粮食超标，影响食品安全。

记者：在这方面您有哪些建言呢？

魏复盛：一是建议政府加快土壤污染防治立法工作，起草制定中国土壤污染防治法，以规范土壤污染防治措施，如污水灌溉、尾矿渣、工业固体废物堆存、工业废水、废气对土壤污染的影响和污染防治、规范农药化肥的使用等。不仅要保证 18 亿亩耕地这条红线，还要特别保护好土壤环境质量，使土壤重金属、有机污染物、农药等含量达标，以保证我国粮食产量和质量的安全。

二是加快制修订土壤环境质量标准。目前土壤质量标准项目少，且重金属含量限值标准以土壤重金属背景值全量为依据制定的，背景值高并不意味着生产的粮菜油果的含量就高。因此必须加强土壤重金属全量和有效态的监测，以及对应粮菜等农产品重金属含量监测，进行科学评估，以修订完善现有土壤质量标准。

三是开展全面深入的科学研究。开展土壤重金属污染风险评价。对于低污染或高背景值土壤，若风险较低或在可接受范围，可将这部分土壤从污染名单删除以免引起混乱；对于有明确污染源引起的土壤污染，应进行深入系统的监测（全量、有效态和农作物），搞清污染范围和程度，为规划防治土壤污染提供依据；对中低污染可进行土壤性质改良（如酸碱性）和生态修复，或改种耐性作物，或降低土壤有效性；对污染严重且丧失农业粮菜耕地的可改变土地用途，如改种经济作物或作生态林用地或作建筑用地等。

四是建议全国规划并建立土壤环境质量例行监测网络，定时定点监测，撰写年度评估报告，供政府采取必要措施。

五是研究制定土壤污染突发事故的应急响应机制，发现问题及时进行科学处理，以减少可能的损失和保证社会的稳定。对于受到严重污染危害群众健康的农产品，严禁流入市场。

在线分析仪器为环境监测助力

环境污染是21世纪人类面临的重大问题之一，在解决环境污染问题中，预防与监测的重要作用毋庸置疑。将分析技术与自动化技术有机地结合起来，更好地实现预防与监测，使在线分析仪器的应用越来越成为必需。在线分析仪器在环境保护中的应用状况如何？我国在线分析仪器在市场中占据怎样的地位？我国的企业应当如何发展创新？带着这些问题，《中国仪器仪表》杂志记者专门访问了中国工程院院士魏复盛。

记者：魏院士，您好！首先感谢您在百忙之中接受我们的采访。污染问题是21世纪要迫切解决的重大问题之一，请您向读者介绍一下目前中国乃至全球的污染现状。

魏复盛：中国目前首先亟待解决的是耗氧有机物的污染问题，这不仅关系到水环境的安全，更关系到公共饮用水的安全问题。水是人类赖以生存的重要资源，饮用水受到污染，直接影响人民的身体健康，这是一个严峻的问题。

第二是大气污染问题，主要是指大气中颗粒物的污染。大气颗粒物、SO_2、氮氧化物、臭氧污染，容易造成呼吸系统病症的高发，影响人的呼吸健康。胡锦涛同志非常关注这个问题，他提出：要让人民呼吸到新鲜的空气。这充分显示了党和政府对环境保护的密切关注。

第三是全球气候变化的问题，中国能源的消耗量不断增长，CO_2的排放量很快就会超过美国成为世界第一位。减排温室气体不仅是我国面临的问题，也是全球各国所面临的挑战。《京都议定书》就是为了解决这一问题而签订的。

另外，有毒污染物即持久性有机污染物的污染问题。这类污染物浓度虽然低，却影响着人们的身体健康，有“三致”（致癌、致畸、致突变）效应

注：原文刊载于《中国仪器仪表》2008年第1期，采编夏虹、卢祁。

及引发生殖毒性和免疫毒性等。国内外都普遍存在这个问题，我国现在正在启动环境健康行动计划，希望借此来提升人们的环保健康意识。

记者： 解决环境污染问题，一方面需要加大环境治理的投入，另一方面是加强环境监测的研究。目前随着计算机及信息技术的飞速发展，在线分析仪器在各行业起到重要作用。请您谈谈环境监测方面在线分析仪器主要起哪些作用？

魏复盛： 将分析技术与自动化技术结合起来的这一技术集成对搞好环境监测可以起到很好的作用，主要在以下几个方面得到体现：

（1）环境质量的自动监测

如空气地面站的自动监测系统，包括对颗粒物、SO_2、NO_2、氮氧化物、臭氧及其他气象参数的自动监测，自动监测系统可以做空气质量报告及预报。现在国内许多城市已经建立了空气地面监测系统，应用到很多类在线分析仪器，对环境保护起到相当大的作用。

另外，水质的在线自动监测也是十分重要的一环。为了明确河流及湖泊的污染责任人，国家环保总局在流域的省与省之间、市与市之间、县与县之间的交界处都安装了在线水质监测系统，对pH、溶解氧、COD、氨氮、总氮、总磷、水温、电导率等项目进行了实时监测，这些项目的数值是对水质做出评估的重要参数。在线水质监测系统获得数据后，通过卫星传递到中国环境监测总站，并对水质生成周报、月报，分析水质的变化趋势，这样就可以明确分出是上游污染了下游，还是下游自身污染的问题，明确责任归属问题。

（2）污染源烟气的在线连续自动监测系统

首先，现代化的燃煤电厂要求排放的烟气和SO_2要达标，这就要求厂家必须安装相应的脱硫装置，以减轻空气中的SO_2污染。为了鼓励企业的环保行为并减轻企业负担，国家出台了相关政策，安装脱硫系统的火力发电厂每发一度电由国家补贴0.015元。但是国家补贴企业的前提是明确企业是否真正安装并启用了脱硫装置，而应用在线连续自动监测系统，就可以实时对企业行为进行监控；其次，在线连续自动监测系统也可以用来对烟尘、烟气、SO_2、氮氧化物做出判断，评定其是否达标，如超标是否应接受处罚、缴纳排污费，这对排污管理有很大的帮助；再有，氧气不足时，燃烧不完全，产生了过量CO，污染环境，同时也浪费能源。使用在线连续自动监测系统，可监测烟气中的氧气浓度，可以对生产起到有效的指导作用，有助于节约能源，减少污染。

（3）针对废水和污水的在线监测系统

我们都知道，企业降低排污量，一方面对环境保护具有深刻意义，另一方面也是企业提高生产力，减少能源损耗的动力。自动在线监测系统控制污染企业的废水是否达标排放，并且做到24小时实时监控，可对排污企业起到很好的监督作用。另外，有一些污水处理厂虽然建立起来，但没有实际运行，既浪费国家的资金又对环境造成了危害。为了解决这一问题，要求污水处理厂安装自动连续在线监测系统，检测COD、氨氮、pH等项目，判断污水处理厂是否运行及所处理污染物是否达标。

（4）污染事故的预警或报警监测

对于污染事故，我们还是要以预防为主，防治结合，尽量将污染事故控制在最低状态。预防就是在一些高风险、高危险的生产企业或车间的重要部位安装有防污染物泄漏的报警装置，例如在可能产生氯气的环境中安装对氯气的专门报警装置，当氯气的浓度比正常情况高时，装置就会报警，此时尽快采取措施就可避免大的污染事故的发生。有一些煤气厂安装了CO的报警装置，也可以起到防御的作用。还有水质方面，举例来说，四川川化的氨氮污染浓度有时会达到1 000~9 000mg/L，如果安装了报警装置，可以实现随时监控，一旦发现监测项目超标，仪器就会出现报警，这时尽快采取措施，就不会出现沱江流域二十几天的停水事故，以致造成2亿多元的经济损失。

（5）生物的在线监测

生物在线监测方面目前我们做得还不够，例如湖泊暴发富营养化，出现水华。营养盐的浓度，气象条件如温度、光照、风速等因素是暴发富营养化，出现水华的主要原因。如无锡的太湖，因为蓝藻的暴发，造成了太湖的水质发臭、发黑，进而影响市民的饮用水安全，严重影响了人们正常的生活与工作。如果我们使用相关仪器，在线监测藻的种类、浓度以及营养盐的浓度等参数，一旦发现一些因素已经到了预警的程度，就可以在大暴发以前采取紧急措施，消除水华现象，从而避免类似蓝藻事件的暴发。

另外，一些公共场所，如医院、大商场等容易出现流行疾病的传播，这与空气中的细菌、病毒、微生物的数量、种类、浓度很有关系。目前这方面的预防监测工作做得还是比较少的，如果我们能够有这方面的先进仪器与自动化控制系统相结合，无疑对防治一些疾病的流行会起到很大的作用。

记者：魏院士，我国现在使用的环境监测仪器主要是国外产品还是国内产品？

魏复盛：在三四年以前，由于环境监测对仪器的精度、技术水平要求高，很多国内产品无法达到相应的水准，所以国内的环境监测仪器市场基本上由国外产品一统天下。近年来，国内的企业通过引进、消化、吸收、再创新，结合中国的国情，生产的自动监测系统已经取得了很显著的进步，质量也在不断提高，因此也有很多国产仪器在使用。

在“九五”期间，我曾经做了一个课题，题目是“污染物总量控制监测系统关键技术的研究”，这个项目引进国外的仪器，进行测试和运行，支持一些企业去研究。目前国内的产品还要进一步提高在线自动监测系统的可靠性和稳定性，以便能够适应野外环境条件的需要。

现在普遍应用的国内产品是在线自动监测系统，但在线自动监测系统的项目比较有限，一些高端的仪器我们现在还要依赖国外进口，如四极杆联机、液相色谱－质谱联机、光谱质谱、串联质谱等仪器。

记者：您刚才所提到一些高端仪器国内企业现在还不能生产，主要是什么原因？国内企业什么时候能够生产此类高端仪器？

魏复盛：生产这些高端仪器所需投入的研发资金数额非常庞大，对技术要求也相当高，这在一定程度上制约了国内企业的研制创新。尤其是在污染治理方面，污染治理所需仪器及工程项目都会比普通监测仪器投入大很多，所需资金也更高。投入在高端仪器研发上的人力、物力、财力等因素的程度直接决定了国内企业达到国际先进水平的时间。现在国家已经加大了对科技创新的支持力度，我们相信在国家科技部及相关政策的支持下，通过国内企业的自主研发创新，我们终将会达到国际先进水平。

记者：您认为我国的仪器仪表厂家应该采取什么措施来发展壮大？

魏复盛：很多国外的知名仪器仪表厂家定位在中国市场，在中国获取了大量资金，也对中国的企业造成了很大的压力。国内厂家的特点是以中小型企业为主，所以投资力度不够，技术实力不够强，要走向世界还有一定距离。中国的仪器厂家首先要搞好仪器创新，力争在国内市场占据大量份额。另外，国内的仪器仪表厂家一定要有世界的眼光，不仅要保证满足庞大的国内市场需求，还要有强烈的世界意识，开拓国际市场。

环境卫星将发挥不可替代的作用

2008年9月6日，中国太原卫星发射中心用“长征二号丙”运载火箭以一箭双星方式，成功地将我国环境与灾害监测预报小卫星星座“环境一号A、B卫星”分别送入太阳同步轨道。

我国为什么要发射专门的环境卫星？环境卫星到底有什么神奇的本领，可以做到环境与灾害的监测和预警？卫星遥感监测技术是否可以取代地面监测技术？带着这些问题，本报记者采访了中国工程院院士魏复盛。采访中，魏复盛用“站得高、看得远”来形容环境卫星的作用，他告诉记者，很多以前在环境监测中遇到的问题，在环境卫星应用之后会被一一化解。

记者：我国以前就采用过卫星遥感监测技术对我国的水环境、大气环境、生态环境进行监测，此次为什么要专门发射环境卫星来进行监测？

魏复盛：我国以前是通过购买美国陆地卫星和巴西的中巴资源卫星等国外卫星的图片、资料、数据来对国家生态环境、内陆水体水华、近海赤潮、秸秆焚烧等环境问题进行遥感监测。这样做的弊端之一就是我们不能第一时间拿到数据并发现问题，而当我们拿到数据的时候，环境污染事件往往已经酿成。所以10年前，环保部门就会同国家减灾委等相关部门提出了建立我国环境与灾害监测预报小卫星星座系统的建议，用以提高我国的环境与减灾监测能力。

记者：在监测预警方面，我国目前主要采用地面布点采样的分析测量方法进行，环境卫星应用之后，在环境与灾害监测预警方面有哪些优势？

魏复盛：给你举一个例子，以前外国的油轮到中国来，卸载之后，这些油轮往往要排放洗舱水，满是油污的洗舱水会污染海水，对海洋生态造成很大破坏。这些油轮通常不会在港口排放洗舱水，因为他们知道我们的地面监测系统是布点采样的，港口肯定有监测点，如果排放洗舱水就会被发现。所

注：原文刊载于《中国环境报》2008年9月8日，作者邹静昭。

以他们会把船开到远离港口、超出监测点监测范围的水域再排放洗舱水，而且很多时候是在夜里偷排，这样即便我们采用飞机遥感技术，通过飞机监测到水面被污染，造成污染的“罪魁祸首”早已不知去向。但是如果采用卫星遥感技术，这个问题就会迎刃而解。因为卫星“站得高、看得远”，它的遥感监测不同于地面的布点采样，而是全球覆盖，全天候连续不间断监测，那些油轮无论在任何时间，在任何一个海域排放洗舱水都会被环境卫星实时监测到。卫星遥感监测技术的优势就是可以弥补地面监测的点位不足和时间不足等缺点。

再如，现在内蒙古自治区实行退牧还草、围栏养殖等办法保护草原，地面监测的方法是在草原上划出若干样方，也就是监测点，比如 10 m^2 为一个样方，通过观测各个样方内草的品种、长势及每年生长草的数量，就可推断草原的植被恢复及退牧还草的成效。但是这种方法不能完全准确地反映整个草原的全貌，而卫星就可以一年四季、全方位、大范围观测到整个草原的生态环境、退牧还草前后的变化。这样就能做到准确的、科学的评价，指导制定草原生态建设与恢复的措施。

记者：刚刚发射的两颗环境卫星分别位于轨道高度超过 600 km 的太阳同步轨道，在那么远的位置，环境卫星采用了什么新的技术能够监测到地球上像油轮这样的物体呢？

魏复盛：环境一号 A 星装载了两台宽覆盖多光谱可见光 CCD 相机，1 台超光谱成像仪，并搭载 1 套 Ka 通信试验载荷；B 星装载两台宽覆盖多光谱可见光 CCD 相机和 1 台红外相机，其中宽覆盖多光谱可见光 CCD 相机，星下点地面像元分辨率优于 30 m，地面观测宽度超过 700 km，超光谱成像仪的地面分辨率为 100 m。通俗地说，地面上如果有一个地方在焚烧秸秆，只要烟雾超过 30 m，或者有污水渠，只要长度超过 30 m，卫星都可以监测出来，更不用说大面积的赤潮、水华、溢油污染、沙尘暴了。而且，能精确到具体的位置。

记者：卫星遥感监测技术会不会取代传统的地面监测技术呢？

魏复盛：不可能。可以说卫星遥感监测技术是对地面的监测技术的一种重要的补充。卫星实时拍摄采集的图片、资料、数据要通过地面接收，还要进行辐射校正、几何定位与精度校正、大气校正、专题产品分析处理等过程才能具体应用。具体应用时，也要监测人员到现场进行更加精准的监测和对比。所以，两者是相辅相成的关系。

现在很多人出于关心的原因，对环境保护部是否具备处理并分析环境卫星传送回来的图像、数据的能力表示担心。关于这一点我要说的是，环境保护部一直非常重视环境卫星工作，2003 年就成立了环境卫星工作领导小组，同时设立了环境卫星中心筹备办公室。近年来，环境卫星筹备办公室已经利用国外的卫星数据、图片对太湖蓝藻水华等水环境进行了遥感监测；对北京周边的秸秆燃烧情况进行了遥感监测，为保障奥运空气质量做出了贡献。环境卫星办公室还利用卫星遥感技术在第一时间动态地监测到 2008 年 6 月底，青岛海域绿藻浒苔大规模暴发及发展过程，并及时报告相关部门，保障了奥帆赛的筹备工作。通过这些工作，积累了不少有益的经验，打下了良好的基础，在此基础上，环境保护部将继续加大地面系统的建设力度，加大人才培养的力度。

第二篇

构建并推动环境监测分析方法体系的建设

团结协作，共同推进环境分析方法体系的建设

根据国家环保局关于组织全国各方面的科研监测力量对《环境监测分析方法》（水质部分）和《污染源统一监测分析方法》（废水部分）进行修订再版的指示精神，于1985年4月在西安召开了《水和废水监测分析方法》科研协作组第一次会议，确定了“组织起来，团结协作，大家出力，共享成果”的工作方针。经过协商成立了科研协作技术核心组，由中国环境监测总站任组长，北京市环境监测中心和中国科学院生态环境研究中心任副组长，杭州市环境监测站、化工部北京化工研究院环保所、中国预防医学科学院环境卫生与卫生工程研究所，轻工业部环境保护科研所为成员单位。会议分工落实了新增加的33个污染物监测项目及新增加的70余个监测分析方法的研究计划。经过各部门的环境监测站和有关科研单位的共同努力，提出了监测分析方法研究报告90余篇，经技术核心组审定，筛选出61篇论文，编辑出版了“水和废水监测分析方法研究报告集”（见中国环境监测1987年第3卷第1期）。1986年5月在南京召开了科研协作组第二次扩大会，总结交流了各单位的科研成果，布置了这批新增项目和方法的验证及适用性检验工作。参加方法验证工作的单位做了大量工作，获得了许多宝贵的信息和数据。1987年5月在北京召开了科研协作组第三次会议，对方法验证进行了总结和评价，分工落实了修订再版的编写任务，成立了编委会。会后，编委会对起草的书稿反复做了审阅和修改，1987年12月又约请了部分编委对全书进行了修改和审定，最后由中国环境监测总站的同志对全书进行了编排、整理。

编委会在编著本书时着重考虑了以下几个方面：

（1）本书是《环境监测分析方法》（水质部分）和《污染源统一监测分析方法》（废水部分）的继续和发展，是这两部分的第三版。因此，我们把

注：本文是魏复盛执笔的《水和废水监测分析方法（第三版）》的编写说明。

全国广大科研监测工作者经过反复和大量实践证明是好的和适用的方法全部保留下来，并尽可能地把积累的新经验补充进去；对已有的监测项目补充了一些新方法，使这些项目或因浓度不同，或因干扰物的不同，有与之相适应的方法。

（2）根据我国国情，并与国际标准化组织（ISO）的标准方法相协调的原则，近几年已经制定，且还将继续制定一批水质分析方法的国家标准。本书首先选编了这些方法，把水质分析方法标准化的成果吸收过来，使这本书和国家的水质标准分析方法协调一致，以便这些方法能更好地贯彻执行。

（3）本书再版的又一个特点是增加了较多的新项目和新方法，其内容和篇幅比原书增加了1倍以上。在选取项目时，首先注意了已有水质标准，废水排放标准而尚无与之配套的监测方法项目以及急需的监测项目。特别增加了过去比较薄弱的有机污染物、底质和水生生物监测项目。在优选监测方法时充分注意吸取国内外水质监测的新方法和新技术，并考虑了有关方法的适用性。

本书修订再版是在国家环保局直接领导和中国环境监测总站领导的关怀下完成的，在组织协调方面，柴文琦、陈子久、刘全义、安华和曹跃英等做了大量工作。本书的再版又是多系统、多部门、多单位的领导和广大科研监测人员共同努力和支持的结果，在此编委会对他们的工作表示崇高的敬意和诚挚的感谢。

但是由于时间仓促，编著者水平所限，再加上新增加的一些项目和方法还缺乏大量实践检验的资料。因此，在监测项目和分析方法方面仍存在一些不完善之处，错误也难避免，敬请读者批评指正。我们诚恳希望全国各行各业使用本书的科技人员能在工作实践中对这些方法进行不断研究和改进，积累新的经验，希望大家结合实际工作的需要开拓新的监测项目。开发新的监测方法，并把你们的新经验、新方法寄给《水和废水监测分析方法》编委会（中国环境监测总站），为本书第四版准备充分的技术资料，使《水和废水监测分析方法》更趋完善。

1986年5月

要大力加强有害有机污染物监测技术的研究

我们分别在1989年和1993年出版了《水和废水监测分析方法指南》上册和中册，受到了全国广大环境科研监测人员的欢迎，还经常收到来信询问“下册”何时能出版，可见大家对本书的关心和厚爱，对此我们深表欣慰和感谢。

国际上对环境中有毒有害有机污染物的高度重视，使有机污染物的监测分析技术已获得了很大的发展，取得了巨大的成就。美国EPA已制定了有机污染物监测分析系统化的方法，如饮用水有机污染物监测500系列的方法，包括了60余种有机污染物；工业和市政废水有机污染物600系列的方法，包括优先控制有机污染物114种；固体废物试验评价方法8000系列的方法；以及空气中有毒有机化合物测定方法（包括方法T01~T14）。美国1990年颁布新清洁空气法，要重点控制的189种污染物中就有175种有机污染物，这些有机物的分析方法正在制定中。气相色谱、高效液相色谱、色谱-质谱、红外光谱、荧光光谱等测试技术已广泛应用于常规监测之中。对挥发性和半挥发性有机化合物、酚类、酞酸酯类、硝基苯类、醛、酮类、苯胺类、有机氯农药；有机磷农药、多环芳烃类、多氯联苯类等进行了广泛的调查研究，并对各环境要素开展了例行监测。有的污染物质虽然浓度很低，污染范围很小，但由于它们具有致畸、致突变和致癌的危险性，为了保障人们的身体健康，这些污染物仍然受到极大的重视。各国已经或正在制定控制其污染的严格标准限制。我国党中央、国务院对环境保护非常重视，近期国家环境保护局颁布的废水综合排放标准69个项目中有40项有机污染物；大气污染综合排放标准34个项目中有15项有机污染物，与过去的标准相比有机污染物项目增加了很多。因此，我们在编著“下册”时就把有机污染物的监测分析技术作为重点。根据近几年科研监测积累的经验，又考虑广大基层站的同

注：本文是魏复盛执笔的《水和废水监测分析方法指南（下册）》的编写说明。

志们对有机污染物的监测技术尚不够熟悉的现实情况，所以我们对有机物分析方法学和一些专门技术做了深入浅出的论述，又对某些特异的有机污染物的采样分析方法做了较详细的介绍。书中还对近十几年发展起来的原子荧光和流动注射技术及其应用做了专门的论述。本书共20章，分两个部分。第一部分是方法学部分，有色谱-质谱、红外光谱、荧光分光、氢化物发生原子荧光、流动注射分析，分析有机物色谱柱、有机污染物的采样、分离、富集等。第二部分是特异污染物的监测分析技术，包括酚类化合物、苯胺类、酞酸酯类、苯系物、有机氯农药、有机磷农药、多环芳烃、多氯联苯、石油类和动植物油、铍、铊和元素磷。

本书的编者中有中国22位专家，日本3位专家。已在相应各章后署名，以便读者和作者能直接联系，共同探讨和交流有关技术问题。徐晓白、阎吉昌、魏爱雪、章安安同志参加了本书部分章节的审稿。全书由魏复盛、池靖同志进行整编和审定。由于我们的水平和经验所限，书中难免有不妥之处，恳请广大读者批评指正。

编著本书得到了中华环境保护基金会的赞助，同时还得到了日本环境事业团、日本北九州国际协力协会的大力支持，在此一并表示由衷的感谢！

魏复盛

1996年12月于北京

推动空气和废气分析方法体系构建

加强空气质量监测和控制废气排放的监测是适应环境管理的迫切需要，为此，国家环境保护局委托中国环境监测总站牵头，组织全国的监测力量，对《环境监测分析方法》《污染源统一监测分析方法》进行修订。我们认为按照环境要素来建立监测分析方法体系比较合理，而且便于监测技术的管理。因此，相继在全国组织了《水和废水监测分析方法》《空气和废气监测分析方法》及《固体废弃物监测分析方法》的研究与协作实验验证工作。

根据国家环境保护局的要求，于1985年11月在杭州召开了“空气和废气监测分析方法”科研协作组第一次会议。会上确定了以中国环境监测总站为组长单位，中国预防医学科学院环境卫生与卫生工程研究所、北京市环境保护监测中心、上海市环境监测中心为副组长单位的技术核心组。与会的17个科研、监测单位参加了协作组，分工落实了新增加项目及一些改进项目的科研任务。

各协作单位经过两年多的辛勤工作，积累了许多新的经验，提出研究报告60余篇。协作组于1987年12月在北京召开了第二次会议，交流和讨论了这些科研成果。经过技术核心组审核，筛选出50篇论文，出版了“大气和废气监测分析方法研究报告集”（刊载于《中国环境监测》1988年第3期）。会议还通过了《空气和废气监测分析方法》编写大纲，成立了编委会。此后，编委会对稿件进行了编审和修改，并于1988年5月在浙江建德县召开编委会议，对书中重要的监测技术进行了认真的讨论和审定。1989年3月在北京又召开部分编委参加的会议，按无机、有机污染物、降水几部分再次整理和审核各监测方法的稿件，最后由中国环境监测总站对书稿进行了技术整理和编排，现在正式和广大读者见面。

本书在编写过程中考虑了以下几个方面。

（1）本书是《环境监测分析方法》（大气部分）和《污染源统一监测分

注：本文是魏复盛执笔的《空气和废气监测分析方法（第三版）》的编写说明。

析方法》（废气部分）的继续和发展，可以说是新的版本。因此，将前两书中实用的、可靠的监测分析方法保留下来，充分吸取了国内各有关部门和国外的先进经验，对其中部分方法进行了修改。

（2）本书将 1985 年由中国环境监测总站组织全国 18 个监测科研单位编制、验证的《降水化学成分监测分析方法》（计 11 个项目 21 个方法）编在第二篇，作为全国降水监测统一方法。

（3）本书包括了 80 个项目 149 个监测分析方法。如《环境监测分析方法》（大气部分）和《污染源统一监测分析方法》（废气部分），在项目、监测方法和篇幅方面增加 1 倍多。特别增加了过去比较薄弱的有机污染物的监测分析方法。在新仪器、新技术如高效液相色谱、离子色谱、石墨炉原子吸收、新的光度法等方面，均得到了较广泛的应用。

《空气和废气监测分析方法》一书的出版是在国家环境保护局关怀支持下完成的。本书的出版也是各单位领导的积极支持和广大监测科研人员辛勤劳动的成果。在此，我们向有关人员表示崇高的敬意和衷心的感谢！

由于时间和经费所限，在空气和废气采样的新技术与设备方面、监测质量保证方面的工作还比较薄弱，经验不多。流动源监测，环境恶臭监测、大气生物监测尚未纳入本书，这些方面的监测技术国内已开始进行研究，我们将在本书的修订版中充实上述内容。

本书所述的有关项目的监测分析方法，尚有许多不完善之处，我们希望各行各业的科研监测人员在工作实践中对这些方法进行不断的研究和改进，积累新的经验，争取在今后几年把一些成熟的方法，经过必要的验证程序，上升为国家环境标准分析方法。同时我们希望大家结合实际工作，开拓新的监测项目，开发新的监测方法。将新的项目与方法推荐给中国环境监测总站，使本书再版时更加充实完善。

中国环境监测总站

1990 年 1 月

土壤元素近代分析方法研究

土壤是人类赖以生存的最重要的物质基础之一。如何开发利用土壤资源以及如何保护好土壤环境是我们面临着的重要任务。《中华人民共和国环境保护法》第十二条规定："各级人民政府应当加强对农业环境的保护，防治土壤污染、土地沙化、盐渍化、贫瘠化、沼泽化、地面沉降和防治植被破坏、水土流失、水源枯竭、种源灭绝以及其他生态失调现象的发生发展，推广植物病虫害的综合防治，合理施用化肥、农药及植物生长激素。"这是土地资源开发和土壤环境保护必须遵循的。

在我国第七个五年计划期间将"中国土壤环境背景值研究"列为国家重点环境保护科技攻关课题，现已胜利完成，取得了一系列重要的科研成果，已出版的"中国土壤元素背景值"和"中华人民共和国土壤环境背景值图集"就是其中的一部分。在对全国41个土类、1万多件土壤样品进行测试时采用了各种近代分析仪器和方法，如原子吸收法、原子荧光法、等离子体发射光谱法、离子色谱法、仪器中子活化法、X-荧光光谱法等，测定了土壤中60多个元素。这些方法经过多家实验室的验证与考核，经过大量实际样品和标准土样的分析检验，证明这些方法具有灵敏度高、精密度好、准确度高等优点，能保证土壤元素的高水平定量。这些方法可用于土壤环境保护的科学研究与监测，为土壤的环境规划、管理和防治土壤污染服务；可用于诊断土壤营养元素的丰缺，为合理施用宏量元素与微量元素肥料，提高农产品的质量和产量服务；还可用于地方病病因探讨与防治研究等诸多领域。为此我们组织参加该项课题研究的有关专业人员编著了这本《土壤元素的近代分析方法》，在相应的章节署了编著者姓名。此外在编写第五章、第六章的部分方法时还约请芮葵生、易江、王帼雄、齐文启、李海琼、韦利杭、刘伟、王维德、章安安、吕佩芹、陈赋杏、崔秀华、曹杰山、肖清书、张文、夏峰、方容、佘小林、钟展环、张欣、池靖等同志编写了有关的测试方法，并在该方法的后面署上了供稿人的姓名，以便于读者和作者直接研讨有关技术问题。

注：本文是魏复盛执笔的《土壤元素的近代分析方法》的编写说明。

在书稿的整理、抄写、校对中，刘京、李海琼两同志做了大量工作，魏复盛对全书进行总编和审定。

我们对本书的作者和支持、关心本书编写出版的各位同仁表示衷心感谢。

由于编著者的学识水平所限，书中难免有不当之处，望读者批评指正。

魏复盛

1991 年 12 月于北京

关于有毒有害化学物质污染及其监测

1　有毒有害物质的环境污染

1.1　化学品的环境污染

现在全球已经合成出各种化学物质约 1 000 万种，每年还新合成约 10 万种，进行商业注册而投放市场的约 1 000 种。这些化学品在推动社会进步、提高生产力、消灭虫害、减少疾病等方面发挥了巨大的作用。但是在生产、储存、运输和使用过程中不可避免地进入了环境，引起环境污染。如有机氯农药、含硫、氮的有机磷农药、多氯联苯、氟氯烃类、烷基苯类、苯酚类、硝基苯类、苯胺类、重金属化合物，在各种环境介质中（空气、水、底质、土壤、固体废物、生物体）均可检测出来就是最好的证明，这些产品性的化学污染，占绝大多数。

1.2　非产品性的化学污染

化学品生产过程中的副产品或污染物质进入环境后进一步发生化学反应，形成有毒物、有害的二次污染物，例如化石燃料在燃烧过程中产生大量的多环芳烃类的污染物而进入空气、水体和土壤，直至生物体中，又如固体废物在焚烧过程中，能产生毒性很大的二噁英类的污染。在纸浆漂白或饮水加氯消毒杀菌处理中，能生成一系列具有“三致”（致癌、致畸、致突变）毒性的持久性的卤代烃类化合物，如氯仿、溴仿、氯甲烷、三氯乙烯、四氯乙烯等。进入水体中的金属类化合物，在微生物作用下可生成毒性更大的甲基汞、乙基汞，日本的水俣病事件便是烷基汞通过食物链富集而进入人体，致使当地居民中毒。汽车尾气和工艺废气排放出的挥发性有机污染物、NO_x 在阳光紫外线作用下，能形成光化学烟雾，产生 PAN（过氧化乙酰硝酸酯）、

注：原文刊载于《中国环境监测》1999 年 10 月特刊——有毒有害化学物质监测论文集代序，作者魏复盛。

醛和 O_3，对植物和人类健康都十分有害，著名的洛杉矶光化学烟雾便是这种二次污染物造成的。

此外，化学污染物在土壤，在植物中产生代谢、降解或同化作用，可能使原来的化学品毒性降低，也可能生成毒性更强的代谢产物。在自然环境中，由于食品的霉变而生成强致癌物黄曲霉菌，又如在微生物作用下，可以生成亚硝胺类的化合物。

1.3 有毒有害污染物

虽然化学品和二次污染物在环境中有广泛的分布，实际监测检出的有数千种之多，但是只有那些对生物有急性毒性、慢性毒性，对人体有致癌、致畸、致突变、致敏毒性、易挥发、高残留、难降解，又易通过食物链逐级富集而进入人体的污染物才是我们最为关注的有毒有害污染物。城市空气污染特别是多环芳烃类污染是和癌症发病率、死亡率增加有关，城市空气细颗粒物（$PM_{2.5}$）、NO_x、SO_2 污染与人群呼吸系统疾病呈正相关。此外，近年来国际上十分关注有毒化学污染物导致生物雄性器官的退化，这种雌性化现象使人们十分担忧。PCBs、PAHs、二噁英及许多有毒有害污染物不仅有很强的毒性，而且发现它们对人体内分泌系统有干扰作用，使人类也出现“阴盛阳衰”的雌性化，对人类的生存和繁衍构成严重威胁。因此现在已经把有毒有害化学物质污染提到“环境安全”的高度，因为它直接关系到生态环境与人体健康的保护和安全，关系到国家可持续发展、民族繁衍生息和国际贸易利益等重大问题。

2 重点有毒有害污染的控制

20 世纪 70 年代中期，发达国家就开始进行重点有毒有害污染物质的监测分析方法的研究、建立，并开展了环境污染的普查，摸清情况，提出了重点控制污染物的名录。还通过立法、制定标准、推荐最佳实用处理技术，减少污染物的排放。例如，1977 年美国颁布了由清洁水法管理的 129 种污染物名单，其中 114 种为有机污染物，见表 1。

表 1　美国 EPA 重点控制水环境中的有毒污染物

类别	举例和种类
可吹脱的有机物（31 种）	挥发性卤代烃类 26 种（氯仿、溴仿、氯甲烷、溴甲烷、氯乙烯、三氯乙烯、四氯乙烯、氯苯等），苯系物 3 种（苯、甲苯、乙苯）、丙烯醛、丙烯腈等
酸性、中性介质可萃取有机物（46 种）	二氯苯、三氯苯、六氯苯、硝基苯类、酞酸酯类、多环芳烃（芴、荧蒽、菲、苯并［*a*］芘）、联苯胺、*N*- 亚硝基二苯胺等
碱性介质可萃取有机物（11 种）	苯酚、硝基苯酚、二硝基苯酚、氯苯酚、二氯酚、三氯酚、五氯酚、对 - 氯 - 间甲苯酚等
杀虫剂和 PCBs（26 种）	α- 硫丹、β- 硫丹、α-BHC、β-BHC、γ-BHC、δ-BHC、艾氏剂、狄氏剂、4,4′-DDT、七氯、氯丹、毒杀酚、PCBs、2，3，7，8- 四氯二苯并对-二噁英等
金属（13 种）	Sb、As、Be、Cd、Cr、Cu、Pb、Hg、Ni、Se、Tl、Zn、Ag
杂类（2 种）	总氰、石棉（纤维）

引自：中国环境优先监测研究课题组 . 环境优先污染物 . 北京：中国环境科学出版社，1989.

美国超基金会要公众了解的污染物质 317 种，水污染控制法要控制的污染物 299 种。

美国 1990 年颁布新清洁空气法，要重点控制的有毒有害污染物质 189 种，其中有机污染物 167 种，见表 2。美国 EPA 正在组织研究制订这些污染物质系统的采样和分析方法，研究推荐最佳实用污染处理技术，在今后的 10 年内使有毒有害污染物质的排放量减少 90%。

表 2　美国新清洁空气法重点控制有毒污染物 (1990)

类别	举例和数目
卤代脂肪烃	氯仿、溴仿、四氯化碳、氯甲烷、溴甲烷，碘甲烷、氯乙烷、二氯乙烷、二溴乙烷、氯乙烯、溴乙烯等共 27 种
醛、酮	甲醛、乙醛、丙醛、丙烯醛、丁酮 -2, 甲异丁酮等 9 种
醚类	甲基氯甲基醚、双（氯甲基）醚等 5 种
酚类	酚、邻苯二酚、对苯二酚、*o*,*p*,*m*- 甲酚 -4- 硝基酚，三氯苯酚，五氯酚等 12 种

续表

类别	举例和数目
单环及多环芳烃	苯、甲苯、乙苯、*o,p,m*- 二甲苯、苯乙烯、异丙苯、联苯氯苯、萘、3,3- 二氯苯茚、PCBs 等 11 种
杂环化合物	环氯乙烷、环氯丙烷、1,4- 二噁烷、氧芴类、喹啉等 12 种
醇酸酯类	甲醇、乙二醇、丙烯酸、异氰酸甲酯等 16 种
酞酸酯	二甲基酞酸酯、邻苯二甲酸二丁酯等 4 种
胺类	氯胺、苯胺、对苯二胺、甲基联胺、邻甲苯胺、联苯胺、*O*- 茴香胺等 28 种
农药	开谱丹、甲萘胺、氯丹、异佛尔酮、林丹（γ-BHC 及所有异构体）、对硫磷、毒杀芬等 16 种
其他	乙腈、丙烯腈、重氯甲烷、光气、CS_2 焦炉排放物等 14 种
无机污染物	氯、氯化氢、HF、PH_3、H_2S、P、重金属、放射性核素、石棉、细矿物纤维等 22 种

引自：魏复盛，等 . 环境监测管理与技术 .1993，5（3）：8.

日本对 600 种化学品进行环境调查，检出的有毒化学品为 189 种，在空气污染中要严格控制的为 165 种。

苏联是制定有毒化学物质标准数目最多，而且标准最严的国家，1976 年公布水中有机物 496 种的最高允许浓度，1985 年增加至 561 种。

其他发达国家也多有自己重点控制污染物的清单及相应的措施。

从上述可见，有毒有害污染物质有无机污染物（如重金属、金属有机化合物）、有机污染物、酸性气溶胶（细颗粒物 $PM_{2.5}$），但以有机污染物的种类最多。

3 中国有毒有害物质的污染现状

中国对有毒有害污染物质尚未做全面系统的调查研究，也未建立起系统的采样和分析方法，大多数的有毒有害污染物尚未进入法规、标准管理之中，因此也还未纳入常规监测。根据一些局部的、少量的研究报告可以看出，我国有毒有害物质的污染还是非常严重的。表 3 列出了我国局部江水湖库水中检出的有机污染物；表 4 列出了东湖及自来水中的有机污染物 102 种；表 5 列出了苏州河底质中检出的有机物（能定性的）201 种；表 6 列出了某地垃圾渗液中检出有机物 10 类 93 种。从检出的这些物质可以知道，多数是有毒有害的，其中有相当多的是“三致”污染物。

对大气污染源做过一些调查，如鞍钢焦化厂及炼焦炉附近，用吸附剂采样，用 GC/MS 检测，检测出 300 多种有机物，能定性的 293 种。其中多环芳烃 50 种，进行了定量分析的为 36 种，全部定量的化合物 10 类 122 种，见表 7。根据潜在危害分析法、潜在危害指数法和国际关注程度进行比较研究，筛选出要重点控制的有毒有害污染物 20 种。

表 3　中国部分江河水中检测出的有机污染污

采样地点	检测出的有机污染物种类
第二松花江（吉林）	芳香族化合物、硝基苯类、烷基苯类、芳胺类、酚类、卤代烃类、酮、醛、醇类等 374 种
长江黄石段	烷烃、苯系物、酚类、萘类、卤代烃、酯类、多环芳烃、含氮化合物等共 100 种
太湖	烷烃、烯烃、芳香烃、多环芳烃、醇、酮、酯、酚、含氮、硫杂原子化合物等 74 种
沱江	卤代烃、醇、醛、酮、酯、农药、多环芳烃等 175 种
珠江	烷烃、烯烃、醇、酮、酸酯、胺类、氮杂环化合物有机氯农药等 241 种

引自：中国环境优先监测研究课题组，环境优先污染物黑名单研究（内部资料，1989）。

表 4　东湖潭水和自来水中检出有机污染物

类别	数目	类别	数目
烷基苯类	12	醇、醚类	10
烷烃、烯烃类	22	多环芳烃类	18
醛、酮类	13	有机酸类	3
酞酸酯类	6	氯苯	1
其他	4	—	—

引自：田世忠，等 . 中国环境科学，1993，13（2）：100.

表 5 苏州河底质中检出的有机污染物

类别	数目	类别	数目
烷烃 n— C_{21} ～ C_{40}	30	PCB，三氯联苯	1
烷基苯	18	DDT	2
多环芳烃	80	酞酸酯	2
含氮多环芳烃	20	十六烷基聚氧乙烯醚类	10
酚	6	有机酸	12
氯酚	7	氯苯	7
BHC	4	其他	2

引自：王玉萍，等．中国环境科学，1992，12（2）：146.

表 6 垃圾渗漏液中检出的有机污染物

类别	数目	类别	数目
多环芳烃	24	酚、醇	8
单环芳烃	5	醛、酮	2
杂环化合物	8	羧酸和酯	13
卤代烃类	9	胺、酰胺	7
烷烃、烯烃类	15	其他	2

引自：张兰英，等．中国环境科学，1998，18（2）：184.

表 7 鞍钢焦炉排气检测的有机污染物

污染物类别	个数	定量个数	浓度 /（μg/m^3）
PAHs	50	36	348.1
苯类	26	14	31.6
氧杂环	9	6	9.15
硫杂环	8	3	20.9
酚醇醛酮酸醚	60	12	16.2
腈类	5	4	1.14
胺、酰胺、羟胺	19	11	13.4
烷烃类	66	22	87.6
烯烃类	16	5	10.2
卤代烃	10	—	—
酯类	4	—	—
合计	293	122	563.6

沈阳电线电缆厂五个分厂的车间空气和尾气采样监测，累计检出 180 种有机污染物。用 10 项指标进行综合评分，筛选优先控制的污染物 27 种。主要有苯系物 9 种，氯代烃类 2 种，酚类 6 种，酞酸酯类 3 种，酮类 2 种，醇类 3 种，胺类和烷烃类各 1 种。

燃煤引起的污染是城市癌症高发的重要原因，上海某煤气厂标化死亡率比上海市要高出许多，特别是肺癌死亡率比全市要高出约 4 倍，见表 8。

表 8　上海某煤气厂标化死亡率（1/10 万）

死因	煤气厂标化死亡率	上海市标化死亡率
全死因	1 147	633
全肿瘤	487	152.6
肺癌	150.9	32.4
肝癌	110.8	21.7
胃癌	89.0	33.1

引自：朱惠刚，等．中国环境科学，1990，10（4）：314.

城市大气环境由于燃煤引起的多环芳烃污染也很严重。有研究指出，空气细颗粒物（$PM_{2.5}$）富集了大气污染的酸性氧化物（SO_3、NO_2）、重金属、有毒有机物、细菌和病毒，是人类的第一杀手。因为这些细颗粒物可以进入人体的呼吸系统，更细的颗粒物可以进入肺泡和血液，对人体健康构成严重威胁。还有研究指出，颗粒物中的多环芳烃 95%～98% 富集在 ≤7.0 μm 颗粒物上，50%～70% 富集在 ≤1.1 μm 颗粒物上。

4　我国控制有毒有害污染物工作的进展

在国内已开始注意到有毒有害污染物质对生态环境和人体健康的危害，做过一引进调查，发现了问题的严重性。例如，在水环境方面进行了重点控制有毒有害污染物名单的筛选，筛选出第一批重点控制名单，共 68 项污染物，其中有机污染物 58 项，重金属和氰化物 10 项，这些污染物已纳入国家环保总局的管理之中。

在 1996 年制定的《污水综合排放标准》（GB 8978—1996）中比 1988 年的标准增加了不少的有机污染物浓度控制标准。如烷基汞、苯并［*a*］芘、甲醛、乐果、对硫磷、甲基对硫磷、马拉硫磷、五氯酚及五氯酚钠、可吸附有机卤化物（AOX）、三氯甲烷、四氯化碳、三氯乙烯、四氯乙烯，苯、甲苯、乙苯、邻-二甲苯、对-二甲苯、间-二甲苯、氯苯、邻二氯苯、对二氯苯、对硝基氯苯、2,4-二硝基氯苯、苯酚、间-甲酚、2,4-二氯酚、2,4,6-三氯酚、邻苯二甲酸二丁酯、邻苯二甲酸二辛酯、丙烯腈、总有机碳（TOC）、动植物油等共 30 多项。

1996 年颁布的《大气污染物综合排放标准》（GB 16297—1996）规定了 33 项污染物的控制标准。对于有组织排放的污染物既有排放浓度标准，又有排放速率（排放量）标准；对于无组织排放则规定了厂区内空气最大允许浓度标准。33 个项目中包括有毒重金属及其化合物 6 项、有机污染物 17 项，即苯、甲苯、二甲苯、酚类、甲醛、乙醛、丙烯醛、丙烯腈、甲醇、苯胺类、氯苯类、硝基苯类、氯乙烯、苯并［*a*］芘、光气、沥青烟，非甲烷总烃。此外还有颗粒物、SO_2、NO_x、HCl、Cl_2、氟化物、铬酸雾、硫酸雾、HCN、石棉尘等。

由此可见，国家在制定污染物排放标准时已把部分有机污染物纳入控制管理之中。而且近年来已安排一些课题来制定有机物的标准分析方法。现在尚缺的项目也在组织研究制定之中。

但是应该看到，我国环境介质中有机污染物缺乏系统的采样和分析方法：缺少对环境和污染源的全面调查研究；污染的现状和变化趋势不清，这给管理和制定标准带来很大困难。事实上有许多工业排放的废水、废气、废弃物中含有各种有机污染物未加任何处理就任意排放；没有筛选和确定各环境介质要重点控制有毒有害污染物的名单；还没有形成采用清洁生产工艺和最佳实用治理技术，以减排有毒有害污染物的机制。因此我们面临的任务十分艰巨。

5 今后的任务

我国的环保工作正在实施主要污染物排放的总量控制和跨世纪的绿色工程计划，目前重点治理的工程是淮河、海河、辽河、太湖、滇池、巢湖、二氧化硫和酸雨控制区和北京市（即谓“33211”工程）。到 2010 年，按规划可达到预期目标。我国普遍存在的环境污染问题，即空气的 SO_2、TSP；水质的 COD、矿物油、富营养化等基本问题有望得到解决，或者有办法能解决。到那时我国环境保护将面临最紧迫的问题和最大需求将是欧、美、日等发达国家当前所面临的严峻形势，即有毒有害污染物质的环境安全问题。有毒有害物质包括重金属、酸性氧化物、PM_{10}和$PM_{2.5}$（细颗粒物）及有机污染物，其中有机污染物监测和调查是我们的重点。

5.1　研究建立环境污染物质系统的采样、分析方法

要借鉴学习发达国家的经验，采用先进的技术方法，经过实用性研究、改进，为我所用；也要开发一些新的技术和方法，重点是有机污染物。这就需要研究制定水和废水、饮用水水源及饮水、空气和废气、固体废物、土壤、生物材料以及居住室内环境中有机污染物的监测分析方法。

为完成这一系统的重大工程，无论哪一个单位都是完成不了的，需要有关的科研单位、环境监测站“组织起来，团结协作，大家出力，共享成果”。要多渠道筹集研究经费，统一组织、分工协作，经过若干年的努力，定会成功。

5.2　开展区域和专题调查，筛选重点控制污染物名单

用建立的方法，在有条件的地区开展行业、区域或环境介质的污染现状调查，摸清底数。

研究建立有毒有害污染物的综合评价指数体系或风险评价指标体系，根据污染物的性质和污染现状，确定本地区和全国重点控制的有毒有害污染物名单。

5.3　研究制定控制标准和环境管理法规

对那些要重点控制的污染物要研究制定环境质量标准，污染源的排放标准，要研究对污染源排放的管理办法。

5.4　研究减排污染物的技术

减排有毒有害污染物，根本上要从源头抓起。

（1）开发环境友好化学工程技术：研究新的工艺路线，即不使用、不产生和不排放或尽量不排放有毒有害污染物的生产流程。

（2）推行清洁生产工艺，如闭路循环、废水综合利用。

（3）开发和筛选最佳实用污染治理技术。

土壤环境监测分析方法的统一与标准化

根据土壤环境监测的需要，在环境保护部的支持下，编委会组织环境监测、农业、科研院所46家单位200余位监测技术专家，经过3年多的努力，编写了“土壤环境监测分析方法”这本工具书，为全国土壤环境质量监测、调查、评估及相关研究提供技术支撑。

全书分为六篇：第一篇土壤及质量评价概述；第二篇土壤环境监测质量管理；第三篇理化指标与肥力测定；第四篇无机元素测定；第五篇有机污染物测定；第六篇土壤生态与生物毒性监测。

本书覆盖了土壤理化指标及污染物80个大类，共计500余个指标，142个监测方法。首先编入的是国家和行业土壤监测方法标准，同时还把现代土壤监测的新技术新方法（如多元素的ICP-MS，多组分有机污染物分析技术GC-MS，同位素稀释 / 高分辨气相色谱 / 高分辨质谱法等）也纳入其中，以便推动我国土壤监测技术的不断进步。书中的监测方法分为三类：

A类方法73项，由土壤监测技术相关的国家标准方法和环境、农业、林业等行业标准方法等效转化而成，方法的特征指标与现行有效的标准规范完全一致；例行监测、仲裁监测等以此类方法标准作为依据。

B类方法39个，为在国内已开展过深入研究的较成熟的方法，且经多家实验室成功应用，可作为现有标准规范的有效补充，推荐土壤监测人员使用的方法。

C类方法30个，为科研院所和监测单位自主研发或是直接引用国外的方法标准，但在国内推广应用还不广泛，可作为选用方法供监测、科研人员使用。

B类和C类方法的提出，主要是为了解决目前现行标准规范不能满足土壤监测实际需求的问题，是为未来制修订国家或行业标准提供技术储备，需经标准制修订管理的一系列程序才能上升为国家或行业标准。

注：本文是魏复盛执笔的《土壤环境监测分析方法》的编写说明。

本书提供的监测方法，供环保工作者、科研人员和相关人士参考。本书的每篇、章、节的后面都注明了主要编写人，编写人对编写的内容负责。使用者在实际应用中遇到问题，可直接与编写人沟通与交流。

“土壤环境监测分析方法”是一本土壤环境监测专业性很强的书籍，现在正式出版了，我们衷心感谢环保部领导的大力支持，感谢参加本书编写的专家以及审稿的专家委员会同仁们的辛勤工作，也感谢有关参加编写单位的鼎力协助。

由于我们的经验不足和学识水平所限，加之时间较紧，书中错误和遗漏之处在所难免，我们诚恳地希望大家在使用时发现问题随时告诉我们。土壤环境监测尚有不少项目缺少配套的监测标准方法，我们恳切地期望监测科研单位和监测技术专家能勇于担当，为不断推进我国土壤环境监测方法的标准化，为保护土壤环境和防治土壤污染做出新贡献。

建设全国生态环境监测网络的机遇和挑战

1　指导思想

全面贯彻落实党的十八大和十八届二中、三中、四中全会精神，按照党中央、国务院决策部署，落实《中华人民共和国环境保护法》和《中共中央关于加快推进生态文明建设的意见》要求，坚持全面设点、全国联网、自动预警、依法追责，形成政府主导、部门协同、社会参与、公众监督的生态环境监测新格局，为加快推进生态文明建设提供有力保障。

2　主要目标

《生态环境监测网络建设方案》中的主要目标可以分为5个部分，即到2020年，全国生态环境监测网络基本实现：

- 环境质量：做到气、水、土、生态环境质量监测全覆盖；
- 重点污染源：自测上报与监督监测相结合；
- 环境事件应急监测：兼顾污染事故、环境健康和生态环境危害多方面考量；
- 能够陆海统筹、天地一体：主要通过激光雷达、无人机、卫星、无人船、自动监测等新技术实现；
- 保证监测信息数据共享，对海量大数据进行深度开发挖掘。

只有做到以上5个方面，才能保证生态环境监测能力与生态文明建设要求相适应。

3　挑战与机遇并存

在生态文明建设的新形势下，由国务院办公厅印发的《生态环境监测网

注：根据魏复盛在多次会议中的报告稿整理。

络建设方案》如同一支催人奋进的号角，拉开了环境监测改革的序幕。这对监测从业者提出了更高的要求。首先来说其中的挑战。

3.1　环境要素不断扩展

环境质量监测已经从单纯的水、气两种环境介质扩展到土壤、固体废物和生态监测等多项要素；污染源监测也增加了总量减排、超低排放浓度（火电厂）、自动、在线等监测内容。

3.2　监测因子不断增加

空气质量监测因子从常规的二氧化硫、氮氧化物等 6 项指标增加了挥发性有机物、PM_{10}、黑炭、温室气体、氨、$PM_{2.5}$ 源解析等项目；水质则从地表水常规的 23 项增加了每月监测饮用水 61 项和每年监测的 109 项指标；海洋监测增至 16 项因子；地下水水源监测因子从 23 项增加到 39 项。

3.3　新开展的土壤环境监测试点工作

该项工作在全国布点，分普查与风险监测两部分内容，其中有关监测方法技术、质量控制和质量保证、数据处理等技术部分仍有待建立统一规范和标准，涉及的监测因子包括重金属十几项指标和多环芳烃、石油烃、DDT、六六六和邻苯二甲酸酯等有机污染物指标近 10 项。

3.4　生态环境监测工作的开展

生态环境监测的覆盖面非常广，包括生态红线、自然保护、重点生态功能区、生态多样性、跨界生态、矿产开发、农村生态等都是生态环境监测需要关注的内容。目前监测主要通过遥感加地面定点监测的方式进行。

3.5　环境与健康调查监测

环境与健康调查监测主要包括人体环境暴露污染因子、暴露量及健康风险评价的内容。

3.6　污染源

在线连续监测的全面铺开。

3.7 污染风险识别与事故预警

污染风险识别与事故预警包括污染事故应急处置和监测与监管联动对监测提出了更高的要求。

3.8 重大环境问题的调查监测

重大环境问题的调查监测包括：如地下水污染调查监测、挥发性有机物污染调查监测、要修复治理土壤的地块和区域调查监测等。

综上所述，随着全国生态环境监测网络的建立，监测工作难度和工作量不断加大（其中包括监测点位增加、监测因子增加和监测频次增加），导致现有的监测系统应对不了，这就产生第三方监测市场的需求。

4 监测技术与监测工作的新需求

（1）各环境监测技术规程、方法、标准亟须修订完善。准确性、可比性是监测数据的内在要求，为了不同部门、不同层级各单位监测数据的准确可比，采用统一的监测规范标准是必然前提，在新的生态环境监测网络建设中，对各环境监测技术规程、方法和标准的需求也是巨大的，一些不能满足现在监测需求的规范标准也亟须修订。现阶段，多元素多组分测试技术已日趋成熟完善，如电感耦合等离子体质谱仪、X-射线荧光光谱分析仪、气相色谱质谱联用仪、液相色谱质谱联用仪等设备已在监测工作得到更多的应用，将这些方法尽快标准化，为监测工作者提供更快速准确的监测方法，也是生态环境监察网络的迫切需求。

（2）土壤监测和地下水监测工作对土壤监测方法、地下水监测方法技术和土壤治理目标与修复治理验收监测评价方法提出了更多需求。

（3）第三方市场的展开对第三方实验室认证、质量控制和质量保证、数据认可审核制度（科学方法、技术手段、监管措施）的建立有更多的需求。

（4）生态环境监测网络要求更多的环境标准样品和质控样品的研制，也需要对标准样品量值传递技术进行研发。

（5）生态环境监测网络建设为研制生产环境监测（新项目、新任务）的仪器、传感器、检测器提供了新机会。

（6）各级监测站、监测中心和第三方监测机构需要大量的专业技术人才，人员的技术培训需求会非常大。

（7）监测大数据的云计算及数据共享机制的建立，需要对数据进行深度挖掘与分析，形成为政府决策管理，为企业减排治污，为公共监督提供服务产品。

5　机遇和挑战

综上所述，建设全国生态监测网络对监测事业、对监测人来说是挑战，也是机遇，其集中体现在以下 5 个方面的需求：

（1）建设生态监测网络需要进行更详尽完善的顶层设计；

（2）监测网络需要更多、更完善的监测技术方法、标准、监测规范的编制，新领域、新项目监测技术的开发；

（3）需要监测质量的保证 / 控制技术和数据真实可靠性的审核与认可的研究；

（4）需要对第三方监测市场的规范化及制度建设进行考量，保证其依法监测和依法上报；

（5）需要自动监测仪器、在线连续监测系统、装备、报警装置、应急监测仪器的研制与国产化，特别要加强一次监测仪表仪器和传感器的研制与国产化。

生态环境监测网络建设是我国是生态文明建设中的一件大事，如何以更积极的态度去面对，以更充分的准备去抓住机遇应对挑战是我们需要更深入的考虑和研究的。

建站三十年感言

1 国家亟须催生监测总站

1973 年召开了第一次全国环保工作大会，启动了全国环境保护工作。在一些重点城市相继建立了环境监测站，开展环境污染调查和区域环境质量评价。国家亟须有统一的监测技术、方法、规范，需要对监测人员进行技术培训、监测数据质量保证。就在国家层面上亟须一个像监测总站这样能引领全国监测技术建设与发展的一个单位，监测总站在 1979 年获国家批准，并于 1980 年诞生。

2 初创时期不畏艰难，创造了多个环境监测科研第一

1980—1990 年，从总站首任领导程滨副院长，到柴文琦、陈子久等领导下，在人员少、技术准备不足、工作条件极差的情况下，就在临时搭建的木板房内（1986 年才搬入新建大楼）开展了一系列卓有成效的工作。组织和团结全国有关单位的专家，出色完成了多个环境监测科研第一。例如，编写了第一本国家级环境质量报告书——《中国部分地区城市环境质量基本状况（1982 年）》；编写出版了《污染源统一监测分析方法》（废水部分和废气部分）（1981—1987）；首次在全国开展了“环境背景值调查与研究”（1982—1985）；建立了环保部门第一个“国家环境信息管理系统”（1984 年）；第一次开展了“全国粮食农药（六六六、滴滴涕）污染调查与研究”（1984—1985）；第一次在全国开展“我国降水酸度和化学组成的分布状况及变化趋势研究”（1985—1986）；创建了环境标准样品与质控样品的研制基地；组织制定数十项环境监测标准分析方法；创办《中国环境监测》专业期刊（后成为国内核心科技期刊）。此间监测科研工作 20 余项先后获得

注：原文刊于《中国环境监测总站建站 30 年纪念文集》，作者魏复盛。

省部级科技进步奖，其中四项获国家科技进步二等奖、一项获国家三等奖。

3 扩大监测领域，提高科研能力，实现总站发展战略转型

20 世纪 90 年代中后期，总站先后在万本太、魏山峰、罗毅等站长领导下，不断扩大环境监测业务领域，开创了一些环境要素的预测预报、周报、月报、季报、年报，加大了为政府环境管理服务的时效性；建成了环境监测大楼；业务量不断增加；监测仪器设备全部更新；人员扩编，年年进入多名高学历的青年学子，增加了新鲜血液和工作活力。2008 年成立了环境监测司，监测管理体制获得突破。部党组明确要求总站要从管理向技术的历史性转型，“向监测业务技术进军”，逐步成为全国一流的监测技术中心，这是新时期总站正确的发展方向。总站没有例行监测任务，但要懂得例行监测，而又要高于例行监测，高就高在监测技术研究的深度、广度，其重点是研究现在和未来中国环境监测技术的建设、发展，引领全国监测技术水平的提高，从这个角度讲，监测总站应建成应用研究型的科技事业单位。

现在我们面临任务繁重、课题众多、经费充足、设备精良、人员素质高，我们有 1 万条理由去努力实现总站发展的战略转型。方向已经指明，道路已经打通，只要总站干群一心、内外协助支持，我们的目标就一定能够实现。

4 几点感想

我从 1973 年开始接触环保，即与环保事业结下了不解之缘。1983 年年初调入总站，经历了总站的创建和成长，与总站和全国环境监测同事们建立了深厚友谊。有幸得到他们的多方大力支持与帮助，十分感谢局站领导为我创建了发挥作用的平台，建站 30 年之际，感想颇多。

4.1 坚持业务建站，科学研究带动能力与水平提高

创建初期及成长期，总站领导十分重视监测业务发展方向和能力建设。干群一心积极承担国家重大环保科研课题（已如前述），力争成为科研的国

家队。通过科研不仅带动了总站业务建设与水平的提高，也团结引领了全国环境监测队伍技术水平的提升，真正达到了出成果、出人才的目的。监测总站是一个科技事业单位（不是行政管理部门），是要建成全国环境监测的技术中心、信息中心、网络中心和培训中心，其关键是技术中心。要负责全国环境监测通用技术与未来需求技术的研究、优筛、统一和标准化（包括科学布点、采样、分析测试、资料信息收集处理、环境质量表征技术及预测预报预警等），把握住监测业务的发展方向去带领全国环境监测技术的发展，更好为环保事业和国家经济社会协调发展服务。

4.2 团结协作，共享成果

监测总站关键在一个“总”字，她应成为全国环境监测的“排头兵”和“领头羊”。这首先要求总站“健身强体”，才能在全国环境监测技术系统起到拿“总”的作用。第二，全国环境监测“一盘棋”，要求把全国环境监测组织起来，发挥其长。20 世纪 80 年代，我们提出了“组织起来，团结协作，大家出力，共享成果”的工作方针。按工作性质分别成立了多个专门协作组，团结了各级站和全国科研院所的专家，为中国环境监测事业贡献智慧。总站人员在协作中学习到了他们丰富的知识和经验。在站内外切实做到尊重知识、尊重人才，并真正做到成果共享。在科研成果、文章、奖项署名等方面与这些协作单位和专家的实际贡献相一致。

4.3 干好监测就是要坚持不断学习

我干环保干监测已 30 多年，深感自己的知识不够用，自己在微观上并不深入，在宏观上眼界不宽，看的不够深远。环境保护与监测涉及数理化天地生各门学科的交叉与融合。生态环境、污染源、“三同时”竣工验收、环评、污染事故应急监测，需要了解或懂得工农军医学商各行业的工作、生产和产污过程。我们遇到的众多老问题还没完全搞清，新的科技问题又不断涌现，因此要坚持继续学习，既要学习新的科学知识和专业技能，又要向一切有实际工作经验的人学习，处处留心皆学问。只有这样不断学习，我们才能不断进步，创造新的未来。

4.4　抓住机遇真干实干，做更大贡献

国家做出重点治理“三河三湖”和“两控区”的决定，主要依靠了环境监测数据。“节能减排”主要是建立在环境监测与环境统计数据的基础上，可见环境监测在国家经济、社会、环境协调发展中的重要地位和作用。新时期对环境监测提出了很高的要求，要能“测得准”，要做到“三个说清”，需要解决的监测技术问题很多，如预警监测、预测预报、应急监测、天地空一体化监测技术、环境质量表征技术等。科技兴监测，监测技术要现代化，才能适应国家快速发展的需要。国家的需求就是我们真干实干上水平的强大动力，加上现在的优越条件，我们是完全能大干一番、大有作为的，为全国环境监测事业发展做出更多、更大的贡献。机不可失，时不我待，让我们共同努力吧！

研制和发展环境监测仪器的问题和对策

1　我国的环境污染

我国自改革开放以来，经济高速、稳步、持续增长，取得举世瞩目的成就。随之环境保护工作的成绩也是很大的，特别在“九五”期间，我国政府采取了一系列有效的措施来治理环境污染，改善环境质量。这些措施包括对主要污染物排放实行总量控制和削减；实施跨世纪的绿色工程计划，加大了环境治理和推行清洁生产工艺的力度；重点实施了“33211”工程，即“三河”（淮河、海河、辽河）、“三湖”（太湖、巢湖、滇池）、“两控区”（酸雨控制区、SO_2污染控制区）、“一市”（北京市环境治理）、“一海”（渤海碧海行动计划）的重点治理。

但是，我们的环境问题“欠账”太多，相对资金投入不足，我们对很多的环境问题认识不够深入，有的问题要有效地解决，缺乏先进成熟的技术。发达的先进国家从环境严重污染到得到基本控制，到环境质量恢复到良好状态，一般都经过了几十年的奋斗和不懈努力。我们以为要搞好我国的环境保护，治理了污染，建设一个优美的生态环境不足三年五载的事，是需要二三十年的长期努力。

从全国的环境监测数据可以看出，我国的环境污染恶化的趋势已得到基本控制，环境质量有所改善，但是污染仍处于相当高的水平。1999 年 335 个城市空气质量监测结果，表明超标城市 TSP 占 60%，SO_2 占 28.1%，NO_x 占 17.6%，三项污染有一项超标的城市，即属于空气质量不达标的占 66.87%。264 个城市降水平均 pH 低于 5.60 的有 98 个城市，占 37.12%。1999 年度淮河、海河、辽河主要控制断面的水质为Ⅴ类和劣Ⅴ类（严重污染）的比例分别为 57.0%、49.7% 和 86.7%。主要是耗氧有机物的污染，如化学需氧量、高锰酸盐指数、石油类、氨氮，挥发酚等超标普遍严重。太湖处于中度富营养

注：原文刊载于《现代科学仪器》2000 年第 4 期，作者魏复盛、刘砚华。

化，滇池和巢湖处于重度富营养化，主要是总氮、总磷的污染非常严重。除了工业源污染外，生活废水污染上升趋势明显，污染负荷已各占一半。此外农牧渔业的面源污染的贡献也很大，不容忽视。生态环境还在继续恶化，水土流失严重、荒漠化，草原退化，许多地区生态很脆弱，2000 年 3—4 月十几次的沙尘暴就是生态环境恶化的反映。

面对这种严峻的环境污染和生态环境恶化的形势，对环境质量、生态环境现状及变化趋势进行实时、准确的大量监测，对污染源及其治理进行监督监测，是摆在全国环境保护工作者面前最艰巨的任务之一，因此迫切需要大量的现代化的环境监测仪器。特别需要优质的自动监测系统和污染源的在线连续监测系统。

2　环境监测仪器的现状与问题

2.1　所用的环境监测仪器

2.1.1　通用的实验室分析仪器

通用的实验室分析仪器包括：光学类仪器，如可见紫外分光光度计、荧光光度计、原子吸收光度计、等离子体光谱仪、X-射线荧光光谱仪、红外光谱仪；电化学类仪器，如 pH 计、电导仪、库仑计、电位滴定仪、离子活度计、各种极谱仪；色谱类的仪器，如离子色谱仪、气相色谱仪、高压液相色谱仪、色谱 - 质谱联机、液谱 - 质谱联机等。凡分析实验室应有的仪器环境科学与监测实验室均需要。

2.1.2　专用监测仪器

专用监测仪器包括：空气 TSP、PM_{10}、$PM_{2.5}$ 采样器及其监测仪器（β-射线吸收、晶体震荡天平）；气体自动采样器；SO_2、NO_2、NO、NO_x、O_3、CO 监测仪。水质监测方面：测汞仪、COD_{Cr} 测定仪、DO 仪、污水流量计、等比例自动采样器等。噪声监测仪。

2.1.3　自动监测系统

自动监测系统包括：空气地面自动监测系统；环境水质自动监测系统；工业污染源在线连续自动监测系统；道路交通噪声自动监测系统等。

2.2 国产环境科学监测仪器存在的主要问题

国产专用监测仪，采样器数量上占有优势，基本可用，但附加值低。高质量的分析仪、专用监测仪器和自动监测系统多是国外引进的，因此国产仪器占有的份额很小。究其原因：一是大型国营企业运行机制问题，未发挥好骨干作用。二是小企业蜂拥而上，缺乏技术和资金，低水平重复的较多，仪器的质量和性能均不能与国外进口仪器抗衡。三是研究院校与企业缺乏紧密合作机制，有技术创新的和有资金的脱节，不能快速实现产业化。四是政府开发研制环境科学仪器的投资和风险投资不足。

3 环境科学监测仪器的未来市场需求

3.1 环境质量监测

全国环保系统及各部门、行业、企业已建监测站 4 000 多个，从业人员 6 万多人，还有几万个环境科研院所。近几年正是环境科学和监测分析仪器、装备更新换代和提高水平时期，中央、地方政府和企业每年投资购买仪器装备约为 2 亿元人民币，国家环保总局计划在“十五”期间要装备 400 多个国家网络监测站；350 多个环境信息中心；100 个城市空气地面自动监测系统，项目包括 PM_{10}、SO_2、NO_2、O_3、CO、风向、风速、温度、湿度；约 100 个国控水质监测断面自动监测系统，项目包括：pH、温度、电导率、浊度、溶解氧、氨氮、总氮、总磷、COD_{Cr}、高锰酸盐指数，初步计划投资 15 亿元人民币，其中国家投资 2/3，地方投资 1/3。这不包括行业、地方和企业的监测站能力建设的投资，各部门、各地方根据环境保护任务的需要另有自己的投资计划。

3.2 污染源监测

国家要对全国 18 000 个重点污染企业实施主要污染物排放总量控制和削减，以改善环境质量，因此要求 18 000 个污染大户要逐步安装在线连续自动监测系统。污水监测主要包括：污水流量计、自动比例采样器，pH、COD_{Cr}、矿物油、氰化物、氨氮等项目的自动监测系统，并实现计算机联网管理。废气监测主要包括：工业粉尘、烟尘、烟气以及 SO_2、NO_x、O_2、CO 和烟气流速的在线连续监测系统，实现计算机联网管理，加强实时监控。这些都是较新的、成熟的国产仪器系统很少，而需求最比环境质量监测要大得多，主要由污染企业购买。行业主要是电力、石油化工、建材、冶金、造纸、食品和城市污水处理厂等，潜在的市场有数十亿元至数百亿元。

3.3　遥感遥测仪器仪表

国家提出环境污染防治与生态环境保护并重的方针。要加强生态环境保护，必须对我国的生态环境进行监测，包括对荒漠、草原、森林、海洋、农业生态环境进行监测，也需要对大气污染、水域污染（如海洋赤潮、溢油污染）及污染源进行遥感遥测。国家计划要发射自然灾害与环境污染监测小卫星星座，进行遥感遥测，还要建立卫星地面接收系统及卫星图片解析系统，对环境生态质量现状及变化趋势进行分析，为国家环境生态保护与建设提供决策的科学依据。

4　对策建议

（1）国家要加强规划和宏观指导，防止一哄而上和低水平重复，造成浪费。

（2）建立监测仪器仪表研制开发基金和风险投资，支持科研和企业的密切合作与技术创新。

（3）要鼓励一些高新技术企业投资环境科学与监测仪器仪表的研发及其产业化。

（4）组织好引进，消化吸收和国产化的工作，不断提高国产化的比例，在引进那些市场需要量大的项目时要求在国内独资或合资生产作为引进的条件，要力争在 5～15 年内，大幅度提高环境科学监测仪器国产化比例，像发展家电行业那样，争取有一定数量的出口。

（5）研制开发重点领域：

①环境质量（空气、水质、噪声）自动监测系统。内容已如前所述。

②污染源排放：污水、废气、污染源主要污染物排放总量的在线连续自动监测系统。

③提高现场采样监测仪器的质量水平和更新换代，研制开发便携式现场污染事故应急监测仪器，研制开发流动监测车和监测船，为环境污染事故和污染源监督监测提供快速响应的现代化手段。

④研制开发：机载、车载、船载、星载遥感仪器仪表，如激光测污雷达、红外、紫外遥感遥测仪器仪表。

Dual-Wavelength Spectrophotometric Determination of Trace Sulphide in Domestic Water Through its Ligand-Exchange Reaction With Silver-Cadion 2B-Triton X-100

1 Introduction

In the presence of Triton X-100 and sodium tetraborate solution (pH 9.2), Ag^+ forms a purplish red complex with Cadion 2B which has been used for determination of silver and cyanide in water. In those experiments we noticed that sulphide can discharge the purplish red of the Ag^+-Cadion 2B complex. This paper reports the exchange reaction of S^{2-} with the Ag^+-Cadion 2B complex and the optimum conditions for the determination of trace amounts of sulphide in water. By the dual-wavelength method the apparent molar absorptivity for sulphide is 2.65×10^5 L · mole^{-1} · cm^{-1}. The method is more sensitive than the standard Methylene Blue method and the other indirect spectrophotometric methods for the determination of sulphide with Ag^+-phen-BPR, Cu^{2+}-DDTC, Cu^{2+}-STTA, Cu^{2+}-(2'-amino-3'-hydroxypyridyl-4'-azo)-benzene-4-sulphonic acid (AHD-4S), Cu^{2+}-oxine, Hg^{2+}-chloranilic acid, Hg^{2+}-DPC, Hg^{2+}-AHD-4S, Fe^{2+}-bathophen. The accuracy and precision of this method are quite good.

2 Experimental

2.1 Reagents

Standard silver solution, 1.000mg/ml. Dissolve 0.157 8 g of analytical-reagent

注：原文刊载于 *Talanta* 1984 年第 31 卷第 11 期，作者魏复盛、滕恩江、芮葵生。

grade silver nitrate in distilled water and dilute to 100 ml.

Standard sulphide solution, 1.0mg/ml. Use $Na_2S \cdot 9H_2O$ of analytical-reagent grade, and standardize it. Before use dilute it with cooled boiled water to give a 1.00 μg/ml working standard.

Cadion 2B solution, 0.04%, in ethanol.

Triton X-100 solution, 5%, in distilled water.

Sodium tetraborate solution, 5%, in distilled water.

Coloured complex solution. To a 200 ml standard flask containing 400 μg of Ag^+, add 40 ml of the sodium tetraborate solution, 20 ml of the Triton X-100 solution and 30 ml of the Cadion 2B solution, dilute to volume with distilled water and mix well.

2.2 General procedure

To a 25 ml standard flask add a known volume of sample containing less than 2.0 μg of sulphide and then 10.0 ml of the coloured complex solution, dilute to volume with distilled water, and mix well. After 10 min, measure the absorbance at 446 nm for the sample and 556 nm for the reference (1 cm cells) with a dual-wavelength double-beam recording spectrophotometer (*e.g.*, a Shimadzu model UV 3000).

2.3 Procedure for determination of the sulphide in domestic sewage

Pipette an aliquot of water sample containing less than 2.0 μg of sulphide into a beaker, dilute to 25 ml with water, then add 1 ml of 1% zinc acetate solution and 1.25 ml of 0.1 M sodium hydroxide and mix well. Allow the precipitated ZnS and $Zn(OH)_2$ to settle out, and then decant the supernatant liquid. Wash the precipitate with sufficient distilled water and separate again. Add 1.5 ml of 0.05M EDTA, and mix well. After 3 min, add 10.0 ml of the coloured complex solution and dilute to 25 ml with distilled water. Measure the absorbance according to the procedure above.

3 Results and Discussion

3.1 The principle of the method and selection of wavelength

The absorption spectra of Cadion 2B, and of Ag^+-Cadion 2B complex alone and in the presence of sulphide at pH 9.2 in borax buffer solution, are shown in Fig. 1. The absorbance of the Ag^+-Cadion 2B system at 556 nm is decreased by the presence of sulphide and that at 446 nm is increased. The sensitivity for sulphide will be increased by measuring the difference in absorbance at these wavelengths by dual-wavelength spectrophotometry.

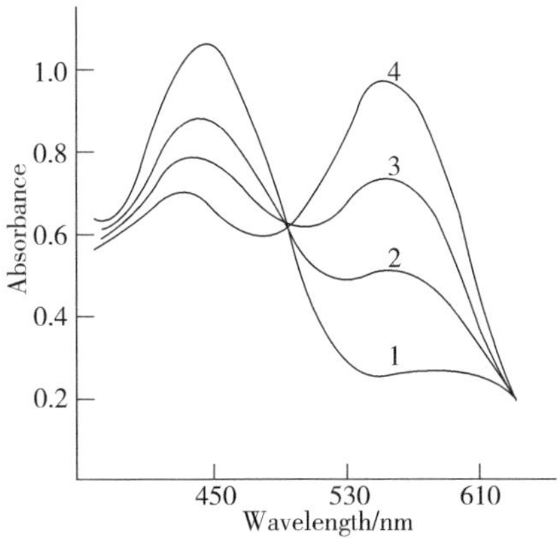

Fig. 1 Absorption Spectra

1—1.6 $\times 10^{-5}$ M Cadion 2B ; 2—10.0 ml of the coloured soln. + 2.0 μg of S^{2-} ; 3—10.0 ml of the coloured soln. +1.0 μg of S^{2-} ; 4—10.0 ml of the coloured soln. (water as reference)

Experiments showed that the best linearity for the calibration graph was obtained by taking 446 nm as the "sample" wavelength and 556 nm as the "reference" wavelength. The apparent molar absorptivity for sulphide is 2.65×10^5 L · mole^{-1} · cm^{-1}.

Fig. 2 shows the reacting molar ratio of sulphide to silver in this system is 1 ∶ 2.

The apparent molar absorptivity of the Ag^+-Cadion 2B complex is 1.41×10^5L · mole^{-1} · cm^{-1} by the dual-wavelength method, approximately half that for the sulphide.

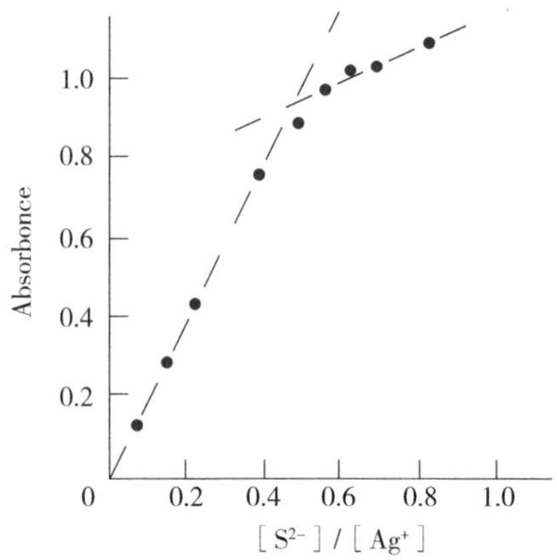

Fig. 2 The molar ratio method : [Ag^+] = 7.4 × 10^{-6}M

The basis of the method is obviously the ligand exchange reaction

$$2Ag^+(\text{Cadion 2B})^* 4 + S^{2-} \rightarrow Ag_2S + 8 \text{ Cadion 2B}$$

purplish red yellow

3.2 Effect of the amount of Ag^+–Cadion 2B coloured complex

It does not matter whether the sulphide is added before or after formation of the silver-Cadion 2B complex. To simplify operations and reduce error, use of the coloured complex solution was selected. The effect of the amount of coloured complex solution used is given in Fig. 3. Beer's law is obeyed in the sulphide range 0~80 ng/ml for 10.0 ml of the coloured complex solution, and the only effect of adding more or less reagent is to shift the calibration graph along the absorbance axis.

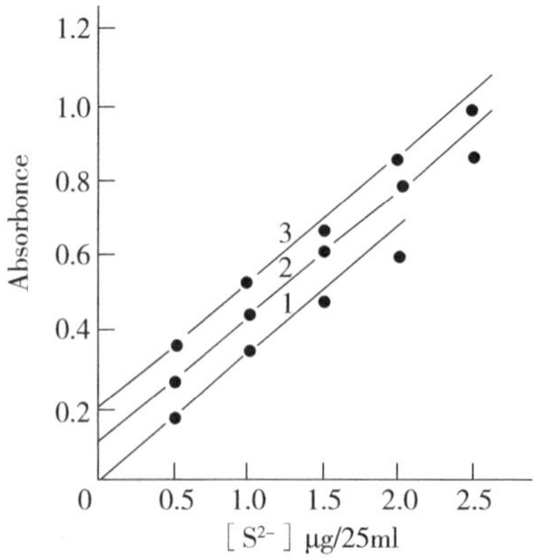

Fig. 3 Effect of the amount of the coloured complex solution: 1, 7.0 ml; 2, 10.0 ml; 3, 13.0 ml

① See Reference 1 for the molar ratio of silver to Cadion 2B.

3.3 Effect of other ions and elimination of interferences

All the anions that react with Ag^+ to form stable compounds would interfere and so would all metal ions that form coloured complexes with Cadion 2B or hydrolyse under the conditions used, so the effects produced by some ions generally present in water samples, on determination of 1.0 μg of sulphide in the presence of EDTA, were examined. The following ions [in the amounts (μg) given in parentheses] do not interfere: PO_4^{3-}(1 000), SO_4^{2-}(1 000), NO_3^-(1 000), Cu^{2+}(100), Fe^{2+}(50), Pb^{2+}(25), Ni^{2+}(25), Cd^{2+}(25), Al^{3+}(25), Cr^{3+}(25), Cl^-(10), Br^-(10). Cyanide and iodide cannot be tolerated at all.

To separate sulphide from large amounts of Cl^-, and from SO_3^{2-}, $S_2O_4^{3-}$, I^-, CN^-, which may appear in some water samples, it is precipitated with zinc acetate. The recovery is between 95% and 104% (shown by adding standard sulphide solution to distilled water and tap water, see Table 1).

Table 1 Recovery obtained by adding standard sulphide solution

No.	System	Added/μg	Found/μg
1	25 ml of distilled water	0.50	0.50
2		1.00	0.99
3		2.00	1.91
4	25 ml of tap water	2.00	1.96
5		2.00	2.08

Table 2 Analysis of water samples

No.	Source	Concentration of S^{2-} / (mg/L)	
		Present method	Methylene Blue method
1	Domestic sewage	0.009	Undetected
2		0.018	0.017
3		0.084	0.088
4	Waste water	0.55	0.54
5		2.00	2.07

4 Precision

The coefficient of variation obtained according to the procedure above was 5% for 0.21 μg/25ml (8 determinations) and 1.4% for 0.91 μg/25 ml (6 determinations).

Results for water samples analysed

Some domestic sewage samples were analysed by the new method and the results compared well with those of the Methylene Blue method (Table 2).

References

[1] F. S. Wei and F. Yin, Talanta, 1983, 30, 190.

[2] Y. R. Zhu, F. S. Wei and F. Yin, ibid., 1983, 30, 795.

[3] Standard Methods for the Examination of Water and Wastewater, 14th Ed., p. 503, American Public Health Association, American Water Works Association and Water Pollution Control Federation, 1976.

[4] F. S. Wei, Y. R. Zhu, F. Yin and N. K. Shen, Talanta, 1981, 28, 853.

[5] J. H. Hwang and Y. S. Guo, Zhonshan Daxue Xuebao (Ziran Kexueban), 1983, No. 1, 140.

[6] N. Toshio, Bunseki Kagaku, 1973, 22, 691.

[7] D. Masakazu and K. Akihide, ibid., 1978, 27, 527.

[8] O. S. Chauhan, I. Singh, B. S. Garg and R. P. Singh, Chem. Anal.（Warsaw）, 1981, 26, 477.

[9] M. Roman Ceba, F. Vinagre Jara and J. A. Munoz Leyva, Analyst, 1982, 107, 781.

[10] R. E. Humphrey and W. Hinze, Anal. Chem., 1971, 43, 1100.

[11] T. Okutani and S. Utsumi, Bull. Chem. Soc. Japan, 1967, 40, 1386.

[12] O. S. Chauhan, Y. S. Varma, I. Singh, B. S. Garg and R. P. Singh, Acta. Chim. Acad. Sci. Hung., 1981, 108, 351.

[13] N. K. Shen, F. S. Wei and N. X. Chen, Zhonguo Kexue Jishu Daxue Xuebao, 1982, 12, 62.

新镉试剂双波长分光光度法测定ppb级痕量镉

作者新近合成对-苯磺酸重氮氨基偶氮苯，结构式为：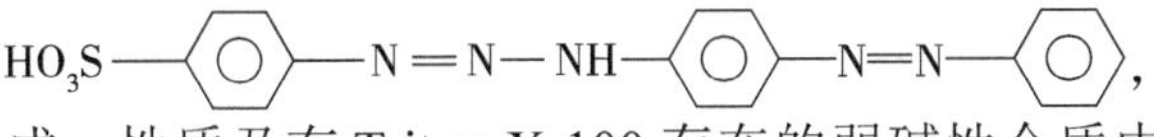，暂称新镉试剂，该试剂的合成、性质及有Triton X-100存在的弱碱性介质中与汞、镉和镍有极灵敏的显色反应[1]，以及用于光度法测定废水中痕量汞已有报道。本文研究该试剂与镉(Ⅱ)的显色反应及各因素对显色反应的影响，用甲基异丁酮(MIBK)从H_2SO_4-KⅠ介质中萃取富集水样中镉，同时与汞(Ⅱ)、镍(Ⅱ)、锌(Ⅱ)、铜（Ⅱ）、钴（Ⅱ）和银（Ⅰ）等干扰离子分离，而后水相比色，用双波长技术，测定污染水中ppb级痕量镉。

1 主要试剂及仪器

镉标准溶液：含镉0.5 μg/ml。

新镉试剂溶液：0.05％乙醇溶液（每250 ml加入5滴1N NaOH）。

混合掩蔽剂：于含15 g酒石酸钾钠溶液中，加入2.5 g四硼酸钠，0.05 g CN^-，调pH 10.80并稀释成250 ml。

岛津UV-3000双波长／双光束分光光度计。

2 一般实验方法

于含镉低于4 μg的25 ml容量瓶中，加入2 ml pH 10.80 $Na_2B_4O_7$缓冲溶液，0.8 ml 5% Triton X-100溶液，0.5 ml 0.05％新镉试剂溶液，稀至刻度，摇匀。20 min后，以525 nm为测量波长，430 nm为参比波长，用1 cm比色皿以同样操作的试剂空白为参比测量吸光度。

注：原文刊载于分析化学1985年第10期，作者魏复盛、滕恩江、李前荣、沈乃葵。

3 含镉水样的测定步骤

量取一定体积的水样于 100 ml 分液漏斗中，加入 10 NH_2SO_4，2 N KI 1% 抗坏血酸溶液使水样酸度和 KI 浓度为 0.1 N，再加入 10 ml MIBK（有机相与水相体积比应满足 1∶5），萃取 2～3 min，放尽水相，加入 5 ml 饱和 KI，洗萃 2 min，放尽水相。加入 5 ml 混合掩蔽剂，反萃 2 min，水相放入 25 ml 容量瓶中，洗涤有机相，合并水相。加入 1 ml 1∶50 甲醛溶液，以下操作按一般实验方法。

4 结果与讨论

（1）吸收光谱：吸收光谱见图 1。经波长选择实验得出，以 520 nm 为测量波长，430 nm 为参比波长，测量吸光度变化的总和，不仅使测镉灵敏度提高，线性也好。

（2）Triton X-100 用量的影响：无 Triton X-100 存在时，试剂与镉显色灵敏度低，而且生成的络合物也不稳定，加入 Triton X-100 后，灵敏度剧增，且生成了稳定的红色络合物。5% Triton X-100 溶液用量为 0.5～2.8 ml，吸光度最大且不变。试验选加 0.8 ml，在此条件下络合物吸光度至少 10 天无明显变化。

（3）pH 的影响：缓冲溶液的 pH 介于 10.2～11.4，测得吸光度最大且不变，本试验选 pH 10. 8。

（4）标准曲线：单波长和双波长测镉摩尔吸光系数分别为 1.83×10^5 和 2.84×10^5，镉浓度在 0～4 μg/25ml 范围内服从比尔定律。

（5）络合物组成比：用平衡移动法和直线法求得镉比试剂为 1∶2。

（6）其他离子的干扰及消除：在同样条件下，试剂也与 Hg^{2+}、Ni^{2+}、Cu^{2+}、Zn^{2+}、Co^{2+} 和 Ag^+ 等离子显色，产生正干扰；而 Cr^{3+}、Fe^{3+} 和 Al^{3+} 等水解吸附微量镉产生负干扰。按一般实验方法，加入 5ml 混合掩蔽剂，下列离子（μg）不干扰 2 μg 镉的测定：Hg^{2+}(100)、Cu^{2+}(100)、Co^{2+}(100)、Ag^+(100)、Pd^{2+}(50)、Ni^{2+}(20)、Fe^{2+}(100)、Mn^{2+}(100)、Al^{3+}(50)、Fe^{3+}(50)、Pb^{2+}(20)、Cr^{3+}(5) 和 Zn^{2+}(1)。在 H_2SO_4-KI 介质中，用醚基氧化物萃取镉，可与 Hg^{2+}、Ni^{2+}、Cu^{2+}、Zn^{2+}、Co^{2+}、Ag^+、Fe^{3+}、Pb^{2+} 等干扰离子分离。本文则用 MIBK 从 0.1 N H_2SO_4-0.1N KI 介质中萃取 2 μg 镉，至少可消除 100 μg 的 Zn^{2+}、Cr^{3+} 和 Pb^{2+} 的干扰。

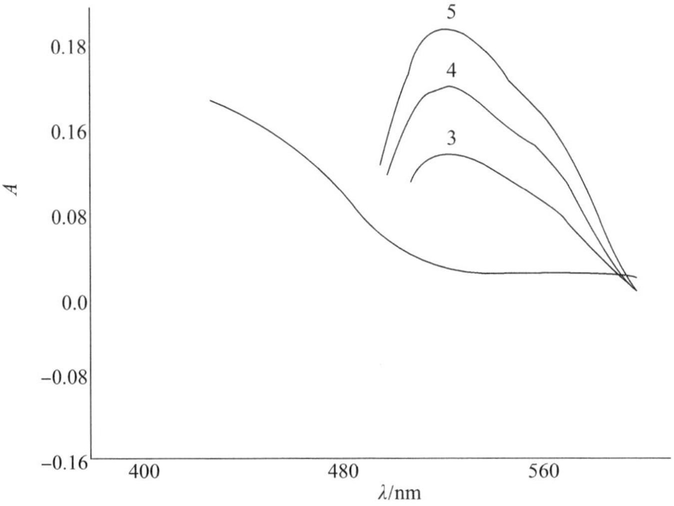

图 1　吸收光谱

1—0.000 3%新镉试剂（以水为参比）；2—Cd（Ⅰ）1μg/25ml；3—Cd（Ⅰ）2μg/25ml；4—Cd（Ⅰ）3 μg/25ml；5—Cd（Ⅰ）4 μg/25ml

（7）样品测定：按水样测定步骤，分析了标样及水样中镉，并用原子吸收方法比较，结果吻合，见表 1。美国 EPA 标准水样 6 次平行测定平均值为 64.8 ppb，相对标准偏差为 1.79%。

表 1　水样分析结果

样品名称	本方法测得镉 /ppb	AAS 法测得镉 /ppb
1# U.S.EPA 标准水样	66.2，66.0，64.8，64.5，64.2，63.1	(65.6)*
2# 监测总站参考水样	105，103	103
3# 含镉水样	14.46，14.46，14.30，13.98	15.1
4# 含镉水样	7.89，7.41	7.71

*EPA 标样给出按规定稀释后的平均值为 65.6ppb，置信区间 54.4 ~ 76.8 ppb。

参考文献

[1]　魏复盛，滕恩江，李前荣，沈乃葵 . 化学试剂，7（3），155（1985）.

[2]　沈乃葵，滕恩江，李前荣，魏复盛 . 蚌埠医学院学报. 9（3），182（1984）.

[3]　T. Prasarda Rao, T. V. Ramakrishna, Talanta, 29（3）, 227（1982）.

空气和废气中10种醛酮污染物的高效液相色谱测定

某些醛和酮类化合物有毒或为致癌物。早在1979年我国制定的居住区、车间空气和地面水污染物最高容许浓度限制标准就包括了6种醛和酮类化合物。1990年美国颁布新清洁空气法中重点控制的189种有毒有害污染物中，就有9种醛和酮类化合物。可见，研究多种醛和酮类污染物的采样和分析方法十分必要。过去国内多采用比色法或气相色谱法，且限于1～2种醛酮的测定。笔者参照国外现有的研究工作，用2,4-二硝基苯肼（DNPH）作为衍生试剂，在酸性介质中，将醛酮转化为腙衍生物。对采样、样品稳定性、腙衍生物的萃取、液相色谱条件等进行了系统研究，并应用本法测定了空气及空气污染源中的10种醛酮类污染物，这10种醛和酮类化合物有：甲醛、乙醛、丙烯醛、丁醛、正戊醛、苯甲醛和丙酮、丁酮、4-甲基-2-戊酮、苯乙酮。

1　实验

1.1　试剂和标准样品

甲醛（36%～38%水溶液）、乙醛（40%水溶液）、丙烯醛、丁醛、丁烯醛和苯甲醛均为分析纯试剂，正戊醛为优级纯试剂；丙酮、丁酮、4-甲基-2-戊酮和苯乙酮均为分析纯。

上述醛和酮按文献制成2,4-二硝基苯腙衍生物，该衍生物组成固定、化学性质稳定，可直接用作液相色谱分析的标准样品。

2,4-二硝基苯肼吸收液：用2 mol/L盐酸溶解适量2,4-二硝基苯肼（AR）固体，制成饱和溶液，用正己烷/二氯甲烷（7+3）提取纯化。吸收液应在采样前48 h内制备纯化。

注：原文刊载于《环境科学研究》1996年第6期，作者戴天有、魏复盛、彭清涛、周申范。

二氯甲烷（AR）、正己烷（AR）、甲醇（AR）现用现蒸；双蒸水用前现蒸。

1.2　仪器及其条件

LC-4A 型（岛津）高效液相色谱仪；SPD-2AS 型紫外检测器，工作波长为 350 nm；Zorbax-C_8 高效液相色谱柱，250 mm×4.6 mm ID；流动相为甲醇 / 水：60/40（*V*/*V*），流速为 1.5 ml/min；进样量为 20 μl。

1.3　一般实验方法

1.3.1　采样

将 2 支多孔玻板吸收管串联，在吸收管内装入 2,4- 二硝基苯肼吸收液 10 ml 和 5 ml（7+3）正己烷 / 二氯甲烷。采样器为空气采样器，采样速度为 0.5～1.0 ml/min，采样时间为 10～60 min。采样器流量用皂膜流量计校正。

1.3.2　样品预处理

样品采集后，定量转移到 100 ml 分液漏斗中，用 3×10 ml（7+3）正己烷 / 二氯甲烷萃取。有机层转移到 50 ml 具塞比色管中，在 40℃水浴上，在 N_2 气流下使溶剂挥发至干。残留物以甲醇溶解，定容至 10 ml。

1.3.3　定性和定量分析

用相对保留时间定性，用外标法定量。

2　结果与讨论

2.1　色谱条件选择

经优选，流动相确定为 60％的甲醇 / 水体系，流速为 1.5 ml/min。所研究的 10 种醛和酮的 2,4-二硝基苯腙衍生物在 Zorbax-C_8 柱上的分离见图 1。各标样的保留时间、最低检出限（三倍仪器噪声）、线性工作范围及相关系数见表 1。由表 1 可见，10 种醛和酮 -DNPH 衍生物在液相色谱系统中都得到了良好的分离，其灵敏度和线性范围均为良好。

表 1　醛和酮 -DNPH 在 Zorbax-C_8 柱上分析性能参数

化合物	保留时间 /min				检测限 / ng	线性范围 / ng	相关系数
	t_1	t_2	t_3	t			
甲醛-DNPH	4.060	4.033	4.068	4.054	1	1～108	0.999 7
乙醛-DNPH	5.197	5.250	5.205	5.217	1	1～158	0.999 4
丙烯醛-DNPH	6.472	6.423	6.481	6.459	4	4～160	0.999 0
丙酮-DNPH	9.654	9.796	9.678	9.709	2	2～232	0.999 5
丁醛-DNPH	10.747	10.835	10.708	10.763	4	4～176	0.999 6
丁酮-DNPH	13.439	12.326	13.204	13.323	4	4～179	0.999 6
苯甲醛-DNPH	16.205	16.218	16.292	16.238	4	4～352	0.999 5
正戊醛-DNPH	18.147	18.350	18.590	18.360	4	4～1 016	0.999 7
苯乙酮-DNPH	23.740	24.040	23.610	23.800	5	5～384	0.999 7
MBK-DNPH	25.760	25.470	25.580	25.610	5	18～288	0.998 0

2.2　萃取条件

在 10 ml 吸收液中，定量加入醛或酮的 2,4- 二硝基苯腙标准物，以 3×10 ml（7+3）正己烷 / 二氯甲烷萃取，其余操作同一般实验方法，结果见表 2。经测定，10 种腙的回收率在 91%～97%。可见此种萃取操作能够保证醛酮的腙衍生物的定量回收。

表 2　醛（或酮）腙的萃取回收率

化合物	试验 1		试验 2		试验 3	
	含量 /μg	回收率 /%	含量 /μg	回收率 /%	含量 /μg	回收率 /%
甲醛-DNPH	112	96.0	224	95.0	448	98.0
乙醛-DNPH	94	94.6	188	92.8	376	93.6
丙烯醛-DNPH	102	94.2	204	96.4	408	95.8
正戊醛-DNPH	96	94.5	192	96.8	384	96.0
丁醛- DNPH	92	93.2	184	92.5	368	91.8
苯甲醛-DNPH	104	93.8	208	96.7	416	95.5
丙酮- DNPH	109	94.2	218	93.2	436	93.6

续表

化合物	试验 1		试验 2		试验 3	
	含量 /μg	回收率 /%	含量 /μg	回收率 /%	含量 /μg	回收率 /%
丁酮-DNPH	105	97.6	210	96.8	420	97.4
4-甲基-2-戊酮-DNPH	112	93.2	224	94.0	448	93.6
苯乙酮 -DNPH	120	94.5	240	96.5	480	96.2

2.3　衍生反应及其稳定性

在 10 ml 吸收液中，定量加入醛或酮的标准水溶液，反应一定时间后，按一般方法回收并测定，结果见表 3。结果表明，反应 5～60 min，标样回收率稳定，均在 95% ±3% 内，这说明醛酮成腙反应在瞬间即可定量完成。

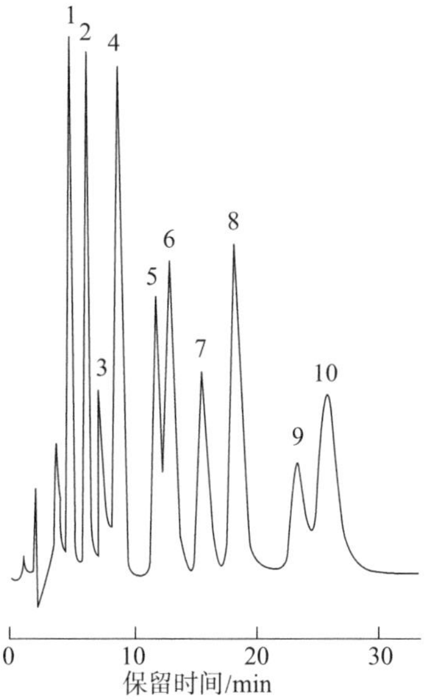

图 1　10 种醛和酮 -DNPH 在 Zorbax-C_8 柱上的液相色谱分离

1—甲醛 -DNPH；2—乙醛 -DNPH；3—丙烯醛 -DNPH；4—丙酮 -DNPH；5—丁醛 -DNPH；6—丁酮 -DNPH；7—苯甲醛 -DNPH；8—正戊醛 -DNPH；9—苯乙酮 -DNPH；10—4- 甲基 -2- 戊酮 -DNPH

表 3　室温下醛（或酮）与 2,4-DNPH 反应产率（以回收率表示）　单位：%

化合物	反应时间						
	5 min	10 min	20 min	30 min	40 min	50 min	60 min
甲醛	98.2	92.6	96.0	93.8	95.5	98.2	97.8
乙醛	96.2	97.2	96.6	94.8	98.2	98.5	97.5

续表

化合物	反应时间						
	5 min	10 min	20 min	30 min	40 min	50 min	60 min
丙烯醛	94.5	95.2	96.0	95.8	94.6	95.5	97.0
丁醛	96.2	96.8	95.8	95.2	95.7	98.0	98.4
正戊醛	94.3	92.9	93.6	92.8	94.1	94.5	93.5
苯甲醛	96.4	95.8	93.9	96.2	94.6	96.2	97.0
丙酮	92.0	92.4	93.6	94.6	93.8	92.8	91.5
丁酮	95.2	96.7	94.9	98.0	94.6	96.2	96.8
4-甲基-2-戊酮	94.6	95.6	93.8	95.0	96.2	95.3	94.5
苯乙酮	95.3	94.8	93.2	94.6	95.0	94.5	94.8

反应生成的醛、酮-DNPH衍生物在吸收液中密封、避光、冰箱内0～4℃下保存一定时间后，再按一般实验方法萃取回收、测定，结果见表4。从表4可以看出，醛和酮的2,4-二硝基苯腙衍生物在2,4-二硝基苯肼吸收液中，至少可以稳定12 d。

表4 醛（或酮）腙衍生物在吸收液中的稳定性（以回收率表示，%）

化合物	时间				
	0	3 d	6 d	9 d	12 d
甲醛-DNPH	90.0	89.3	86.9	90.0	92.0
乙醛-DNPH	93.2	89.9	90.8	91.5	92.6
丙烯醛-DNPH	90.6	91.2	92.8	91.6	91.5
丁醛-DNPH	91.5	92.0	90.8	91.2	90.5
苯甲醛-DNPH	95.0	94.8	96.2	95.8	95.4
丙酮-DNPH	94.6	95.2	94.8	95.0	93.8
丁酮-DNPH	92.8	93.0	91.5	91.2	92.4
苯乙酮-DNPH	95.4	96.0	95.8	95.0	96.2

反应生成的醛和酮-DNPH衍生物萃取到正己烷/二氯甲烷（7+3）的有机相中后，以N_2气流（40℃下）吹干，其残留物在室温下，密封、避

光保存一定时间后，再以甲醇溶解、定容并测定，结果见表5。结果表明，醛和酮-DNPH衍生物残留物在室温避光条件下保存，至少可稳定30 d。

表5 室温下醛（或酮）衍生物固体残留物的稳定性（以回收率表示，%）

化合物	时间						
	0	2d	6d	12d	18d	24d	30d
甲醛-DNPH	92.0	91.5	86.9	92.1	90.5	90.2	91.4
乙醛-DNPH	91.5	92.4	91.3	90.6	89.8	90.5	90.3
丙烯醛-DNPH	88.5	86.4	87.9	88.5	89.6	88.0	87.5
丁醛-DNPH	89.3	88.2	88.6	89.6	89.8	90.0	90.2
苯甲醛-DNPH	95.0	94.5	95.6	94.8	96.0	94.3	95.2
丙酮-DNPH	94.6	95.0	93.6	92.4	96.0	93.8	95.5
丁酮-DNPH	93.2	91.0	93.5	92.5	91.8	92, 7	93.5
4-甲基-2-戊酮-DNPH	95.8	96.2	96.0	94.8	95.2	95.7	94.5
苯乙酮-DNPH	97.6	96.8	97.2	95.0	94.8	95.8	97.3

2.4 试剂空白

由于实验室内，普遍存在有甲醛和丙酮，因此吸收液在实验室中极易吸收空气中的甲醛和丙酮，造成甲醛和丙酮空白值增高，影响测定结果。为此，将新制备的2,4-二硝基苯肼饱和溶液，以（7+3）正己烷/二氯甲烷萃取3次，进行纯化以降低醛和酮的污染。按此法处理后，在10 ml吸收液中空白值为，甲醛0.4 μg，丙酮0.2 μg，其他醛酮均未检出。若采样体积按30 L计，该空白值相当于，甲醛0.002 mg/m^3，丙酮0.001 7 mg/m^3。如此低的空白值对环境空气和污染源监测不会产生影响。

2.5 采样效率

用3支吸收管串联采集含有甲醛和丙酮的空气样品，分别测定每一吸收管中甲醛和丙酮的含量。按以下公式计算每一吸收管的采样效率η。

$$\eta_1=\frac{C_1}{C_1+C_2+C_3} \quad (i=1,2,3)$$

结果见表6。

表 6　甲醛、丙酮采样效率

化合物	第 1 吸收管		第 2 吸收管		第 3 吸收管		第 1 第 2 吸收管合并采样效率 /%	采样总量 /μg
	采样量 /μg	效率 /%	采样量 /μg	效率 /%	采样量 /μg	效率 /%		
甲醛	15.8	90.8	1.2	6.9	0.4	2.3	97.7	17.4
	16.2	91.0	1.1	6.2	0.5	2.8	97.2	17.8
丙酮	27.8	93.9	1.5	5.1	0.3	1.0	99.0	29.6
	28.1	94.6	1.2	4.0	0.4	1.4	98.6	29.7

由表 6 可知，第 1 吸收管的吸收效率在 90% 以上；第 1 和第 2 吸收管合用时，采样效率可达 97% 以上。因此，实际采样时，选定 2 支吸收管串联。

2.6　模拟混合气样测定

对含 5 种醛和酮的模拟混合采样，取 1 μl 醛（或酮）试剂在采气袋内配制成 N_2 混合气，按本法进行平行采样和分析，结果见表 7。由表 7 可知，所测醛和酮的相对偏差均在 10% 以内。

表 7　模拟混合气样平行测定结果

化合物	气样中待测物含量 /（mg/m^3）		相对偏差 /%
甲醛	0.067 6	0.055 7	9.7
	0.072 9	0.083 3	6.7
乙醛	0.635	0.558	6.4
	0.625	0.652	2.1
丁醛	1.44	1.21	8.6
	1.15	1.39	9.3
正戊醛	0.543	0.624	7.0
	0.601	0.714	9.0
丙酮	0.164	0.193	8.0
	0.184	0.202	4.8

2.7　实际样品测定

按一般实验方法，对有机化工厂车间、油漆厂配料车间进行采样分析，结果见表 8、表 9。甲醛和丙酮平行测定相对偏差均在 10% 以内，加标回收率为 90% ～ 99%。

表 8　化工厂车间空气甲醛含量及加标回收率

组别	吸收液中甲 -DNPH 含量 /μg	空气中甲醛含量 /（mg/m³）	平行测定相对偏差 /%	甲醛-DNPH 加标量 /μg	加标回收率 /%
I	37.6	0.54		33.6	96
	32.0	0.46	8.0	33.6	97
II	30.4	0.43		33.6	96
	28.4	0.41	2.4	33.6	99

表 9　油漆厂车间空气丙酮含量及加标回收率

组别	吸收液中丙酮 -DNPH 含量 /μg	空气中丙酮含量 /（mg/m³）	平行测定相对偏差 /%	丙铜 -DNPH 加标量 /μg	加标回收率 /%
I	368.4	8.6	7.0	348	90
	426.6	9.9		348	95
II	331.2	7.7		348	94
	386.4	9.0	7.8	348	98

3　结语

经过对空气和污染源醛酮采样和高效液相色谱法测定条件等的优化研究而提出的醛酮测定法，具有选择性强，灵敏度、精密度和准确度高的特点。本法适用于空气和废气中挥发性和半挥发性醛和酮类化合物的测定。

参考文献

[1] 中国环境科学出版社．中国环境保护法规汇编——工业企业设计卫生标准（TJ 36—79）．北京：中国环境科学出版社，1986.

[2] 大气固定源的采样和分析编委会．大气固定源的采样和分析．北京：中国环境科学出版社，1993.

[3] 国家环境保护局《空气和废气监测分析方法》编写委员会. 空气和废气监测分析方法. 北京：中国环境科学出版社，1990.

[4] US EPA Method T05.Determination of aldehydes and ketones in ambient air using HPLC. USA,1984.

[5] Heikki Kallio et al.Gas-Liquid chromatiographic analysis of 2,4-dinitrophenyl hydrazones of carbonyl compounds. USA：J.Chromarogr,1972,65：355.

Determination of Arylamine Compounds in WASTE Water Using Solid-Phase Extraction and Reversed-Phase High Performance Liquid Chromatography

1 Introduction

Arylamine compounds are valuable chemicals in many areas of industry and research, in the meantime, they are also an important class of environmental water pollutants. These compounds may enter the environment directly as industrial discharges or indirectly from pesticide degradation. Many of these compounds are highly toxic and carcinogenic. Some of the arylamines have been included in the present priority pollutant list of National Environmental Protection Agency in China. For this reason, there is a need for relatively specific, sensitive procedures which can be utilized in the routine analysis for these compounds in the environment, especially in aqueous environmental samples.

Several arylamine compounds such as aniline, benzidine and halogenated anilines in environmental waters were determined by liquid chromatography. However, few liquid chromatographic procedures have been established to determine a large group of arylamine compounds in polluted waters. With the rapid growth of industry, it is an urgent task to develop a convenient and sensitive method for monitoring toxic and carcinogenic aryiamines in industrial wastewater.

Sample preparation is an important step in the analysis of complex water

注：原文刊载于 *Journal Of Liquid Chromatography & Related Technologies.* 1998 年第 21 卷第 5 期，作者赵淑莉、魏复盛、邹汉法、徐晓白。

matrices for such organic pollutants as aryiamines. Considerable attention is now being paid to SPE as a way to isolate and concentrate desired components from a sample matrix. As an inexpensive and convenient method for sample extraction and preconcentration, SPE is suitable for extracting aryiamines from environmental water samples. The aim of the present work was to develop a method based on SPE and HPLC, that allowed the separation and detection of aryiamines in wastewater generated from the manufacture of dyes.

2 Experimental Apparatus and Materials

All HPLC studies were performed using a SP-8800 liquid chromatograph (Spectro-Physics, USA) equipped with a SP-8800 ternary gradient pump, a Hypersil BDS, 5 μm particle diameter, 200 mm×4.0 mm stainless steel column, a GL605 injector valve (10 μl loop), a spectra 100 UV-Vis detector. A WDL-95 workstation (Dalian, China) was utilized to control the system and for acquisition and analysis of data. Disposable ODS reversed phase cartridges (500 mg, Sep-Pak C18, J & W, USA) and an SPE vacuum manifold system (Dalian Chromatography Research Center, Dalian, China) were used to extract and preconcentrate the aryiamines from water samples.

2.1 Chemicals

All reagents were "Analytical reagents" grade. Methanol, acetonitrile, aniline, benzidine and quinoline were obtained from Beijing Chemical Plant (Beijing, China). Other arylamine compounds studied were obtained from Sigma (St. Louis, MO, USA).

Deionized water was purified in a Milli-Q filtration system (Millipore, USA) to obtain LC-grade water for preparing mobile phases and standard solutions. HPLC mobile phases were filtered through a 0.45 μm HA filter (Millipore) and degassed.

Stock standard solutions of the aryiamines were prepared by dissolving aryiamines in methanol, the concentrations of the analytes being 100 mg/L. A working composite standard solution was prepared by combining an aliquot of each of the stock solutions and diluting the mixture with methanol. These solutions were stored in dark glass bottles at 4℃ .

2.2 Sample Collection

Wastewater samples were collected from the aqueous effluents (after secondary treatment) in a dye processing plant in Dalian city. All samples were collected during winter 1996 and were stored in a refrigerator at 4℃ until extraction. All samples were extracted within 24 hours of collection and then analyzed.

2.3 SPE Procedure

The SPE sample preparation procedure was conducted as follows. Aqueous solutions of arylamines were adjusted to pH 10 with 0.1 M K_2CO_3. A disposable ODS reversed phase cartridge was activated by rinsing with 5 ml of methanol, which was subsequently displaced with 3 ml of water. 30~200 milliliters of the aqueous sample were added and allowed to percolate slowly through the activated cartridge at a flow rate of approximately 10 ml/min using a glass syringe. The cartridge was then washed with 5 ml of distilled water (discarded) and then eluted with 1 ml of methanol. The eluate was analyzed using HPLC.

2.4 Calibration

Standard solutions containing mixtures of 10 arylamines were prepared at five concentration levels in the range of 0.1 ～ 100 mg/L. This solutions were analyzed by HPLC with UV detection at 254 nm. The compounds were identified and quantified by comparing their retention values and integrated peak areas with those of known external standards.

3 Results and Discussion

3.1 Chromatographic Conditions

The mobile phase used for the separation of the arylamines was Acetonitrile-water solutions. The linear gradient programme is given in Table 1. The chromatogram of a standard mixture of 10 arylamines under the optimized chromatographic conditions are shown in Fig. 1.

Table 1 Linear Gradient of the Mobile Phase

Time	Acetonitrile/%	Water/ %
0.0	30	70
8.0	30	70
16.0	90	10
20.0	90	10

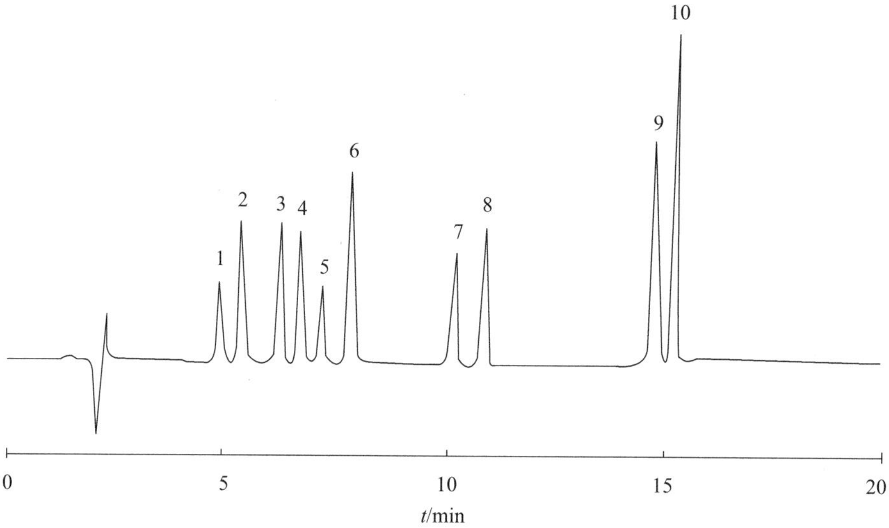

Fig. 1 Chromatogram of a Standard Mixture of Ten Arylamines

Conditions: Hypersil BDS (200 mm×4.0 mm) column; Mobile phase, gradient of acetonitrile/water,see Table 1: Flow rate, 0.8 ml/min: UV detection, 254 nm; Injection volume, 10 μl.

Peaks: 1—aniline; 2—benzidine; 3—*o*-anisidine; 4—quinoline; 5—*o*-toluidine: 6— 4,4-methylenedianiline; 7—3,3'-dimethoxybenzidine; 8—3,3'-dimethylbenzidine; 9—4-aminobiphenyl; 10—*N*, *N*-dimethylaniline.

3.2 Optimization of SPE Conditions

Methanol is often used as a solvent in SPE of polar compounds such as arylamines from water samples. It was observed that best recoveries of arylamines were achieved with 1 ml of methanol. The optimal acidity of the extractive solutions prior to SPE was pH 10. The selection of volume of water sample flow through the SPE cartridges indicated that the best recoveries were achieved with 200 ml of water samples for most of the arylamines studied. For the extraction of aniline, the recovery declined when the sample volume was more than 30 ml, which is associated with the relatively high solubility of aniline in water.

3.3 Retention Time. Linearity and Detection Limit

It is shown from Figure 1 that theten arylamines of interest are well separated from one another. With the preconcentration step considered, the enrichment factor for each arylamine is 200 (30 for aniline). Arylamines in the concentration range of 0.5~200 μg/L (5～200 μg/L for aniline) in water samples could be determined with relative standard deviations of 0.8%~16.3% (Correlation coefficient ≥ 0.995). The retention times and detection limits of the separated arylamines are listed in Table 2. The detection limits are based on the signal-to-noise ratio of 3∶1. A relatively high detection limit (1.5 μg/L) was obtained for aniline due to its high solubility in water. For the other arylamines, the detection limits are in the range of 0.1～0.3 μg/L.

Table 2　Retention Time and Detection Limit

Compound	Retention time/min	Detection limit*/(μg/L)
Aniline	4.9	1.5
Benzidine	5.5	0.1
o-Anisidine	6.4	0.3
Quinoline	6.9	0.3
o-Toluidine	7.4	0.3
4,4'-Methylenedianiline	8.2	0.2
3,3'-Dimethoxybenzidine	10.6	0.3
3,3'-Dimethylbenzidine	11.3	0.2
4-Aminobiphenyl	14.9	0.1
N,*N*-Dimethylaniline	15.3	0.1

* Signal-to-noise ratio = 3∶1.

3.4 Determination of Arylamine Compounds in Wastewater

The proposed method was used to determine the arylamines in a wastewater sample, collected from the aqueous effluent (after secondary treatment) of a dye processing plant in Dalian city. The concentrations of arylamines in the sampled wastewater are listed in Table 3. In the chromatogram of the wastewater sample no significant interferences were observed. The mean recoveries (n=5)of the arylamines in the fortified wastewater sample were in the range of 84%~107%, which indicated that the proposed procedure is suitable for determining arylamines in wastewater sample.

4 Conclusions

This study established a HPLC method for separating and determining 10 arylamines in wastewater samples. These compounds were separated by an SPE procedure using methanol as solvent. The SPE technique had the advantage of being a rapid, convenient and inexpensive method for the extraction and preconcentration of such complicated samples as wastewater. The developed chromatographic method allowed sensitive, selective determination of arylamines in wastewater samples at or below μg/L level.

Table 3 The Concentrations of Arylamines in Wastewater

Compound	Concentration/(μg/L)	Mean recovery**/%
Aniline	62	84
Benzidine	23	92
o-Anisidine	ND*	107
Quinoline	ND	96
o-Toluidine	47	91
4,4'-Methylenedianiline	ND	92
3,3'-Dimethoxybenzidine	ND	97
3,3'-Dimethylbenzidine	ND	89
4-Aminobiphenyl	ND	92
N,*N*-Dimethylaniline	126	102

* Not detected.

** Based on the fortification of the sample with 20 μg/L of each arylamine. Relative standard deviations were less than 8% (n = 4).

5 Acknowledgments

We are gratefully indebted to Dr. Hui-Qing Wang who, collected the water samples and provided part of the arylamine solutions and to Dr. Fa-Sheng Li for his helpful discussion and comments.

References

[1] T. S. Scott, Carcinogenic and Toxic Hazards of Aromatic Amines, Elsevier Publishing, New York (1962).

[2] R. M. Riggin, C. C. Howard, Anal. Chem., 51(2), 210-214 (1979).

[3] D. N. Armentrout, S. S. Cutie, J. Chromatogr. Sci., 18, 370-374 (1980).

[4] M. S. Varney, M. R Preston, J. Chromatogr., 348, 265-274 (1985).

[5] A. Di Corcia, R. Samperi, Anal. Chem., 62, 1490-1494 (1990).

[6] Dj. Djozan, M. A. Faraj-Zadeh, Chromatographia, 41(9/10), 568-572 (1995).

[7] P. Vitali, E. Venturini, C. Bonora, R. Calori, R. Raffaelli, J. Chromatogr., 660, 219-222 (1994).

[8] I. Liska, A. Kuthan, J. Chromatogr., 509, 123-134 (1990).

[9] J. S. Fritz, P. J. Dumont, L. W. Schmidt,J Chromatogr. A, 691, 133-140 (1995).

The Determination of Trace Amounts of Phosphate in Natural Water by Flow Injection Fluorimetry

1 Introduction

Phosphorus is an important factor which causes water to entrophicate. It is necessary to have a simple, rapid and sensitive method for monitoring phosphorus in water.

Flow injection analysis (FIA) is a rapid and high precise technique, which has greatly developed recently. The sepectrophotometric determination of phosphorus by FIA based on the formation of molybdophosphate heteropoly acid has been widely studied. Also reported is a flow injection fluorimetric method for simultaneous determination of silicate and phosphate by monitoring the fluorescence of thiochrome (formed by oxidation of thamine by their heteropoly acid). However, these methods are not sensitive to below 10 ng/ ml phosphorus concentration.

In this paper the optimum conditions, sensitivity and selectivity of a flow injection fluorimetric method for the determination of trace amounts of phosphorus has been studied. The method is based on the principle that molybdophosphate can quench the fluorescence of Rhodamine 6G. The method has been applied to the determination of soluble phosphorus in natural water with satisfactory results.

注：原文刊载于 *Analytical Letters* 1989 年第 22 卷第 15 期，作者魏复盛、吴忠祥、滕恩江。

2 Experimental

2.1 Reagents

All reagents used were of analytical grade and all water used was distilled and deionized water.

Rhodamine 6G stock solution, 4×10^{-3}mol/L Dissolve 0.20 g Rhodamine 6G in 100 ml of water.

Ammonium molybdate stock solution, 0.7 mol/L Dissolve 64.0 g of $(NH_4)_6Mo_7O_{24}\cdot4H_2O$ in 50～60℃ water, cool and dilute to 500 ml.

For the reagent stream (1) or (RS1), the stock solution of Rhodamine 6G (1ml) was mixed with 1.0 ml) of 5% emulgent OP (*p*-Octylphenoxy polyethoxyethanol) in 200 ml water. For the reagent stream(2) or (RS2), the stock solution of ammonium molybdate (8.0 ml) was mixed with 192 ml of 0.8 mol/L hydrochloric acid. The carrier stream was water.

Phosphorus standard stock solution, 1 mg/ml Dissolve 0.438 9 g of KH_2PO_4 (dried at 105～110℃ for 4 hours) in water and dilute in a 100.0 ml volumetric flask. Phosphorus working solutions were freshly prepared by diluting the stock solution.

2.2 Apparatus

A Hitachi 850 fluorescence spectrophotometer with an 18 μl flow through cell was used for measuring and recording the fluorescence. A peristaltic pump was used for propelling the reagent and carrier. The sample was injected by a 8-way valve into the carrier stream (sample volume 50 μl). The flow lines were made from teflon tube (0.5mm, i.d.)

A diagram of the flow system is shown in Fig.1.

3 Results and Discussion

3.1 Effect of the flow rate and the tube length

The effect of carrier stream flow rate on the quenchofluor imetric peak height is shown in Fig.2. The flow rate of carrier stream greatly influeonced the peak shape and peak height when the flow rates of reagent streams were kept constant. By inereasing the flow rate of the carrier stream, the peak shape becomes sharper and the peak height in crease. When both reaction tubes length were varied in the range of 10~100 cm, the peak shape and peak height were changed little.

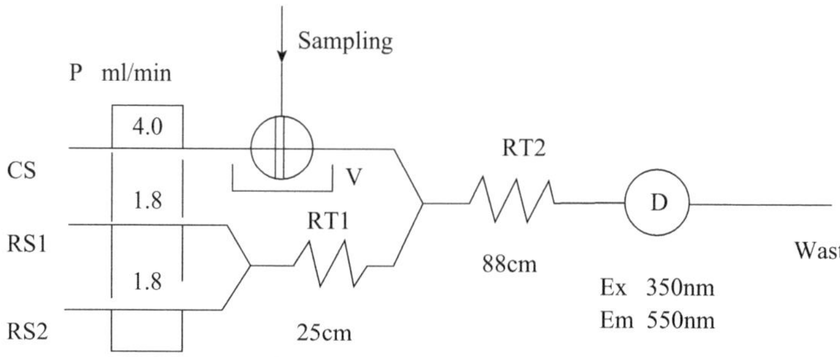

Fig. 1 Schematic diagram of flow system

P, Peristaltic pump; V, Injection valve with a sampling loop of 50 μl ; D, Detector (Hitachi 850 Fluorescence spectrophotometer, with an 18 μl flow cell and a recorder) ; RT1,RT2, Reaction tube (0.5 mm i.d., teflon tube.) ; CS, Carrier stream (deionized water).

RS1,0.028 mol/L Mo(Ⅵ) and 0.8 mol/L hydrochloric acid.

RS2, 2×10^{-5} mol/L Rhodamine 6G and 0.025 % emulgent OP.

3.2 Effect of hydrochloric acid concentration

The variation of acidity of the system greatly influcenced the quenchofluorimetric peak height. The experimental results are shown in Fig. 3. Too large or small hydrochloric acid concentrations may cause the fluorescence of Rhodamine 6G to decrease and even to disappear, and the quenchofluorimetric peak height was decreased simultaneously. When hydrochloric acid concentration was in the range of 0.7～1.0 mol/L, both the fluorescence of Rhodamine 6G and the quenchofluorimetric peak height of molybdophosphate were maximized.

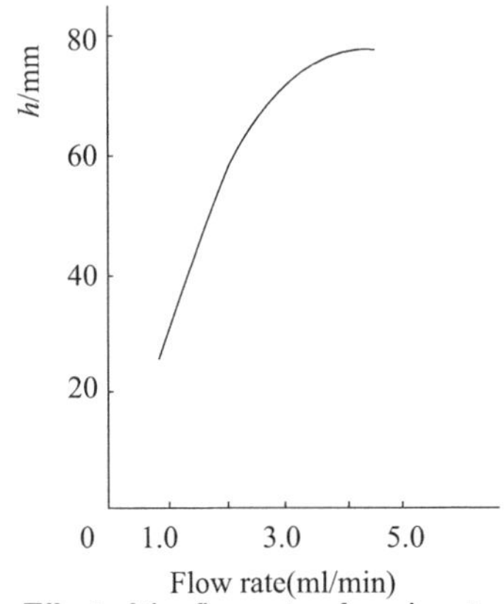

Fig.2　Effect of the flow rate of carrier stream

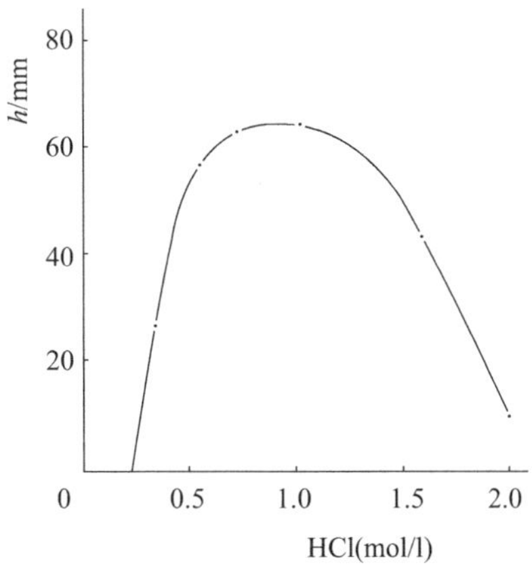

Fig.3　Effect of hydrochloric acid oncentration

(Phosphorus concentration is 50 mg/ml)

3.3　Effect of ammonium molybdate concentration

Because ammonium molybdate may decrease the fluorescence of Rhodamine 6G, too large or small ammonium molybdate concentration may cause the quenchofluorimentric peak height to decrease (See Fig.4). When the Mo(Ⅵ) concentration was varied in the range of 0.014～0.042 mol/L, the peak height reached a maximum.

3.4　Effect of Rhodamine 6G concentration

Fig.5 shows the effect of Rhodamine 6G concentration on the quenchofluorimetric peak height. As the Rhodamine 6G was increased, the peak height increased. However, the complex (formed by Rhodamine 6G and molybdophosphate) easily precipitated in the tube wall and the flow cell, which caused the base line to drift. Hence, too large a Rhodamine 6G concentration is not suitable in this system. In the present paper, 2×10^{-5}mol/L Rhodamine 6G was used.

3.5　Effect of emulgent OP

Al though the prescence of non-ionic surfactant emulgent OP may cause the quenchofluorimetric peak height to decrease, a little emulgent OP may raise the solubility of the complex (formed by Rhodamine 6G and molybdophosphate) and effectively stopped base line drift, and improved the reproducibility of the method. In the present paper, 0.025% emulgent OP was adopted.

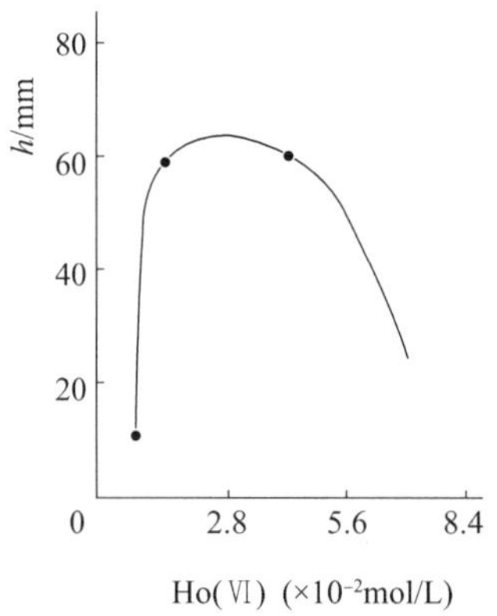

Fig.4 Effect of ammonium molybdate concentration

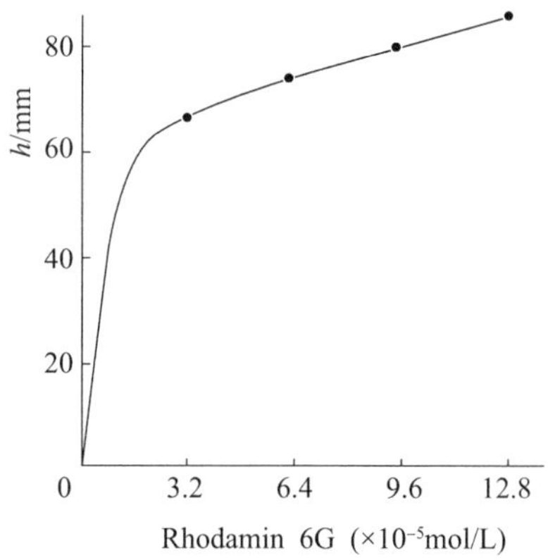

Fig.5 Effect of Rhodamine 6G concentration

(Phosphorus concentration is 50 ng/ml)

3.6 Effect of diverse ions

The effect of diverse ions on the determination of 50 ng/ml of phosphorus standard solution was studied. The results are summarized in Table 1. As can be seen, most cations and anions commonly found in natural water did not interfere. The effect of As(Ⅴ)ion on the determiation of phosphate could be easily removed by adding $S_2O_3^{2-}$. The result was shown that 1 mg of $S_2O_3^{2-}$ could remove the effect of 20 μg As(Ⅴ) in 25 ml solution.

Table 1 Effect of diverse ions *

Diverse ionsweight ratio(Diverse Ion/Phosphorus)	
Ca^{2+}, HCO_3^-, NO_3^-	4×10^6
Hg^{2+}, NH_4^+	1.6×10^6
Na^+, Cl^-, I^-, SO_4^{2-}, SiO_3^{2-}, $S_2O_3^{2-}$	8×10^5
Hn^{2+}, Pb^{2+}, NO_2^-, Br^-	8×10^4
W^{6+}, As^{3+}, Ce^{4+}, Sb^{5+}, Se^{4+}, In^{+3}, Fe^{3+}, Fe^{2+}	16
F, Sn^{2+}, Zr^{2+}, Cu^{2+}, Al^{3+}, Co^{2+}, Cb^{2+}, Ni^{2+}, V^{5+}, Ca^{3+}	8
As^{5+}	0.5

* The relative errors are less than 5%.

3.7 Calibration graph, reproducibility and detection limit

There is a good linear relationship between the quenchofluorimetric peak height and the phosphorus concentration when the concentration is in the range of 0~100 ng/ml. Typical peak shapes for calibration are shown in Fig.6.

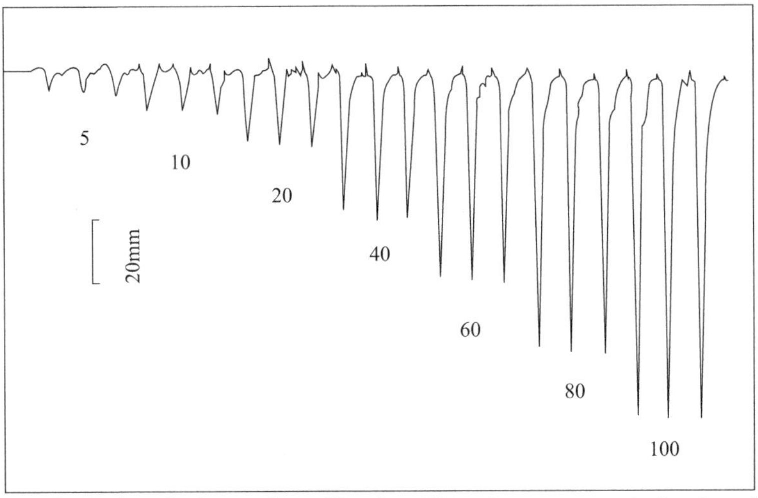

Fig.6 Typical peak shapes for calibration Phosphorus concentration is ng/ml.

Table 2 Results for determination of soluble phosphorus in water*

Sample		P found/(ng/ml)	R.S.D./%	P added/(ng/ml)	Recovery/%
Lake	water 1	3.1	13	10	93
Lake	water 2	3.1	11	10	98
Lake	water 3	20.9	1.7	20	102
Pond	water	—	—	10	94
Well	water	15.4	2.6	10	97
Tap	water	11.3	2.6	15	92
P standard water**		558	1.6	40	101

* The results were obtained by 4 replicate determinations.

** Phosphorus standard water sample was dilute and the standard value was 552 ng/ml ± 25 ng/ml.

The related standard deviation (R.S.D.) of 5.4, 1.8 and 1.1% (n=12) were found for 10 ng/ml、20 ng/ml and 50 ng/ml phosphorus standard solution, respectively.

The detection limit was 1.9 ng/ml, calculated by 3 Sb/m (n=20) (where Sb is the standard deviation and m is the slope of calibration graph).

3.8 Application to water samples

The present method has been applied to the direct determination of soluble phosphorus in several natural water samples. The results are summarized in Table 2.

References

[1] J.Ruzicka and E.H. Hansen, Anal. Chim. Acta,78,145(1975).

[2] J.Ruzicka and J.W.B.Stewart, Anal.Chim.Acta,79,79(1975).

[3] J.W.B.Stewart and J.Ruzicka, Anal. Chim.Acta, 82,137(1976).

[4] E.H.Hansen and J. Ruzicka, Anal.Chim. Acta, 87,353(1976).

[5] E.H.Hansen, F.J.Krug. A.K.Ghose and J.Ruzicka, Analyst, 102,714(1977).

[6] M.Koshino, Bunseki, 6(11), 803(1978).

[7] Y.Hair, N.Yoza and S.Ohashi, Anal.Chim. Acta, 115,269(1980).

[8] L. J.Sun,Z.Gao,L.Li ,Z.M.Yu and Z.L. Fang, Fenxi Huaxue, 9(5), 586(1981)(in Chinese).

[9] Y.Hirai, N.Yoza and S.Ohashi, Bunseki Kagaku, 30,465(1981).

[10] P.Linares, M.D.Luque De Castro and M.Valcarcel, Talanta, 33(11),889(1986).

[11] Z.T.Song, W.Q.Qi, S.Y.Chen and S.Q.Lin, Huangjing Huaxue, 7(4),45(1988)(in Chinese).

[12] Y.M.Wang, Q.Shao, Z.P.Bo and F.X.Yian, Guangpuxue Yu Guangpu Fenxi, 8(3), 51 (1988) (in Chinese).

原子吸收间接测定可溶性硫酸盐的方法评价

目前，测定硫酸盐的方法多采用重量法、比浊法及比色法。这些方法都较费时、烦琐。为此，我们研究了在水-乙醇介质中，SO_4^{2-}与 $BaCrO_4$ 悬浊液反应，释放 CrO_4^{2-}，通过原子吸收分析 Cr 的含量来间接测定 SO_4^{2-}的方法。以我们提出的操作程序作为统一的测定方法，组织全国 8 个实验室，测定了 3 个不同浓度水平的统一样品及各地 23 种不同类型的地表水、饮用水。以协作实验所得数据，评价本方法的灵敏度、精密度、准确度及适用性。

1　组织和实验方法

1.1　组织

本协作实验由中国环境监测总站分析室为组长单位，有山东省、沈阳市、太原市、杭州市、青岛市等省市环境监测站、水电部水质试验研究中心和总站标准室参加。

1.2　试剂

实验所用的试剂，按文献［4］的方法制备。

1.3　统一样品

由总站标准室配制 3 个不同浓度水平的 SO_4^{2-}标样作为统一样品。其主要组份如表 1 所示。

注：原文刊载于《上海环境科学》1988 年 11 月第 7 卷第 11 期，作者刘京、魏复盛。

表 1　标样中 SO_4^{2-} 及基体含量　　单位：mg/L

样品号	SO_4^{2-}	F^-	Cl^-	NO_4^-	K^+	Na^+
1	4.83	0.157	0.812	0.953	4.51	0.712
2	10.5	1.00	3.97	—	12.6	1.21
3	25.7	0.82	10.0	—	31.4	0.968

1.4　统一操作程序

1.4.1　工作曲线的绘制

取 SO_4^{2-} 标准 0、50 μg、100 μg、150 μg、200 μg、250 μg、300 μg 于 25 ml 具塞比色管中，加水至 10 ml。加铬酸钡悬浊液 2 ml，氨水（1+1）1ml，0.28% 氯化钙溶液 0.5 ml，无水乙醇 8 ml，加水至刻度，摇匀，放置 1h。用 0.45 μm 滤膜抽滤入 10 ml 干燥比色管中。然后，以 AA 法测定铬含量。所用火焰为空气 - 乙炔焰。测定波长为 359.3 nm。

1.4.2　样品的测定

取样品 10 ml（SO_4^{2-} 含量 ≤ 30 mg/L，若浓度大于 30 mg/L 可酌情少取或稀释后再取）于 25 ml 比色管中，以下按工作曲线绘制的程序进行。

2　结果与讨论

2.1　方法的检测限及线性范围

8 个实验室按操作规程的要求，配制 6 个全程序空白溶液及 6 个浓度的标准系列，在同一批内完成测定。确定方法的浓度上限、相关系数。以空白标准差的 3 倍计算检测限。其结果见表 2。

表 2　方法的特性参数

实验室编号	1	2	3	4	5	6	7	8	取值
检测限 /（mg/L）	0.045	0.04	0.23	0.14	0.12	0.14	0.18	0.38	0.4
测定上限 /（mg/L）	12.0	12.0	14.0	12.0	12.0	14.0	12.0	12.0	12.0
相关系数	0.999 2	0.999 4	0.999 6	0.999 8	0.999 2	0.999 4	0.999 7	0.999 6	0.999 2

从表 2 可以看出，本方法的最低检出浓度可小于 0.4 mg/L。测定上限为 12.0 mg/L。

2.2 方法的精密度和准确度

3 个不同浓度的统一样品，由各实验室每天平行测 2 份，取均值，共测 5 d 或 6 d。结果见表 3-a～表 3-c。

表 3-a 1# 标样的测定结果 单位：mg/L

实验室编号	X_1	X_2	X_3	X_4	X_5	X_6	$\overline{X}$	S	CV/%
1	4.740	5.015	5.060	5.100	5.125		5.008	0.156	3.1
2	4.740	4.850	4.870	4.980	5.000	5.090	4.922	0.125	2.5
3	5.040	5.255	5.360	5.400	5.445		5.300	0.161	3.0
4	4.990	5.195	5.470	5.470	5.560		5.337	0.238	4.5
5	4.970	5.400	5.415	5.460	5.565	6.680	5.582	0.576	10.3
6	4.670	4.805	4.850	4.860	4.910		4.819	0.091	1.9
7	3.981	4.147	4.166	4.248	4.265	4.269	4.179	0.110	2.6
8	4.625	4.825	4.850	5.000	5.025	5.050	4.896	0.162	3.3

表 3-b 2# 标样的测定结果 单位：mg/L

实验室编号	X_1	X_2	X_3	X_4	X_5	X_6	$\overline{X}$	S	CV/%
1	10.26	10.30	10.30	10.55	10.80		10.44	0.231	2.2
2	9.87	9.98	9.93	10.10	10.10	10.20	10.03	0.124	1.2
3	9.91	10.20	10.20	10.30	10.60		10.24	0.248	2.4
4	9.085	9.470	9.675	9.865	10.060		9.63	0.376	3.9
5	10.00	10.80	10.90	11.00	11.45	11.55	10.95	0.555	5.1
6	10.49	10.47	10.545	9.97	9.92		10.28	0.307	3.0
7	9.95	9.906	10.193	10.089	10.163	10.169	10.08	0.122	1.2
8	9.935	10.675	9.650	10.00	9.100	9.025	9.73	0.618	6.3

表 3-c 3# 标样的测定结果 单位：mg/L

实验室编号	X_1	X_2	X_3	X_4	X_5	X_6	$\overline{X}$	S	CV/%
1	24.85	25.90	25.15	25.10	25.15		25.23	0.395	1.6
2	25.10	25.10	24.60	25.00	25.00	25.00	24.97	0.186	0.7

续表

实验室编号	X_1	X_2	X_3	X_4	X_5	X_6	$\overline{X}$	S	CV/%
3	25.40	25.40	25.90	25.40	25.85		25.59	0.261	1.0
4	23.05	23.95	23.45	22.60	23.40		23.29	0.502	2.2
5	25.15	23.90	25.60	24.40	25.10	24.80	24.82	0.603	2.4
6	25.41	25.76	25.29	24.80	24.70		25.19	0.439	1.7
7	25.02	26.34	25.37	25.31	26.07	25.43	25.59	0.504	2.0
8	26.65	24.80	27.80	26.70	28.20	28.80	27.16	1.430	5.3

将测定结果输入计算机，进行 Dixon、Grubbs 及 Cochran 检验。其中，表 3-a 中 5 号实验室的数据，经 Cochran 检验，有显著性差异，予以剔除。其他数据均合格。按统计学公式计算出每个统一样品的均值（X）、室内相对标准偏差（CV%）、室间相对标准偏差（CB%）及总相对标准偏差（CT%），如表 4 所示。

表 4　数据处理结果

样品号	1	2	3
保证值 /（mg/L）	4.83±0.25	10.5±0.8	25.7± 1.3
测定总均值 /（mg/L）	4.90	10.2	25.3
CV/%	3.69	3.65	2.65
CB/%	7.98	3.84	4.07
CT/%	8.80	5.30	4.85

由表 4 可见，3 个统一样品的测定总均值都在保证值范围内。室内、室间及总的相对标准偏差也都较小。说明方法的准确度和精密度都令人满意。

2.3　实际样品的测定

参加验证的 8 个实验室，分别取当地有代表性的地表水、地下水及饮用水样共 23 个，各进行 6 次平行测定，并进行加标回收，结果见表 5。

在浓度范围为 4.0～247 mg/L 的实际样品的测定中，6 次平行测定的相对标准偏差小于 6%，加标回收率 95% 置信范围为（99.4±2×4.0)%=99.4%±8.0%。

表 5 实际样品测定结果

实验室编号	样品号	6 次测定结果 /（mg/L）						$\overline{X}$	CV/%	加标回收率 /%		
1	1	57.5	61.0	56.7	56.2	56.2	55.3	57.2	3.5	95.2	96.3	96.3
	2	57.5	57.1	56.7	57.5	57.3	57.5	57.3	0.6	101.5	99.0	99.6
	3	69.1	68.7	67.8	68.5	68.3	68.8	68.5	0.7	104.6	104.1	105.3
2	4	3.92	3.86	3.86	3.93	3.92	4.01	3.92	1 .4	97.0		
	5	4.34	4.23	4.19	4．31	4.17	4.26	4.25	1.6	99.0		
	6	4.46	4.35	4.40	4.39	4.43	4.39	4.40	0.9	99.5		
3	7	48.9	50.4	50.0	49.8	50.4		49.9	1.2	98.7	103.1	101.3
	8	105.8	104.9	100.0	103.8	105.3		104.0	2.2	98.6	107.8	101.3
	9	54.4	52.5	54.4	54.1	52.7		53.6	1.8	103.0	103.0	101.2
4	10	15.5	16.2	16.8	16.6	16.2		16.3	3.1	105.2		
	11	12.6	13.0	14.0	13.8	13.6		13.4	4.4	94.2		
	12	13.2	13.7	14.0	14.0	13.8		13.7	2.4	97.2		
5	13	79.4	77.4	80.2	78.2	79.0		78.8	1.4	103		
	14	70.6	67.0	68.2	65.8	68.2		68.0	2.6	97.3		
	15	62.6	63.8	62.2	60.6	61.8		62.2	1.9	97.6		
6	16	65.3	64.4	62.6	61.6	63.5	62.6	63.3	2.1	102	102	102
	17	55.8	55.8	56.1	55.8	55.6	56.1	55.9	0.4	96.9	96.9	96.9
	18	69.6	70.8	70.8	70.5	70.5	73.1	70.9	1.6	99.4	100.8	100.8
7	19	143.0	132.8	139.0	139.2	125.8	132.2	135.3	4.6	93.8		
	20	94.5	104.0	97.5	95.2	105.8	108.8	101.0	6.0	94.0		
	21	120.8	107.0	124.2	110.8	112.5	109.0	114.0	6.0	95.2		
8	22	112.0	114.0	102.0	106.0	106.5	110.0	108.0	4.5	99.9		
	23	248	249	243	251	242	248	247	1.3	110		

3 结论

从 8 个实验室协作实验的结果可得出以下结论：

（1）本方法操作简单，灵敏度高，SO_4^{2-}检测限可低于 0.4 mg/L，工作曲线的线性关系较好，相关系数在 0.999 2 以上。

（2）3 个不同浓度水平的统一样品，分析结果的总均值在保证值范围内。室内、室间的相对标准偏差较小。准确度和精密度较好。

（3）23 种 SO_4^{2-}含量在 4.0～247 mg/L 的环境水样的测定表明，6 次平行测定的相对标准偏差小于 6%，加标回收率为 99.4%±8.0%。说明本方法适用于各种环境水样的分析，可推荐为水中可溶性硫酸盐标准分析方法。

（参加协作实验的还有：刘方、张效苏、张太生、李味晶、王玉芬、杨洪莉、鹿杰、张秀梅、阴亚钦、潘娟瑛、王志伟、于柏枫、赵大民）

参考文献

［1］ 水和废水标准检验法 . 15 版 . 宋仁元，等译 . 北京：中国建筑工业出版社，1985：402-407.

［2］ 美国国家环境保护局，编 . 水和废水化学分析方法 . 中译本 . 1982：326-338.

［3］ 日本分析化学会北海道分会，编 . 水的分析 . 孙铁珩，等译 . 北京：中国建筑工业出版社，1979：185-190.

［4］ 魏复盛，芮葵生，吴国平，等 . 光谱学与光谱分析，6（2），68（1986）.

Ambient Concentrations and Elemental Compositions of PM_{10} and $PM_{2.5}$ in Four Chinese Cities

1 Introduction

Health effects of exposure to ambient particulate matter (PM) have been investigated extensively in epidemiologic studies mainly in North America and Europe. However, the public health effects of ambient PM exposure have not yet been fully characterized. The available database remains subject to important uncertainty in several key areas including (1) the community health effects of long-term ambient PM exposure ; (2) the relative health importance of size fractions and chemical constituents of complex atmospheric particles; and (3) the ethnic, demographic, and other factors that influence susceptibility to adverse PM effects. Resolution of these and other uncertainties will require much further research and will be essential to achieving adequate understanding of the public health effects of ambient PM exposure. Such understanding will in turn be essential to ensure that air quality standards for PM are duly protective but not unduly stringent.

From 1993 through 1996, a large epidemiologic study of children's and adults'respiratory health, in relation to long-term PM exposure, was conducted in the four large Chinese cities of Lanzhou, Chongqing, Wuhan, and Guangzhou (see Fig.1 for locations of these cities). In each city, two elementary schools were selected to provide the subject pool one school was in an urban district and the other was in a suburban district. The study included measurements of PM_{10} and

注：原文刊载于 *Environmental. Science. & Technology*1999 年第 33 卷第 23 期，作者魏复盛、滕恩江、吴国平、胡伟、W.E.WILSON、R.S.CHAPMAN、J.C.PAU、J. ZHANG。

$PM_{2.5}$ in the yard of each participating school during 1995 and 1996. In this paper, we report concentrations of PM_{10}, $PM_{2.5}$, and coarse fraction of PM_{10} measured in the schoolyards. We also attempt to provide source information using the measured elemental compositions of fine and coarse fractions of PM_{10}. Besides providing exposure bases for our epidemiologic analysis, the results presented in this paper would contribute to limited knowledge of PM_{10} and $PM_{2.5}$ levels and their elemental compositions in urban and suburban atmospheres in China.

2 Sampling Sites and Measurement Methods

Four geographically distinct cities were selected for the study. These cities were expected, based on data collected in the pilot phase of this study, to exhibit a wide range of ambient levels of air pollutants such as PM. oxides of nitrogen (NO_x), and sulfur dioxide (SO_2). Lanzhou lies in northwestern China, with a population of about 1.5 million. The city is located in an east-west basin approximately 35 km long with a maximum north-south width of approximately 8 km. This topography results in a long-term inversion for about 310 days each year. Major air pollution sources include coal burning for industrial and domestic heating purposes and oil refinery industry. Wuhan is located in the middle of the Yangzi River Delta. It has a population of about 8 million, about half of which resides in central area of the city. Coal is commonly used for domestic cooking and heating and industrial processes. Chongqing, with a population of over 10 million, is a major industrial base in southwest China. The climate of Chongqing is mild with rich precipitation (average annual rainfall is 1 100 mm). The frequency of windless days and inversion days is high, resulting in poor dispersion of air pollutants generated from combustion of coals with high sulfur content and high ash content and from motor vehicle emissions. Guangzhou is located in the southern coastline of China and has a population of about 7 million. The winter in Guangzhou is short and mild (temperature is >0℃). The rainfall in Guangzhou (1 355～2 253 mm/year) is even greater than in Chongqing. The residential population density is the highest ($>175\ 000/km^2$) within the urban core of Guangzhou, where gas fuels are used as main fuel for domestic cooking. Coal is widely used for industrial purposes and still used in a small fraction of households. The city also has a large number of motor vehicles.

Table 1 Sampling Sites in the Four Cities

city	urban site	suburban site
Guangzhou	Ren-min-zhong-lu	Hua-shi-fu-xiao
Wuhan	Huang-pi-jie	Mo-shan
Lanzhou	Yu-zhong-jie	Li-wu-tan
Chongqing	Guany-ing-qiao	Hong-yan

Within each city, the two elementary schools (one in an urban district and the other in a suburban district) selected for PM monitoring and for subject recruitment were at least 30 km apart. The two districts, differing substantially in population and traffic densities, where also expected to differ significantly in ambient levels of air pollutants. The expected gradient of pollutant levels could provide a unique opportunity to study inter-and intracity exposure-effects relationships. All PM samples were taken in the yards of the eight elementary schools from the four cities. The school (or district) names are listed in Table 1.

Dichotomous samplers (Sierra-Anderson Model 241) were deployed to the sampling sites to collect PM samples. All the samplers were provided by U.S. EPA with certification as reference sampling devices. The samplers were equipped with an inlet with a 10 μm cutpoint. The particles smaller than 10 μm in aerodynamic diameter (PM_{10}) entering the sampler were divided into two size fractions using a virtual impactor with a 2.5 μm cutpoint. These two fractions were usually referred to as fine particles ($PM_{2.5}$) and course particles ($PM_{2.5\sim10}$, *i.e.*, 2.5 μm$<$particle diameter$<$10 μm). The samplers were operated at a total flow rate of 16.7 L/min with 90% of the total flow passing the $PM_{2,5}$ inlet and 10% of the total flow passing the $PM_{2.5\sim10}$ inlet. Both fine and coarse particles were collected on 37 mm Teflon membrane filters (2 μm pore size) supported by polyolefin rings. The flow rate of each dichotomous sampler, equipped with a mass flow controller, was calibrated periodically with bubble flow meters to ensure a constant flow rate. Flow rate variations throughout each 24 h sampling were within ±5%. All samples were taken for a 24 h sampling duration.

Each filter was placed in a clean Petri dish during transport and storage. Presampling and postsampling weighing of filters were made using an electronic microbalance with a sensitivity of 10^{-6} g. A polonium 210 radioactive source was used as a static charge control device when weighing the filters. Prior to weighing, all filters were placed for at least 24 h in a standard weighing room, where temperature and relative humidity were controlled to 20℃±2.5℃ and 50%±5%, respectively, at China National Environmental Monitoring Center. For every batch of 10 filters (either new or exposed), the 10th filter was reweighed and was within ±5 μg of original weight. For every batch of 20 filters, a blank filter was weighed or reweighed. The difference between two times of weighing of a blank filter was within 20 μg.

At each of the eight sampling sites, approximately 15 samples (at least 12 samples) were successfully collected in each quarter of 1995 and 1996. These 24 h samples were collected on random days in each quarter. In total, approximately 1 800 fine and coarse PM samples were collected at the eight sites during these 2 years. Approximately 300 out of the 1 800 samples were hand-carried to U.S. EPA's XRF laboratory in Research Triangle Park, NC, for elemental analysis. These samples were analyzed using nondestructive X-ray fluorescence spectrometer (XRF) custom-made by Lawrence Berkeley Laboratory. The instrument precision varies with the element and concentration. At high concentrations (greater than 1 $\mu g/cm^2$) a precision of 6% can be expected for elements analyzed by two fluorescers (S, Cl, K, Ca, Mn and Sr). For all other elements at high concentrations a precision of 8.6% can be expected. Based upon the analysis of NIST SRMs the accuracy was within ±10%.

3 Results and Discussion

3.1 PM Concentrations

Annual means (both arithmetic and geometric means) and ranges of the three size fractions of PM measured at the eight sites are summarized in Table 2. The results indicate (1) that all measured PM size fractions were higher at the urban sampling site in each of the four cities ; (2) that the urban-suburban differences were smaller in $PM_{2.5}$ levels than in PM_{10} levels in three of the four cities (the two differences were about the same in Guangzhou) ; (3) that there was a gradient in PM levels across the four cities ; and (4) that $PM_{2.5}/PM_{10}$ ratios, derived from annual arithmetic means, ranged from 52% to 75% (see Table 3). In addition, by examining seasonal variations in both years, we observed the levels of both fine and coarse PM in all eight sites were noticeably higher in the winter (due to emissions from space heating).

In 1996, China promulgated a set of national air quality standards for PM_{10}. The middle standards (class Ⅱ), applicable to residential areas, are 100 $\mu g/m^3$ for annual average and 150 $\mu g/m^3$ for 24 h average. Among the eight sampling sites (school yards), only the Wuhan suburban site and the Chongqing suburban site had PM_{10} annual averages (AM) below 100 $\mu g/m^3$ but still above the U.S. PM_{10} annual standard of 50 $\mu g/m^3$. Fine particles (*e.g.*, $PM_{2.5}$) has not been regulated in China. In 1997, the U.S., for the first time, has promulgated National Ambient Air Quality Standards for $PM_{2.5}$ in addition to the PM_{10} standards. The new $PM_{2.5}$ standards are an annual average of 15 $\mu g/m^3$ and a 24 h average of 65 $\mu g/m^3$. This annual $PM_{2.5}$ standard (15 $\mu g/m^3$) was exceeded by 3～10 times at the eight sampling sites in 1995 and 1996. The daily $PM_{2.5}$ standard (65 $\mu g/m^3$) was also exceeded frequently at the eight sites (see Table 4).

3.2 Elements in Fine and Coarse Particles

The following 17 elements were determined quantitatively using the XRF technique : calcium (Ca), aluminum (Al), arsenic (As), bromine (Br), chlorine (Cl), chromium (Cr), copper (Cu), iron (Fe), lead (Pb), manganese (Mn), phosphorus (P), potassium (K), selenium (Se), silicon (Si), sulfur (S), titanium (Ti), and zinc (Zn). A hierarchical clustering technique was used to group these 17 elements . The results from the cluster analysis of fine PM elements and coarse PM elements are shown in

Fig. 2 and Fig. 3, respectively. The dendrogram for fine particles indicates a large difference between two groups of elements：Ti, Ca, Fe, Si and Al in a group and the rest of the elements in the other group. The dendrogram for coarse particles shows a similar clustering pattern：Ti, Ca, Fe, Si, Al, P, K and Mn in a group and the rest of the elements in the other group. The group of elements gathered in the right corner of the dendrograms are typical earth elements. The sources of these elements were most likely soil and dust. The group of elements gathered in the left corner of the dendrograms (*e.g.*, S, Pb, As, Cl, Zn, Cr, Se) might be closely related to urban anthropogenic sources such as fossil fuel combustion and waste incineration. The difference in clustering pattern between fine particles and course particles suggests that P, K, and Mn in coarse particles may mainly come from soil/dust sources；however, these elements in fine particles may result from urban pollution sources.

Table 2 Ambient Concentrations (μg/m^3) of Fine PM, Coarse PM and PM_{10} Meaured at the Eight Sites in 1995 and 1996

city	year	PM	urban site					suburban site					difference/%	
			N	range	GM	AM	SD	*N*	range	GM	AM	SD	GM	AM
Guangzhou	1995	fine	49	25～506	132	160	97	51	23～186	68	79	44	48	51
		coarse	49	1～255	74	99	64	51	1～260	41	59	47	45	40
		PM_{10}	48	80～558	234	257	107	51	47～301	122	137	60	48	47
	1996	fine	70	17～402	117	140	85	74	16～179	54	62	27	54	56
		coarse	70	9～227	61	74	43	74	1～176	26	38	22	57	49
		PM_{10}	70	67～560	193	215	101	74	34～314	86	100	38	55	53
Wuhan	1995	fine	46	6～199	53	70	47	46	9～105	51	57	24	4	t 19 t
		coarse	46	1～130	54	63	31	46	1～100	28	38	25	48	40
		PM_{10}	46	18～329	118	133	65	46	29～203	86	95	39	27	29
	1996	fine	48	12～215	59	75	56	50	7～132	39	46	29	34	3S
		coarse	48	8～164	35	49	40	50	7～55	19	21	11	46	57
		PM_{10}	48	30～351	101	124	84	50	27～174	61	68	34	40	45

续表

city	year	PM	urban site					suburban site					difference/%	
			N	range	GM	AM	SD	*N*	range	GM	AM	SD	GM	AM
Lanzhou	1995	fine	51	2～899	102	141	135	52	20～395	94	118	88	8	t 16 t
		coarse	51	6～493	112	132	85	52	6～192	57	74	45	49	44
		PM_{10}	51	50～1224	230	273	189	52	41～540	162	192	112	30	30
	1996	fine	62	11～268	81	94	49	60	19～345	67	80	53	17	t 15 t
		coarse	62	12～284	71	87	55	60	8～217	51	61	38	28	30
		PM_{10}	62	51～473	160	181	92	60	43～547	124	140	82	23	23
Chongqing	1995	fine	57	17～262	96	113	63	55	2～223	79	97	54	18	t 14 t
		coarse	57	4～153	62	70	33	55	4～81	26	31	18	58	56
		PM_{10}	57	39～383	166	183	78	55	15～304	109	128	69	34	30
	1996	fine	61	13～243	67	76	36	57	17～154	60	68	31	10	t 11 t
		coarse	61	13～96	34	38	20	57	5～128	23	29	23	32	24
		PM_{10}	61	26～304	105	115	48	57	38～206	90	97	40	14	t 16

“ Difference = (urban - suburban)/urban, indicating the difference in PM annual means between the urban and suburban sites in each city, t denotes not significantly different at alpha = 0.05 by r-test, otherwise significantly different. Note: fine = $PM_{2.5}$, coarse = $PM_{2.5\sim10}$. *N* = number of samples collected. AM = arithmetic mean. GM = geometric mean. SD = standard deviation. PM_{10} is log-normally distributed, and fine and coarse PM are near-log-normally distributed.

Table 3 Average $PM_{2.5}$ /PM_{10} Ratios (%) Measured at the Eight Sites in 1995 and 1996

city	year	urban site		suburban site	
		N	$PM_{2.5}/PM_{10}$	*N*	$PM_{2.5}/PM_{10}$
Guangzhou	1995	57	64.7	55	75.1
	1996	61	66.1	57	70.1
Wuhan	1995	46	52.6	46	60.6
	1996	48	60.5	50	67.6
Lanzhou	1995	51	51.6	52	61.4
	1996	62	51.9	60	57.1
Chongqing	1995	49	61.8	51	58.5
	1996	70	65.1	74	65.5

N = number of sample collected.

Table 4 Percentage of days Exceeding the U.S. 24h $PM_{2.5}$ Standard

city	year	urban site	suburban site
Guangzhou	1995	84	59
	1996	87	39
Wuhan	1995	46	39
	1996	44	14
Lanzhou	1995	80	73
	1996	66	55
Chongqing	1995	77	67
	1996	64	51

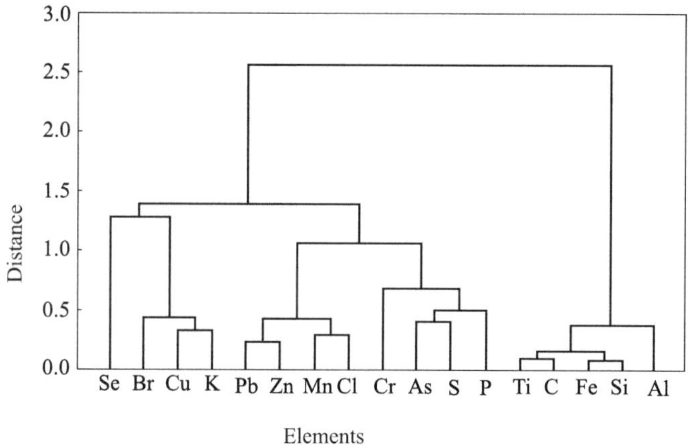

Fig. 1 Complete linkage dendrogram for 17 elements in fine particles ($PM_{2.5}$)

Concentrations of the eight elements that were likely to be associated with anthropogenic pollution are reported in Tables 5 and 6 for fine PM and coarse PM, respectively. The results lead to the following findings : (1) The concentrations of these elements in coarse PM were higher in the urban site than in suburban site within each city. (2) The concentrations of most of these elements in fine PM were higher in the urban site than in the suburban site within each city (the exceptions were Zn in Chongqing and Cl in Lanzhou). (3) The concentration of each element in fine PM was substantially higher than that in coarse PM at each sampling site.

The last finding described above suggests that pollution-generated elements may be gathered more in fine PM than in coarse PM. This can be further evaluated by examining enrichment factors of the elements in fine PM and coarse PM, as discussed in the following.

Table 5 Concentrations (ng/m^3) of Elements Contained in Fine Particles at the Eight Sampling Sites*

city	site[b]	*N*		As	Cu	Pb	Se	Zn	Br	Cl	S
Guanzhou	u	10	AM	40.4	62.6	476	10.9	645	102	977	8 033
			GM	33.2	32.0	470	12.1	599	41.0	741	7 725
	s	10	AM	23.4	17.0	207	33.3	280	21.3	424	4 499
			GM	23.1	11.0	223	12.4	328	14.4	256	3 755
Wuhan	u	13	AM	27.6	47.1	310	14.5	340	26.9	841	5 886
			GM	23.4	42.8	205	12.6	189	22.1	495	4 601
	s	12	AM	26.3	24.8	222	8.3	232	18.2	753	4 744
			GM	17.9	25.6	186	5.8	260	16.0	476	3 898
Lanzhou	u	25	AM	39.5	32.8	636	3.2	724	28.2	3 540	6 207
			GM	29.0	23.4	412	2.0	557	20.3	2 754	4 924
	s	21	AM	30.1	20.9	526	2.0	614	11.9	3 952	4 495
			GM	29.5	16.9	399	1.9	401	10.6	3 677	3 621
Chongqing	u	18	AM	31.0	20.0	220	18.9	245	52.0	1 826	7 822
			GM	30.1	16.9	204	19.0	212	42.5	1 475	7 172
	s	19	AM	29.7	7.6	133	13.1	282	39.0	1 328	6 212
			GM	29.3	6.9	123	11.6	225	37.9	1 362	6 297

* *N*=number of samples；AM = arithmetic mean；GM = geometric mean.

[b] Urban , u；suburban, s.

Table 6 Concentrations (ng/m^3) of Elements Contained in Coarse Particles at the Eight Sampling Sites

city	site[b]	*N*		As	Cu	Pb	Se	Zn	Br	Cl	S
Guangzhou	u	10	AM	8.0	36.2	104	2.2	248	17.5	874	2 571
			GM	6.6	21.5	69.3	1.8	164	8.2	666	1 881
	s	10	AM	3.0	3.5	21.1	1.6	44.1	1.4	192	373
			GM	2.7	2.3	12.8	1.0	42.8	1.2	157	238
Wuhan	u	13	AM	4.1	23.9	30.0	1.4	76.7	2.2	513	710
			GM	3.4	25.2	23.8	1.4	56.7	1.6	427	670
	s	12	AM	3.3	9.2	19.1	1.1	25.7	1.6	159	438
			GM	3.0	3.0	15.6	1.1	15.7	1.5	106	329

续表

city	site[b]	*N*		As	Cu	Pb	Se	Zn	Br	Cl	S
Lanzhou	u	25	AM	10.7	18.9	155.1	1.5	142	2.6	393	1 091
			GM	5.9	17.1	51.3	1.4	95.1	2.3	378	985
	s	21	AM	7.2	10.6	66.1	1.6	56.7	2.1	249	594
			GM	4.5	12.2	19.8	1.5	32.1	2.0	233	613
Chongqing	u	18	AM	5.7	84	69.9	3.4	94.1	8.3	728	2 067
			GM	3.7	8.0	52.5	1.5	77.1	4.3	774	1 464
	s	19	AM	3.7	5.2	26.6	1.5	49.2	3.8	289	1 138
			GM	2.6	4.6	19.2	1.0	35.8	2.2	164	961

* *N*=number of samples；AM = arithmetic mean；GM geometric mean.[b] Urban, u；suburban, s.

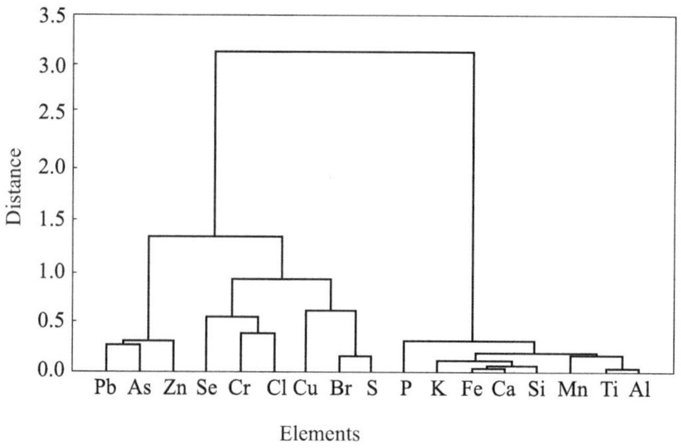

Fig. 2 Complete linkage dendrogram for 17 elements in coarse particles ($PM_{2.5\sim10}$)

The enrichment factor of element *i*, K_i, is defined as

$$K_i = \frac{(C_i/C_n)_{\text{aerosol}}}{(C_i/C_n)_{\text{soil}}}$$

Where C_i is the concentration of *element i* of interest；C_n is the concentration of a reference element *n*; $(C_i/C_n)_{\text{aerosol}}$ represents the ratio derived from the concentrations of *element i* and element *n* in ambient aerosols；and $(C_i/C_n)_{\text{soil}}$ represents the ratio derived from the concentrations of element *i* and element *n* in background soil. Reference elements selected for this purpose normally are those ones in the soil that are stable, spatially homogeneous, and least impacted by anthropogenic pollution. Here we selected Ti as the reference element *n*. The concentrations used for calculating $(C_i/C_n)_{\text{soil}}$ are the average background values of soil in China (in μg/g) [As = 11.2, Cu = 22.6, Pb = 26.0, Se = 0.29, Zn = 74.2, Br = 2.5, and Ti = 3 800] or the elemental abundance values in the earth crust (in μg/g) [S = 260, Cl = 130].

The elemental enrichment factors for fine and coarse PM are shown in Tables 7 and 8, respectively. Conventionally, a "cutoff" K_i value of 10 is used to distinguish between two types of atmospheric aerosols. If $K_i < 10$, element i is considered to have a significant dust/soil source and is termed nonenriched. If $K_i > 10$, element i is enriched and has a significant fraction which is contributed by nonmineral dust sources. The results shown in Table 7 and Table 8 indicate the following.

(1) The enrichment factors (K) of As, Cu, Pb, Se, Zn, Br, Cl and S were all $\gg$ 10 in fine PM measured in all sites and $>$ 10 in coarse PM measured in most sites (only K of Cu. As and Br were $<$ 10 in some sites). It is clear that these elements were enriched in both measured PM size fractions, suggesting that these elements mainly result from nonsoil sources.

(2) The enrichment factors of these elements were substantially greater in fine PM than in coarse PM, indicating that urban pollution sources had a much larger contribution to fine PM. This is not surprising given that particles generated from combustion and through atmospheric chemistry are found in the fine mode ($<$ 2.5 μm).

Table 7 Enrichment Factors of Elements Contained in Fine Particles at the Eight Sampling Sites

city	site[b]	N		As	Cu	Pb	Se	Zn	Br	Cl	S
Guangzhou	u	10	AM	305	227	1 593	3 505	710	1 527	579	3 185
			GM	254	118	1 322	2 575	741	737	410	2 477
	s	10	AM	589	247	2 164	55 629	1 166	1 313	1 239	4 411
			GM	425	117	1 575	7 563	835	479	310	3 830
Wuhan	u	13	AM	253	183	1 091	4 585	400	463	714	2 375
			GM	102	149	968	4 608	305	390	348	1 741
	s	12	AM	308	136	1 074	3 476	393	371	567	2 736
			GM	273	135	918	3 865	369	317	306	2 369

续表

city	site[b]	N		As	Cu	Pb	Se	Zn	Br	Cl	S
Lanzhou	u	25	AM	70	29	440	257	197	112	533	490
			GM	56	27	264	147	207	76	460	367
	s	21	AM	116	36	919	472	341	115	1 032	875
			GM	78	29	713	166	292	75	966	474
Chongqing	u	18	AM	411	107	1 165	9 465	468	1 416	1 779	4 914
			GM	297	88	933	6 420	350	908	1 339	2 645
	s	19	AM	789	102	1 550	12 567	1 269	2 050	2 829	7 366
			GM	735	107	1 685	12 305	823	1 994	2 295	7 689

N = number of samples collected；AM = arithmetic mean, GM=geometric mean.

[b] Urban, u；suburban, s.

Table 8 Enrichment Factors of Elements Contained in Coarse Particles at the Eight Sampling Sites

city	site[b]	N		As	Cu	Pb	Se	Zn	Br	Cl	S
Guangzhou	u	10	AM	11	18	48	134	40	47	89	155
			GM	6	11	49	70	30	16	61	72
	s	10	AM	12	6	37	266	25	14	68	100
			GM	7	5	23	176	17	6	35	30
Wuhan	u	13	AM	7	15	17	87	14	6	60	44
			GM	6	11	16	96	13	6	52	29
	s	12	AM	40	28	65	603	26	45	85	162
			GM	28	20	68	412	25	29	54	141
Lanzhou	u	25	AM	7	6	26	45	13	4	24	27
			GM	5	5	14	42	10	4	23	26
	s	21	AM	9	5	24	92	9	6	24	22
			GM	5	4	18	45	5	4	18	20
Chongqing	u	18	AM	19	14	87	420	38	60	112	266
			GM	6	7	36	175	18	18	84	153
	s	19	AM	20	11	50	311	34	37	77	257
			GM	14	10	37	187	24	25	67	136

N = number of samples collected；AM= arithmetic mean, GM = geometric mean.

[b] Urban, u；suburban, s.

(3) Sulfur had a very high *K* in coarse PM and an even higher *K* in fine PM. This was due to heavy coal burning in both residential sector and industrial sector in

the four cities. It is known that sulfur dioxide (SO_2) emitted from coal combustion can undergo atmospheric transformation to form sulfate salts which are principally present in fine particulate phase.

(4) The intercity K_i difference was generally greater than the intracity difference, suggesting a larger variation in pollution sources across the cities. For example, the enrichment factor of Pb in fine PM was markedly higher in Guangzhou than in the other cities. This might be related to the greatest traffic density surrounding the sampling sites in Guangzhou. Leaded gasoline was still being used in 1995 and 1996 in all four cities when the measurements were made.

Acknowledgments

We appreciate the sample collection efforts made by our colleagues at Guangzhou Environmental Monitoring Center, Wuhan Environment Protection Research Academy, Gansu Environment Protection Research Academy, and Chongqing Environmental Monitoring Center. We also want to thank Dr. Robert B. Kellogg of U.S. EPA, RTP. NC, for his assistance in XRF analysis of elements. The U.S. Environmental Protection Agency (EPA) through its Office of Research and Development partially funded and collaborated in the research described here under cooperative agreements CR822691 with the China National Environmental Monitoring Center and CR826507 with the University of Medicine and Dentistry of New Jersey-Robert Wood Johnson Medical School. The views expressed in this article are those of the authors and do not necessarily reflect the views or policies of the EPA.

References

[1] Saldiva, P. H. N. ; Pope, C. A.. III. ; Schwartz, J. ; Dockery. D. W. ; Lichtenfels, A. J. ; Salge, J. M. ; Barone, I. ; Bohm. C. M. Arch. Environ. Health 1995, 50: 159-163.

[2] Schwartz. J. Environ. Res. 1991，56：204-213.

[3] Schwartz, J. Am. J. Epidemiol. 1993，137：1136-1147.

[4] Dockery, D. W. ; Pope, C A., III. ; Xu, X. ; Spengler, J. D. : Ware, J. H. ; Fay, M. E. : Ferris. B. G.. Jr. ; Speizer. F. E. N. Engl. J. Med. 1993, 329：1753-1759.

[5] Schwartz. J. ; Dockery, D. W. ; Neas, L. M. J/. Air Waste Manage. Assoc. 1996，46：927-939.

[6] Spix. C ; Heinrich, J. ; Dockery, D. : Schwartz. J. ; Volksch. G. ; Schwinkowski. K. ; Collen. C : Wichmann, H. E. Environ. Health Perspect. 1993, 101：518-526.

[7] Touloumi, G. ; Pocock, S. J. ; Katsouyanni. K. : Trichopoulos. D. Int. J. Epidemiol. 1994，23：957-967.

[8] Xu. X. ; Gao, J. ; Dockery. D. W. : Chen, Y. Arch. Environ. Health 1994，49：216-222.

[9] Burnett, R. T. ; Dales, R. ; Krewski. D. ; Vincent. R. ; Dann, T. : Brook,J. R. Am. J. Epidemiol. 1995，142：15-22.

[10] Pope, C. A., III. Arch. Environ. Health 1991，46：90-97.

[11] Schwartz, J. Epidemiol. 1996，7：20-28.

[12] Schwartz, J. ; Morris. R. Am. J. Epidemiol. 1995，142：23-35.

[13] Sunyer, J. ; Saez, M. ; Murillo. C. ; Castellsague. J. ; Martinez. F. ; Anto. J. M. Am. J. Epidemiol. 1993，137：701-705.

[14] Thurston, G. D. ; Ito, K. ; Kinney. P. L. : Lippmann, M.J. Exposure Anal. Environ. Epidemiol. 1992，2：429-450.

[15] Tseng, R. Y. M. ; Li. C. K. ; Spinks. J. A. Ann. Allergy 1992，68：425-432.

[16] Walters, S. ; Griffiths. R. K. : Ayres. J. G. Thorax 1994，49：133-140.

[17] Abbey. D. E. ; Ostro. B. E. ; Petersen, F ; Burchette. R.J.J Exposure Anal. Environ. Epidemiol. 1995，5：137-159.

[18] Chapman, R. S. ; Calafiore, D. C ; Hasselblad, V. Am. Rev. Respir Dis. 1985，132：261-267.

[19] Dockery, D. W. ; Speizer. F. E. ; Stram, D. O. ; Ware. J. H. ; Spengler. J. D. ; Ferris. B. G., Jr. Am. Rev. Respir. Dis. 1989，139：587-594.

[20]Dusseldorp, A. ; Kruize. H. ; Brunekreef, B. ; Hofschreuder. P. ; de Meer. G. ; van Oudvorst, A. B. Am. J. Respir. Crit. Care Med. 1994，152：1932-1939.

[21] Ostro. B. D. ; Lipsett, M. J. ; Mann, J. K. ; Krupnick. A. ; Harrington, W. Am. J. Epidemiol. 1993，137：691-700.

[22] Ostro. B. D. ; Lipsett, M. J. ; Mann, J. K. ; Braxton-Owens. H. ; White, M. C. Inhalation

Toxicol. 1995，7：711-722.

［23］Pope. C. A.. III.；Dockery. D. W. Am. Rev. Respir. Dis 1992，145：1123-1128.

［24］Schwartz. J.；Dockery. D. W.：Neas, L. M.；Wypij. D.；Ware, J. H.；Spengler, J. D.；Koutrakis. P.：Speizer, F. E.；Ferris. B. G, Jr. Am. J. Respir. Crit. Care Med. 1994，150：1234-1242.

［25］Spektor, D. M.；Hofmeister, V. A.；Artaxo. P.；Brague, J. A. P.；Echelar. F.；Nogueira, D. P.；Hayes, C；Thurston. G. D,；Lippmann. M. Environ. Health Perspect. 1991，94：51-54.

［26］Ware. J. H.：Ferris, B. G., Jr.；Dockery, D. W.；Spengler. J. D.；Stram. D. O.；Speizer. F. E. Am. Rev. Respir. Dis. 1986，133：834-842.

［27］Dassen, W.；Brunekreef. B.；Hoek. G.；Hofschreuder, P.；Staatsen, B.；De Groot, H.；Schouten, E.；Biersteker. K.J. Air Pollut. Control Assoc. 1986，36：1223-1227.

［28］He. Q. C.；Lioy. P.J.；Wilson, W. E.：Chapman. R. S. Arch. Environ. Health 1993，48：382-391.

［29］Hoek. G.；Brunekreef. B. Arch. Environ. Health 1993，48：328-335.

［30］Koenig, J. Q.；Larson, T. V.；Hanley. Q.S.；Rebolledo. V.；Dumler. K.；Checkoway. H.：Wang, S.-Z.；Lin, D.; Pierson. W. E. Environ. Res. 1993，63：26-38.

［31］Neas. L. M.；Dockery. D. W.；Koutrakis. P.；Tollerud. D.J.；Speizer. F. E. Am. J. Epidemiol. 1995，141：111-122.

［32］Pope, C. A.. III.：Kanner, R. E. Am. Rev. Respir. Dis. 1993，147：1336-1340.

［33］Xu, X.；Dockery. D. W.；Wang, L. Arch. Environ. Health 1991，46：198-206.

［34］Pope, C. A.. III.；Thun. M. J.；Namboodiri, M. M.；Dockery, D. W.；Evans, J. S.；Speizer. F. E.：Heath, C. W.. Jr. Am. J. Respir. Crit. Care Med. 1995，151：669-674.

［35］Qian, Z.；Chapman. R. S.；Tian. Q.；Chen, Y.；Lioy, P. J.；Zhang, J. Arch. Environ. Health, in press.

［36］Liu. X.；Jia. H.；Feng. Y. J. Chinese Mass Spectrometry Soc. 1996，17：1-8.

［37］Waldman. J. M.；Lioy, P. J.；Zelenka, M.；Jing. L.；Lin. Y. N.；He. Q. C：Qian. Z. M.；Chapman. R.；Wilson. W. E. Atmos. Environ. 1991，25B：113-120.

［38］Zhang, J.：Qian, Z.；Kong. L.：Zhou. L.；Yan. L.；Chapman, R. S. Arch. Environ. Health 1999, in press.

［39］Guansu Provincial Environmental Protection Research Institute. Research Report on Effects of

Air Pollution on Children's Lung Function in Lanzhou City；GEPA #921030339；Lanzhou. China. January 1999.

[40] Chongqing City Environmental Sciences Research Institute. Technical Report on Effects of Air Pollution on Children's Lung Function in Chongqing City, Chongqing, China, January 1999.

[41] Guangzhou City Environmental Monitoring Center Station. Research Report on Effects of Air Pollution on Children's Lung Function in Guangzhou City, Guangzhou. China, January 1999.

[42] Stevens. R. K.；Dzubay. T. G. Atmos. Environ. 1978，12：55-68.

[43] Federal Register, July 18, 1997. 40 CFR Part 50, pp 1-54.

[44] Everitt. B. S. Cluster Analysis, 3rd ed.；Edward Arnold, A Division of Hodder & Stoughton：London, 1993；pp 55-89.

[45] Lioy, P. J.；Zhang, J. In Air Pollutants and The Respiratory Tract, Swift, D. L.. Ed.：Lung Biology in Health and Disease；Marcel Dekker： 1999；Vol. 128, pp 1-38.

[46] Seinfeld, J. H.；Pandis. S. N. Atmospheric Chemistry and Physics：From Air Pollution to Climate Change；John Wiley & Sons：New York. 1998.

[47] China National Environmental Monitoring Center, State Environmental Protection Administration of China. Background Values of Soil in China；Chinese Environmental Science Press：1990.

[48] Taylor, S. R. Ceochim. Cosmochim. Acta. 1964, 28.

[49] Chester, R.；Nimmo, M.；Alarco, M.；Saydam, C；Murphy. K. J. T.；Sanders. G. S.；Corcoran. P. Oceanol. Acta 1993，16：231-246.

[50] Torfs, K.；Van Grieken, R. Atmos. Environ. 1997，37：2179-2192.

微波消解-ICP-MS 测定人体血浆中 30 种痕量元素

随着环境科学和生命科学的迅速发展，对环境和生物体中某些元素浓度水平进行监测，有助于开展环境污染和职业暴露与人体健康风险的评价，同时也为临床上某些疾病的早期诊断提供了科学参考依据。在生物体中，许多公认的元素含量虽然很低，但在生命体中起着极其重要的作用，因此如何快速、准确、简便地检测人体内多种痕量元素的含量是亟待解决的问题。

不合理的样品制备方法，会导致消解过程中的试剂污染和易挥发元素的挥发损失。有关研究表明生物样品基体比较复杂，直接稀释法不能够完全消除基体干扰。恒温水浴加热或电热板加热酸解法试剂用量大，容易造成污染和易挥发组分的损失，且一次处理的样品量少、用时长。而本文采用微波消解技术，不仅可以在高温高压下迅速破坏其中的有机物，节约时间，处理样品量大，减少试剂消耗量降低污染，而且系统密闭不易引入杂质，还可以有效防止易挥发组分如 As、B、Hg、Se 等的挥发损失。

在测定方法的选择上，经典的比色法、原子吸收分光光度法和电化学法等在不同程度上存在单元素测定和不够灵敏等局限性，本文选用 ICP-MS 法、对血浆样品进行多元素同时测定。在方法的优化上，针对常用的消解试剂 H_2SO_4、HCl 和 $HClO_4$ 等严重干扰 ICP-MS 测定，而采用 HNO_3-H_2O_2 微波消解即可克服此类干扰。在 ICP-MS 分析中，以往研究多采用 In 单元素内标法用于补偿样品基体效应和信号漂移，而本研究以双内标铑（Rh）和铼（Re）进行校正，提高了分析结果的精密度和准确度。

1 实验部分

1.1 主要仪器和试剂

美国 Agilent 公司 Agilent 7500a 型电感耦合等离子体质谱仪，美国 CES

注：原文刊载于《光谱学与光谱分析》2009 年第 4 期，作者张霖琳、邢小茹、吴国平、魏复盛。

公司 MARS-X 微波消解系统，美国 Milli-pore 公司超纯水机 Milli-Q。

亚沸蒸馏的纯化 HNO_3（中国地质科学院），30% H_2O_2（优级纯，国药集团化学试剂有限公司），多元素混合标准溶液、铑（Rh）和铼（Re）内标储备液（中国地质科学院），调谐液（Agilent，USA），牛血清成分分析标准物质 GBW 09131（中国预防医学科学院环境卫生监测所），所有标准溶液和样品制备全部用 Milli-Q 超纯水，即去离子水再经 Milli-Q 装置纯化（＞18 MΩ/cm）。

1.2 样品收集

由医院专人负责收集体检者静脉血，将其置于已有抗凝物质的 10 ml 真空采血管中，静置 30 min 后放入离心机中，在 3 200 r/min 的条件下离心 10 min，使用灭菌的移液管取上清液，放入 −20℃冰箱内保存备用。

1.3 实验方法

将血浆样品从冰箱中取出，解冻后充分摇匀，取 0.5 ml 血浆于消解管中，加入 0. 5 ml 纯化 HNO_3 和 1 ml H_2O_2（30%），用超纯水稀释到 7 ml，放入微波消解系统进行消解，仪器工作程序经优化后，按照表 1 中程序 1 和程序 2 依次运行。消解完毕待样品冷却后取出，用超纯水定容至 10 ml，静止 24 h 后上机分析。

表 1 血浆样品微波消解程序

程序	功率 /W	温度 /℃	升温时间 /min	保持时间 /min
1	1 200	室温 ~160	10	10
2	1 200	160 ～ 180	10	30

2 结果与讨论

2.1 元素质量数的选择及检出限

ICP-MS 测定同位素质量数的选择，是在避开同质异位素和氧化物等多原子离子干扰的前提下，尽可能选择高丰度的同位素。检出限的测定是通过连续 10 次测量空白溶液，以 3 倍空白溶液的标准偏差除以线性相关系数

（标准曲线的斜率）作为仪器的检出限。表 2 中列出了 30 种元素的质量数、线性相关系数及检出限，所有元素检出限在 0.01 ～ 0.68 ng/ml。

表 2　30 种元素的检出限和加标回收率

元素	质量数	线性相关系数 (*r*)	检出限 / (ng/ml)	加标量 / ng	回收率 / %	元素	质量数	线性相关系数 (*r*)	检出限 / (ng/ml)	加标量 / ng	回收率 / %
Li	7	1.000 0	0.01	20	99.5	Rb	85	0.999 9	0.01	25	109
B	11	0.999 1	0.25	67	103	Sr	88	0.997 8	0.02	5	106
Al	27	0.999 9	0.67	36	105	Zr	90	1.000 0	0.02	2.5	110
Ti	47	0.999 9	0.22	5	108	Nb	93	1.000 0	0.01	2.5	114
V	51	1.000 0	0.01	5	101	Mo	95	0.999 8	0.03	2.5	115
Cr	53	1.000 0	0.02	5	102	Sn	118	1.000 0	0.02	5	98.7
Mn	55	0.999 7	0.03	5	110	Sb	121	0.999 9	0.16	5	91.3
Fe	57	0.999 8	0.68	55	119	Cs	133	0.999 6	0.02	2.5	102
Ni	60	0.999 9	0.08	20	105	Ba	137	0.998 9	0.02	20	119
Cu	63	1.000 0	0.02	50	99.4	Hf	178	1.000 0	0.08	2 5	97.8
Zn	66	0.999 6	0.64	97	85.7	W	182	1.000 0	0.02	2.5	106
Ga	69	1.000 0	0.01	5	105	Tl	205	0.999 9	0.01	5	91.0
Ge	72	1.000 0	0.02	5	100	Pb	208	0.999 2	0.12	95	92.4
As	75	1.000 0	0.08	5	99.7	Th	232	0.999 9	0.01	2.5	96.8
Se	82	1.000 0	0.12	10	96.8	U	238	0.999 9	0.02	2.5	98.5

2.2　元素加标回收率

为了评价方法的准确度，对血浆进行了原样加标回收试验，做 3 次平行试验，取其回收率平均值。将每个样品平均分成 2 份，1 份样品的制备同前所述，另 1 份在此基础上按照加标实验的要求加入含有被测元素的混合标样，两份样品在同等条件下处理并测定。由表 2 可以看出，30 种元素回收率介于 85% ～ 119%，说明此方法对于血浆中这 30 种痕量元素的测定准确可靠。

2.3　标准物质分析

用本法对国家标准物质牛血清成分 GBW 09131 进行分析测定，通过

3 次平行试验，对测得的 4 种元素浓度取平均值和标准偏差，并与标准值进行比较。由表 3 可以看出，Cu、Fe、Zn、Se 元素均在标准值规定的范围内，进一步说明了方法的准确性。

表 3　国家标准物质 GBW 09131 分析结果

元素	单位	标准值	测量值
Cu	mg/L	0.66±0.08	0.67±0.05
Fe	mg/L	1.57±0.22	1.50±0.11
Zn	mg/L	0.71±0.10	0.67±0.05
Se	mg/L	38.9±2.3	39.5±0.5

2.4　方法精密度

为了验证方法的稳定性，将同一血浆样品分成等量的 5 份，进行平行实验，考察分析方法的精密度。将 5 次测得的结果进行统计分析，计算出各个元素的均值（$\overline{X}$）、标准偏差（SD）和相对标准偏差（RSD）。相对标准偏差是以 5 次测得的标准偏差除以算术平均值，反映了该方法检测同一样品的重现性。表 4 中的数据显示，各个元素的 RSD 介于 1.7%～10.2%，方法精密度良好。

表 4　方法精密度

元素	RSD/%	$\overline{X}$±SD/（ng/ml）	元素	RSD/%	$\overline{X}$±SD/（ng/ml）
Li	9.3	0.76±0.01	Rb	7.5	329.40±1.25
B	9.6	72.20±0.35	Sr	8.1	23.36±0.14
Al	9.7	127.70±3.56	Zr	8.1	6.04±0.04
Ti	2.3	25.96±0.16	Nb	6.6	0.16±0.01
V	4.3	5.32±0.01	Mo	9.8	0.56±0.05
Cr	4.0	56.20±0.14	Sn	1.7	9.88±0.05
Mn	6.7	7.80±0.10	Sb	3.6	5.20±0.52
Fe	6.5	1 235.20±7.30	Cs	10.1	1.20±0.01
Ni	9.0	3.68±0.14	Ba	4.8	5.40±0.07
Cu	2.8	1 083.44±1.56	Hf	7.7	0.32±0.01

续表

元素	RSD/%	$\overline{X}$±SD/（ng/ml）	元素	RSD/%	$\overline{X}$±SD/（ng/ml）
Zn	8.5	838.58±4.09	W	4.7	0.40±0.01
Ga	9.6	6.36±0.04	Tl	5.9	2.00±0.0l
Ge	6.3	3.20±0.01	Pb	1.8	10.69±0.16
As	10.2	2.52±0.02	Th	7.1	0.60±0.01
Se	9.4	100.28+0.48	U	5.7	0.36±0.0l

2.5 样品测定

用本方法对 16 名体检者的血浆进行了 30 种痕量元素的分析测定，并与文献中报道的元素浓度进行了比较，结果见表 5。

表 5 16 份血浆样品的测定结果

元素	范围值 /（ng/ml）	平均值 /（ng/ml）	中位值 /（ng/ml）	文献报道值 /（ng/ml）
Li	0.20～0.80	0.48	0.40	0.2～0.8
B	24.40～98.20	56.53	55.30	15～45
Al	105.00～333.20	212.96	206.40	15.00～735.00
Ti	14.20～32.20	26.59	15.10	
V	4.40～5.80	5.07	5.20	
Cr	43.80～76.40	60.91	59.20	50.8～93.4
Mn	5.20～8.40	6.60	6.60	3.25～13.4
Fe	919.40～1 458.00	1 168.83	1 162.00	1 207～3 307
Ni	1.00～9.20	4.96	220	0.82～4.39
Cu	715.60～1 743.60	1 115.14	1 053.40	718～1387
Zn	628.80～1 748.00	1 028.79	954.80	667～1240
Ga	0.08～0.18	0.11	0.10	
Ge	2.40～3.60	2.98	3.20	2.73
As	0.40～5.40	2.05	2.10	4.98～18.0
Se	40.20～99.80	70.98	67.90	77～120
Rb	298.60～555.00	409.98	399.00	100～300
Sr	28.00～77.00	42.53	39.80	44.60
Zr	1.20～6.20	3.23	2.60	

续表

元素	范围值 /（ng/ml）	平均值 /（ng/ml）	中位值 /（ng/ml）	文献报道值 /（ng/ml）
Nb	0.20～1.00	0.46	0.40	
Mo	0.40～1.60	0.94	0.80	0.31～1.83
Sn	12.40～29.20	17.85	19.20	
Sb	5.40～12.60	10.17	10.20	n.d～4.79
Cs	0.40～1.80	1.14	1.10	
Ba	3.20～7.40	5.39	5.70	4.21～17.6
Hf	0.20～0.40	0.28	0.20	
W	0.20～0.80	0.53	0.50	
Tl	0.20～0.40	0.29	0.20	0.02～0.34
Pb	1.00～10.80	2.60	4.40	0.43～5.28
Th	0.20～0.80	0.35	0.20	n.d～0.31
U	0.20～1.00	0.25	0.20	n.d～0.016

注：n.d. 表示未检出。

由表 5 中的数据可以看出，大多数元素的浓度水平与文献报道基本一致，但是由于测定方法选择的不同，仪器灵敏度差异较大，尤其是样品中痕量元素很容易受到污染，因此各家报道血液中元素的浓度值也存在一定差异。目前，多数元素的浓度范围值尚无明确参考标准，而血浆中如 Ti、V、Ga、Zr、Nb 等元素浓度尚未见报道，因此本文的结果可为今后有关研究工作的开展提供参考。

3 结论

本文建立了微波消解 -ICP-MS 测定血浆等生物样品中多种痕量元素的分析方法，该方法操作简便、快速准确、灵敏度高，需要样品量和前处理所需试剂量均较少，能够降低污染和防止组分的挥发，一次进样可同时测定多种元素。采用 HNO_3-H_2O_2 微波消解体系易于克服 ICP-MS 测定中元素的干扰，选用双内标元素可以更加有效地补偿基体效应和信号漂移。

参考文献

[1] Vesterberg O, Alessio L, Brune D. Scandinavian Journal Work Environment and Health , 1993 , 19 : 19(Suppl. 1).

[2] White M A , Sabbioni E. The Science of the Total Environment, 1998 , 216 : 253.

[3] 李虹，周丽萍，李中玺 . 广东微量元素科学，2004，11 (8) : 9.

[4] 陈杭亭，曹淑琴，曾宪津，等 . 光谱学与光谱分析，2000，20(3) : 339.

[5] 宋娟娥，于水 . 质谱学报，2006，27(3) : 184.

[6] 王丽平 . 安徽教育学院学报，2005，23(16) : 83.

[7] 唐波，蒋伟，许陆贵，等 . 现代预防医学，2004，31 (2) : 273.

[8] 熊依杰，欧阳荔，刘雅琼，等 . 光谱学与光谱分析，2006，26(11) : 2120.

[9] 陈杭亭，曹淑琴，曾宪津 . 分析化学，2001，29(5) : 592.

[10] 李杰，周林平 . 微量元素与健康研究，2007，24(3) : 42.

[11] Javis K E , Gray A L , Houk R S. ICP-MS 手册 . 尹明，李冰，译 . 北京：原子能出版社，1997：113.

[12] Iyengar G V. Radiat. Phys. Chem. , 1998, 51 , 545.

[13] 张丽敏 . 中华劳动卫生职业病杂志，2006，24(1) : 51.

[14] 宋娟娥，梁月琴，于水 . 分析化学，2007，35 (3) : 425.

[15] 许军，温宏利，魏复盛，等 . 广东微量元素科学，2006，13 (4) : 23.

第三篇

土壤环境保护、污染防治与酸雨调查

关于我国土壤污染防治的建议

尊敬的温家宝总理：

我们22位院士向您报告“关于我国土壤污染防治的几点建议”。

经全国众多科技专家多年潜心研究和前几年环保部、国土资源部在全国的全面调查，结果表明我国土壤受到不同程度污染的面积约占10%，已影响并将继续影响我国粮菜的产量和质量安全。我们希望能得到领导们对此问题紧迫性的认同，能尽快启动“土壤污染防治法”的立法；土壤环境质量标准的修制订工作；采取措施加强土壤的监测监管；对于受到严重污染的工业废弃场地尽快研究制定清除危害降低风险的标准，否则这种场地用于住宅工商用地可能会严重危害当代人和子孙后代的健康及生存繁衍。此问题涉及国务院的环保部、国土资源部、农业部、住建部、工信部和科技部等众多部门及单位，我们敬请您批示相关部门，深入研究，制订规划，使这一紧迫问题能逐一落实，并取得明显成效。

以上是我们的一些看法，不妥之处，请批评指正。

（魏复盛等22位中国工程院和中国科学院院士签名）

2012年7月30日

注：本文是由魏复盛院士执笔，22位中国工程院和中国科学院院士联名给时任国务院总理温家宝同志的建议信。

有关我国土壤污染防治的几点建议

1 我国土壤污染严重，防治任务紧迫

我国现有耕地 18 亿亩，受到不同程度污染的约为 1.5 亿亩，未经处理超标污水灌溉（或受到污染水质）的耕地 3 250 万亩。固体废物堆存地 200 万亩，合计超过 1.8 亿亩。由此每年粮食减产 1 000 万 t，还有 1 200 万 t 粮食污染物超标，影响食品安全。食品安全涉及“从农田到餐桌”的全过程，土壤是第一环节，存在大气、水、固体废物、尾矿、危险废物、污泥、垃圾、农用化学品（农药、化肥、地膜）对土壤的污染，各种环境介质的污染都会转移到土壤中，再通过食物链进入人体，威胁人体健康。全国调查发现重金属（Cd、Pb、As、Hg、Cr 等）、致癌物多环芳烃类和持久性有机污染物是其主要污染物。环境是一个大系统，受到污染的土壤又是空气、地表水、地下水的二次污染源。如何防止土壤污染，保证 18 亿亩耕地的质量，是保障我国粮菜果茶的产量安全和质量安全的关键，采取有效措施防治土壤污染非常迫切。

2 建议尽快启动土壤环境污染防治法的立法工作

我国已有《环境保护法》《水污染防治法》《大气污染防治法》《固体废物污染防治法》《噪声污染防治法》等。唯独没有《土壤环境质量污染防治法》，对土壤污染的有效防治非常不利。土壤易于受到污染，而且污染是累积性的，国际上的经验表明，土壤一旦受到污染很难治理和修复，不但花费的代价极其昂贵，而且所耗费修复时间漫长。土壤污染涉及全国众多的产业部门及方方面面，应通过立法明确各部门的法律责任、义务，规范其生产和有关活动行为。如污水灌溉，污泥、垃圾施用、尾矿、固体废物、危险废物的堆放与处置，水和大气污染土壤的防治。农用化学品的规范施用，对农用化学品减量化以及多用有机肥，生物、物理方法防治病虫害的奖励政策等。

3 建议对土壤环境质量标准进行修订

现有土壤环境质量标准的主要问题一是监管项目少；二是重金属标准限值是用土壤环境背景值为依据，这种做法一般是可以的，但其缺点是高背景值

土地不一定有害，低含量的土地可能有效态含量高，也可能有害。有研究表明土壤中有效态镉与粮食中镉含量呈显著正相关即是证明。例如，镉污染粮菜限定标准为 0.2 mg/kg，我们现在有部分粮食含镉在 0.2～0.3 mg/kg，不知该如何处理？几种组织推荐成人镉日允许摄入量：WHO 标准为 63 μg/（人・d），欧盟为 100 μg/（人・d），日本为 300 μg/（人・d），若按 WHO 标准，0.3 mg/kg 的粮食是不能食用的，若按欧盟和日本推荐的标准，则 0.3 mg/kg 的粮食是可以食用的。因此我们很有必要研究建立自己成人镉日允许摄入量。其他污染项目也有类似情况，应加以研究。对于高背景值土壤还应进行农作物含量监测，看它是否超标。

因此应研究制定土壤污染判别分级标准，以便对土壤进行分级管理，例如对中、轻度污染的可进行土壤性质改良，降低有害成分的活性，或进行生态修复，以保护粮菜食品原料的安全，对重度、严重污染的土壤，应进行生态风险评估后，证明已丧失种植粮菜的条件，应改作生态林用地或工商建筑用地。

4 建议有关部门在全国建设土壤质量监测网络

对代表性监测点位每年对其主要污染指标重金属、有机污染物进行定点定时监测，对于超标的污染项目则应加测土壤的有效态含量，并与相应农产品（粮菜油果茶）品质进行监测，督察农产品的污染物是否超标。撰写我国土壤环境质量的年度评价报告，为政府加强监督管理提供技术支撑。

5 建议对高污染土地（场地）实行风险评价和风险管理

对于那些废弃金属矿山，遗留大量有害物严重超标的尾矿，对于危险废物如六价铬渣，电镀污泥堆积场周边的土壤以及原来位于城区已搬迁的制药厂（包括农药厂）、化工、石化、冶金、电镀、皮革厂等重污染企业的遗留或遗弃场地，其污染成分十分复杂，污染程度很严重，被人们称为“毒地”。由于地理位置重要已成房地产开发的“黄金宝地”。但此类场地与相邻地区的生态风险、健康风险都相当高，从国际上的经验教训看还会影响子孙后代的健康和繁衍。因此我们建议政府主管部门对这类高污染的土地的再利用应制订严格的风险管理办法，如对这样的场地实行监测，评价其污染的范围和程度，进行生态环境风险和健康风险评价。制订清除污染的措施，并经验收认为风险已降低至可接受程度，方可开发利用。

温总理对院士建议非常重视，并做重要指示（大意）：我国土地污染严重，防治工作紧迫，不仅影响当代人，还会影响子孙后代的健康，此为22位院士潜心研究和全国调查结果。

请环境保护部牵头，发改、国土、工信、农业、住建、科技、卫生、法治等部门参加，认真研究制订土地污染防治规划，推进立法，使土地污染防治工作得以落实，并取得实效。

中国土壤环境背景值研究

土壤元素环境背景值已做过许多研究工作，其中以美国的研究规模最大、最为系统完整，美国大陆本土以 80 km×80 km 布设一个采样点，报道了 46 个元素的背景值，之后又在阿拉斯加采集了 355 个样品，分析测试了 35 个元素。我国“六五”期间在湘江谷地和松辽平原开展了土壤背景值研究，提出了所述区域约 30 个元素的背景值。

中国土壤环境背景值研究是国家“七五”重点科技攻关课题之一，其目的在于获得中国主要土类 60 余种元素准确可比的背景值，编制中国土壤环境背景值图集，探讨土壤背景值的区域分异规律及影响因素，探讨土壤背景值在环境、健康、农业等方面的应用前景。本项研究实行了统一优化设计和严密的全程序质量保证，在一个短期内完成了多元素、多目标的深入系统研究，在国内外尚属罕见。

1 布点、采样和分析测试

1.1 布点

为获得中国各土类（41 类）的土壤背景值，我们按《中国土壤》（中国科学院南京土壤所编，1980）的分类系统，以土类为基础，同时兼顾统计学与制图学的要求，采用了网格法布点，使采样点位有适当的密度和均匀性。又根据我国东、中、西部地区经济发展的差异及土壤和地理自然环境复杂程度不同，确定了 3 种不同的布点密度：东部（辽宁、河北、山东、江苏、浙江、福建、广东、广西）以 40 km×40 km、中部（黑龙江、吉林、内蒙古、山西、河南、安徽、江西、湖北、湖南）以 50 km×50 km、西部（宁夏、陕西、四川、云南、贵州、甘肃、青海、西藏、新疆）以 80 km×80 km 布点

注：原文刊载于《环境科学》1991 年第 4 期，作者魏复盛、陈静生、吴燕玉、郑春江。
参加本项研究的有环境监测科研、大专院校和中国科学院等多个单位多名科技人员，是一项集体成果，属国家“七五”科技攻关项目。

一个采样点；3 个直辖市（北京、天津、上海）和 5 个沿海城市（大连、宁波、温州、厦门、深圳）的采样密度适当增加，在全国（除台湾地区外）共布设了 4 095 个土壤典型剖面。

1.2 采样

每个采样点要符合环境背景值的要求，要在很少受人类活动影响和不受或未明显受现代工业污染与破坏的情况下，选择典型的土壤发育剖面采样。一般情况下，每个剖面按土壤发育层次采集 A、B、C 3 个样品。拣出样品中的非土壤部分、晾干、研磨过 100 目筛，供化学分析用。

1.3 化学分析

对全国 4 095 个典型剖面的土壤样品分析测试了 As、Cd、Co、Cr、Cu、F、Hg、Mn、Ni、Pb、Se，V、Zn 13 个元素和 pH、有机质、粉砂（1.0～0.01 mm）、物理黏粒（0.01～0.001 mm）、黏粒（＜0.001 mm），又从 4 095 个典型土壤样本中选取在全国均匀分布的 860 余个主剖面的表土，加测了 48 个元素，采用了各种较先进分析方法（包括原子吸收、原子荧光、等离子体发射光谱、极谱、离子色谱、X- 射线荧光光谱、仪器中子活化、分子吸收与分子荧光等）分析测定的 61 个元素均能准确定量，共获得 40 万个数据和信息资料，每个元素按土类、土壤发育的母质母岩、行政区域划分为 97 个统计单元，经统计处理编辑出版了《中国土壤元素背景值》（数据册）。

2 中国土壤元素背景值及其特征

本项研究涉及 61 个元素，外加总稀土（TR）、铈组稀土（Ce 组）、钇组稀土（Y 组），比国内外已研究的元素都多。中国和美国大陆本土在纬度、面积、气候格局与土网格局等方面大体相似，其背景值的基本统计量的比较见表 1。中国、日本、英国三国土壤 12 个常见微量元素的算术平均值比较见表 2。

表 1　中国土壤元素环境背景值与美国大陆土壤的比较

元素	中国土壤					美国大陆土壤		
	全距	中值	AM	GM	95% 置信度范围值	AM	GM	全距
As	0.01～626	9.6	11.2	9.2	2.5～33.5	7.2	5.2	＜0.1～97
Cd	0.001～13.4	0.079	0.097	0.074	0.017～0.33	—	—	—
Co	0.01～93.9	11.6	12.7	11.2	4.0～31.2	9.1	6.7	＜0.3～70
Cr	2.20～1 209	57.3	61.0	53.9	19.3～150	54	37	1～2 000
Cu	0.33～272	20.7	22.6	20.0	7.3～55.1	25	17	＜1～700
F	50～3467	453	478	440	191 ～1011	430	210	＜ 10～3 700
Hg	0.001～45.9	0.038	0.065	0.040	0.006～0.272	0.089	0.058	＜0.01～4.6
Mn	1～5 888	540	583	482	130～1786	550	330	＜2～7 000
Ni	0.06～627	24.9	26.9	23.4	7.7～71.0	19	13	＜5～700
Pb	0.68～1 143	23.5	26.0	23.6	10.0～56.1	19	16	＜10～700
Se	0.006～9.13	0.207	0.290	0.216	0.047～0.993	0.39	0.26	＜0.1～4.3
V	0.46～1 264	76.8	82.4	76.4	34.8～168	80	58	＜7～500
Zn	2.6～593	68.0	74.2	67.7	28.4～161	60	48	＜5～2 500
Li	2.0～225	30.6	32.5	29.1	11.1～76.4	24	20	＜5～140
Na*	0.01～6.07	1.11	1.02	0.68	0.01～2.29	1.2	0.59	＜0.005～10
K*	0.03～4.87	1.88	1.86	1.79	0.94～2.79	—	1.5	0.005～6.3
Rb	1～435	106	111	107	63～184	67	58	＜20～210
Cs	0.001～195	7.02	8.24	7.21	2.6～20.0	—	—	—
Ag	0.001～0.84	0.10	0.13	0.11	0.027～0.41	—	—	—
Be	0.001～10.0	1.90	1.95	1.82	0.85～3.91	0.92	0.63	＜1～15
Mg*	0.02～4.00	0.74	0.78	0.63	0.062～1.64	0.90	0.44	0.005～＞10
Ca*	0.01～47.9	0.93	1.54	0.71	0.01～4.80	2.40	0.92	0.01～32
Sr	6～5 957	147	167	121	21～690	240	120	＜5～3 000
Ba	5～1 675	454	469	450	251～809	580	440	10～5 000
B	1.0～768	41.0	47.8	38.7	9.9～151	33	26	＜20～300
Al*	0.005～27.3	6.65	6.62	6.41	3.37～9.87	7.2	4.7	0.5～＞10
Ga	1.7～46.0	17.0	17.5	15.8	6.0～41.7	17	13	＜5～70
In	0.001～0.25	0.064	0.068	0.061	0.022～0.167	—	—	—

续表

元素	中国土壤					美国大陆土壤		
	全距	中值	AM	GM	95% 置信度范围值	AM	GM	全距
Tl	0.036～2.38	0.58	0.62	0.58	0.29～1.17	—	—	—
Sc	0.03～61.7	10.8	11.1	10.6	5.5～20.2	8.9	7.5	＜5～50
Y	0.50～130	22.1	22.9	21.8	11.4～41.6	25	21	＜10～200
La	0.26～242	36.8	39.7	37.4	18.5～75.3	37	30	＜30～200
Ce	0.02～265	65.2	68.4	64.7	33.0～127	75	63	＜150～300
Pr	0.10～40.5	6.17	7.17	6.67	3.1～14.3	—	—	—
Nd	0.05～100	25.2	26.4	25.1	13.0～48.4	46	40	＜70～300
Sm	0.004～20.1	4.99	5.22	4.94	2.53～9.65	—	—	—
Eu	0.01～5.15	1.00	1.03	0.98	0.52～1.86	—	—	—
Gd	0.19～16.8	4.44	4.60	4.38	2.31～8.30	—	—	—
Tb	0.005～3.10	0.59	0.63	0.58	0.25～1.33	—	—	—
Dy	0.07～14.4	4.03	4.13	3.93	2.08～7.43	—	—	—
Ho	0.04～3.04	0.84	0.87	0.83	0.44～1.56	—	—	—
Er	0.13～9.37	2.47	2.54	2.42	1.29～4.55	—	—	—
Tm	0.04～1.40	0.36	0.37	0.35	0.19～0.65	—	—	—
Yb	0.02～7.68	2.35	2.44	2.32	1.25～4.32	3.1	2.6	＜1～50
Lu	0.002～1.90	0.35	0.36	0.35	0.19～0.62	—	—	—
Ce 组	15.4～492	142.8	143.2	136.9	74.0～253.3	—	—	—
Y 组	2.6～185	37.9	37.2	35.6	19.8～65.8	—	—	—
TR	18.0～582	181.1	187.6	179.1	97.1～330.2	—	—	—
Th	0.003～100	12.4	13.8	12.8	6.1～26.9	9.4	8.6	2.2～31
U	0.42～21.1	2.72	3.03	2.79	1.24～6.24	2.7	2.3	0.29～11
Ge	0.50～7.6	1.7	1.7	1.7	1.2～2.4	1.2	1.2	＜0.1～2.5
Sn	0.10～27.6	2.3	2.6	2.3	0.8～6.7	1.3	0.89	＜0.1～10
Ti*	0.05～8.22	0.381	0.350	0.363	0.15～0.60	0.29	0.24	0.007～2.0
Zr	1～871	228	256	237	109～517	230	180	＜20～2 000
Hf	0.002～62.5	7.36	7.72	7.34	3.89～13.8	—	—	—
Sb	0.002～87.6	1.07	1.21	1.06	0.38～2.98	0.67	0.48	＜1～8.8

续表

元素	中国土壤					美国大陆土壤		
	全距	中值	AM	GM	95% 置信度范围值	AM	GM	全距
Bi	0.06～12.1	0.31	0.37	0.32	0.12～0.88	—	—	—
Ta	0.002～9.91	1.09	1.15	1.09	0.55～2.14	—	—	—
Te	0.004～1.02	0.029	0.035	0.027	0.007～0.113	—	—	—
Mo	0.10～75.1	1.1	2.0	1.21.2	0.14～9.6	0.97	0.59	＜3～15
W	0.10～146	2.27	2.48	2.22	0.86～5.77	—	—	—
Br	0.13～126	3.63	5.40	3.40	0.46～25.3	0.85	0.56	＜0.5～11
I	0.13～33.1	2.20	3.76	2.38	0.39～14.7	1.2	0.75	＜0.5～9.6
Fe*	0.12～12.5	2.97	2.94	2.73	1.05～4.84	2.6	1.8	0.01～＞10

*Na、K、Mg、Ca、Al、Ti、Fe 含量为百分数，其他元素为 mg/kg；AM：算术平均值；GM：几何均值。

表 2　中国土壤背景值与其他国家的比较

元素	中国			日本			英国
	AM	S	C.V./%	AM	S	C.V./%	AM
砷	11.2	7.86	70.2	9.02	7.13	79.0	11.3
镉	0.097	0.074	76.4	0.413	0.275	66.6	0.62
钴	12.7	6.4	50.4	10	—	—	12
铬	61.0	31.1	50.9	41.3	61.5	148.9	84
铜	22.6	11.4	50.4	36.97	40.85	111.5	25.8
汞	0.065	0.080	123.1	0.28	—	—	0.098
锰	583	362	62.1	583	454	77.9	761
镍	26.9	14.4	53.5	28.5	34.9	122.5	33.7
铅	26.0	12.4	47.4	20.4	11.7	57.4	29.2
硒	0.29	0.255	87.9	—	—	—	0.40
钒	82.4	32.7	39.7	—	—	—	108
锌	74.2	32.8	44.2	63.8	33.4	52.4	59.8

由表 1、表 2 可见：

（1）中国土壤各主要元素环境背景值和美国本土及日本、英国土壤的含量水平大体相当，在数量级上更为一致，说明本项研究结果和各国土壤背景值有较高的可比性，土壤是地壳表层岩石风化与成土作用的产物，总体上，化学组成相对稳定，元素含量水平与变化幅度也相对固定，仅有少数矿点和污染点例外，这是世界各地土壤化学元素之间存在较高可比性的原因。

（2）本项研究初次系统地揭示了中国土壤 15 个稀土元素以及其他稀有分散元素 (Te、In、Tl、Ge、Sn、Sb、Bi、Ag、Hf、Li、Rb、Cs、Be、Sr、B、W 等）的环境背景值，填补了土壤化学元素的空白。

（3）与日本、英国土壤相比，中国土壤中的汞、镉明显偏低，可能是中国大面积土壤受人为活动和现代工业污染影响较小之故。中国土壤铬、铅比日本、美国含量偏高，比英国含量偏低，原因可能是美国、日本分析土壤采用的酸消解方法，我们在研究采用土壤全量消解方法（用含氢氟酸消解，将 SiO_2 分解破坏）之故。中国土壤的钕、硼、钼、溴、碘的含量比美国土壤高 50% 以上，可能与测试方法灵敏度提高、使定量水平提高有关，而其中有部分元素美国的测定结果是光谱半定量，误差较大。

在此仅将全国作为一统计单元给出了土壤背景值及其特征。按 41 个土类、按土壤发育的 21 个母质母岩、按 34 个行政区域作统计单元的背景值及其特征可参阅“中国土壤元素背景值”。

3 土壤环境背景值图的编制

以土壤环境背景值研究为目的，编制土壤微量元素含量分布图，文献报道较少。本项研究以机助制图为主，机助制图与常规制图相结合的成图原则，采用多种制图方法和表现形式，反映了我国除台湾地区外近千万平方公里的广大范围内 4 000 多个典型土壤剖面 61 种元素的含量分布状况与特征，在超低密度地球化学扫描填图这一新领域里，所反映的面积之大、元素种类之多、表现方法的多样性等方面在世界土壤背景值制图研究中未见报道。

中国土壤背景值图集由 6 个图组共 186 幅图组成，现分别简介如下：

（1）序图组：由 6 幅图组成，反映土壤背景值主要影响因素的 5 幅图，即土壤类型图、土壤母质母岩图、土壤有机质含量分布图、土壤质地图、土壤 pH 图，采样点位图也列入序图组中，并加注了分省、市、区内的统一编码，使图集与“中国土壤元素背景值”数据册相联系，便于使用和查对。

（2）分区分级统计图组：包括主要研究的 13 个元素，即 As、Cd、Co、Cr、Cu、F、Hg、Mn、Ni、Pb、Se、V、Zn 的 13 幅手工图。这种图充分发挥了专家智能，对各种影响因素进行了分析和排序，使分级界线更趋于合理。

（3）分级点位符号图组：包括所研究的 61 个元素的分级点位图 61 幅。

（4）格网图组：包括能找到数学模型，经插值而编制成的 58 个元素格网图 58 幅。

（5）综合图组：包括 28 幅综合图，其中有 15 组元素的综合点位分级图和 13 幅综合插值格网图。

（6）试验图组：包括 20 幅试验图，其中有立体透视图、立体透视剖面图和等值线图 3 种。

详情请参阅即将出版的《中华人民共和国土壤环境背景值图集》。

4　中国土壤元素背景值地域分异规律及影响因素

4.1　土壤元素背景值的土纲分区和大自然区分异

图 1 绘出了环境意义较大的 12 种元素按土纲的比较图，从中可知，除汞、铅以外，其他元素含量均以在富铝土纲为最低，尤其以铜、镍、钴、钒、铬等第四周期过渡元素为最明显，在不饱和硅铝土亚纲中次之；除锰外，其他元素含量均在岩成土纲由最高，在高山土纲中次高；除汞、钒外，其他元素在饱和硅铝土亚纲、钙成土纲及石膏盐成土纲中含量较接近，排序居中间位置。

归纳一下可以认为，第四周期过渡元素在各土纲中的含量顺序为：岩成土纲＞高山土纲＞钙成土纲与石膏盐成土纲＝饱和硅铝土亚纲＞不饱和硅铝土亚纲＞富铝土纲。相应地，我国土壤中上述元素含量的大自然区顺序概略为：西南区＞青藏高原区＞蒙新区＝华北区＞东北区＞华南区。

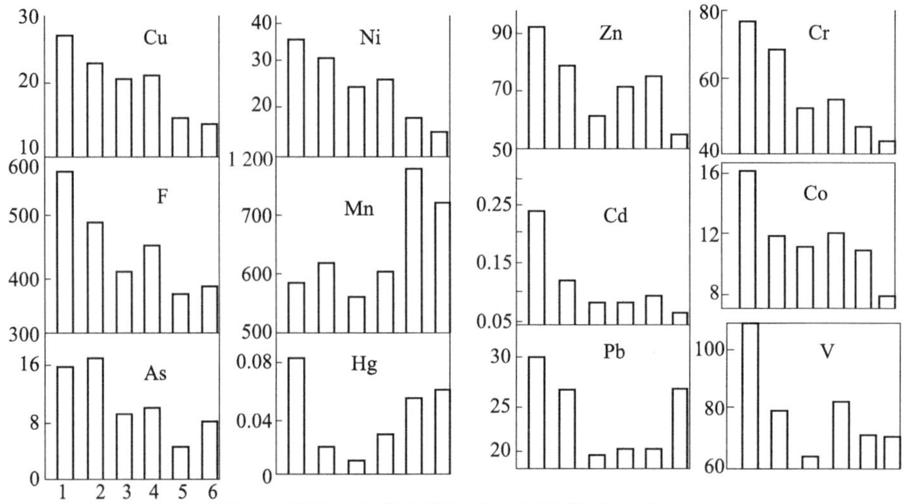

图 1 我国各土纲土壤元素含量比较（mg/kg）

1—岩成土；2—高山土；3—钙成土与石膏盐成土；4—饱和硅铝土；5—不饱和硅铝土；6—富铝土

4.2 东部森林土类元素背景值纬向变化趋势

我国东部自北向南 9 个森林土类（棕色针叶林土、暗棕壤、棕壤、褐土、黄棕壤、黄壤、红壤、赤红壤、砖红壤）中微量元素含量的纬向变化趋势可分为以下几种情况：

- 铜、镍、钴、钒、铬及氟在华北及华中区的褐土、棕壤及黄棕壤中含量较高，在北部的暗棕壤、棕色针叶林土及南部的赤红壤与砖红壤中含量较低，而砖红壤最低；
- 锰和镉的含量自北方土类向南方土类逐渐降低；
- 锌、汞等无明显变化趋势。

4.3 北部荒漠与草原土类元素背景值的经向变化趋势

中国北部自东向西 6 个草原与荒漠土类（灰色森林土、黑钙土、栗钙土、棕钙土、灰漠土与灰棕漠土）中微量元素含量的变化趋势难以通过统计均值反映出来，因这个区域内气候—土类条件与母质母岩条件的交叉影响比较复杂，因此，在比较土类间元素含量的差异时必须在剔除母质因素干扰的基础上进行。我们采用多重分类分析获得的调整独立方差来描述不同土类中微量元素含量的差别。该指标虽然在数值上无绝对意义，但其大小仍能反映含量的相对关系，以铜、锌、铬、镍、钒为例，其调整独立方差的变化趋势如图 2 所示。其值先下降而后上升，尽管不同元素最低值出现的位置不完全相同，但草原与荒漠土壤中微量元素含量从东向西先递减而后递增的趋势是十分明显的。

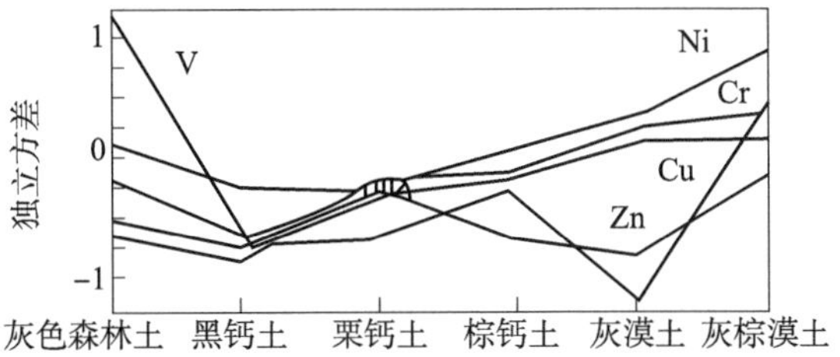

图 2　不同草原与荒漠土壤中铜、锌、铬、镍、钒含量调整独立方差图

4.4　东部平原区与上游侵蚀区之间土壤元素背景值的共轭联系

在分析中国东部冲积平原土壤环境背景值时可发现一个有意义的事实，即东部自松嫩平原向南至珠江平原相对均匀分布的 200 个随机样点与从全国范围内采集的 4 000 余个样点及从占全国面积 63.7% 的外流区流域 3 000 余样点土壤中微量元素的均值之间存在惊人的一致性（见表 3）。我国东部冲积平原区位于我国地势西—东向三阶梯的最低一级，由数十条大、中河流冲积而成 . 不难理解，这些河流在向下游流动过程中将来自中、上游流域的风化产物和土壤进行充分研磨混合后，输送与堆积在东部大平原上。通过本研究，我们发现黄河平原、长江平原、珠江平原土壤中微量元素的含量都与上游被侵蚀物质之间存在着地球化学共轭联系。

表 3　我国东部冲积平原区与全国及东部外流区土壤微量元素均值比较　单位：mg/kg

区域	Cu	Pb	Zn	Cd	Ni	Cr	Hg	As	F	Mn	Co	V
我国东部冲积平原区（n=200）	21.24	26.14	64.09	0.079	23.59	62.27	0.044	8.47	476	556.4	10.90	77.56
全国土壤（n=4 000 左右）	20.00	23.60	67.70	0.074	23.40	53.1	0.040	8.20	440	430	11.20	76.0
全国东部外流区（n=3 000 左右）	20.08	25.59	67.96	0.074	23.22	54.47	0.042	8.93	441	413	11.12	78.1

4.5 成土条件与土壤元素背景值的关系

近年来，我国某些学者认为，在决定土壤微量元素含量方面母岩起着决定性作用，而另一些研究者则认为气候和成土过程的影响起着至关重要的作用，通过全国范围内进行的大面积与大量样本研究，使我们对母岩和气候在决定土壤微量元素含量方面各自所起的作用的认识有所深化。

归纳起来，其认识如下：

· 某些岩类对其上土壤中微量元素的含量起着控制作用，不同气候下的成土过程不能明显地改变原母岩中微量元素的含量，抗风化能力强的石英质岩石（如较纯质砂岩与风沙土）属此种情况；

· 某些岩类对其上土壤中微量元素的含量控制作用不强，相反地，气候及风化作用程度能强烈地改变原母岩中微量元素的含量，如前所述，抗风化能力弱的碳酸盐类岩石（石灰岩、白云岩）属此种情况；

· 其他岩类对其上土壤中微量元素含量的控制作用介于上述两者之间，即在这些岩石上发育的土壤中元素的含量既继承了母岩的特点，又受到不同气候条件下风化成土过程的影响，抗风化能力中等的硅酸盐与铝硅酸盐岩石（如花岗岩、玄武岩、页岩、黏土、黄土等）属此类。

在一般情况下，由于铝硅酸盐类岩石分布较大，应该说，大部分土壤中微量元素的含量同时受到母岩和成土过程的双重影响。对一个区域而言，应该说受到成土母岩与成土过程组合方式的双重影响。故我们得出结论："母岩和气候组合类型"是决定地带性土壤微量元素含量的决定性因素。此外，土壤 pH、有机质、土壤黏粒组成、土壤氧化铁含量等对土壤元素背景值也有不同程度的影响。

5 土壤背景值的应用

土壤元素背景值的应用是多方面的，下面给出的结果仅是几个实例。

5.1 用于制定土壤环境质量标准

制定土壤环境标准一般应综合考虑土壤地球化学背景值和生态效应。本研究根据土壤环境质量的功能，将土壤划分为四类区域：一类为自然保护和生活饮用水水源保护区，基本不受人为污染，为土壤背景值区；二类为农牧区，涉及各种食物链，为土壤背景值上限区；三类为天然、人工林地，基本不涉及食物链，已有轻度污染；四类为废弃物、污水土地处理区，城镇工矿用地，已经遭受污染，要防止污染扩大。一类、二类区主要根据土壤背景值来制定，三类、四类区综合考虑生态效应及矿区土壤高背景值而提出的建议值。本研究提出的土壤汞、镉、铅、砷的标准建议值，见表 4。

表 4　我国土壤汞、镉、铅、砷的标准建议值　单位：mg/kg

级别	名称	水平	制定根据*	推荐值 /（mg/kg）
一级	背景值	理想水平	GM • *D*	Hg 0.10, Cd 0.15, Pb 30，As 10～15
二级	基准值	可接受	GM • D^2	Hg 0.20, Cd 0.30, Pb 60, As 20（25）
三级	警戒值	可忍受	有生态影响	Hg 0.50, Cd 0.50, Pb 100, As 27
四级	临界值	超标	严重生态影响（或高背景均值）	Hg 1.0, Cd 1.0, Pb 300, As 30

*GM—几何均值；*D*—几何标准差。

5.2　在研究人体健康方面的应用

在此以黄土高原土壤硒背景值为例加以说明。黄土高原土壤低硒与人群多发克山病、大骨节病密切相关，经大量样本分析，表明土壤全硒（背景值）与水溶性硒密切相关（r=0.70），土壤水溶性硒与小麦含硒密切相关（r=0.73），病区与非病区的对比结果见表 5。病区土壤硒背景值 90.6% 样本在 110 μg/kg 以下，非病区 87.7% 样本在 100 μg/kg 以上；病区水溶性硒含量 88.7% 样本在 2.4 μg/kg 以下，非病区有 86% 样本在 2.4 μg/kg 以上。因此可定病区非病区土壤硒背景阈值为 110 μg/kg，水溶性硒阈值为 2.4 μg/kg，这为进一步研究硒地方病提供了科学依据。

此外还对广东顺德县肝癌高发与土壤元素背景值及某些地方氟病与土壤氟背景值的关系进行了探讨。

表 5 黄土高原病区、非病区土壤硒背景值 单位：μg/kg

类别	重病区	中病区	轻病区	病区总计	非病区	t 值测验
土壤全硒	75.6	88.0	101.2	87.8	145.5	$t=6.45$ $p<0.001$
土壤水溶硒	1.51	1.98	2.27	1.90	3.82	$t=7.23$ $p<0.001$
人发硒	57.0	74.0	98.0	73.0	229.0	$t=8.14$ $p<0.001$
小麦硒	6.13	9.53	11.75	9.14	33.7	$t=6.62$ $p<0.001$

5.3 在农业生产上的应用

土壤某元素有效态含量 C 与全量（背景值）A 的比值，称为该元素的活性 B。B 是土壤元素背景值、有效态、土类、有机质、黏粒、pH 的函数，引入土壤元素背景值的活性就可在农业上使用背景值数据，本研究探讨了土壤铜、锌、锰、钴、钼、硼背景值在农业上的应用，下面以铜为例预以说明。

我国发育在花岗岩、黄土、冲积物和紫色砂岩上的 21 种土壤的表土，有效态铜含量为 0.10～2.90 mg/kg，平均为 1.45 mg/kg，其中，以砖红壤、红壤、黄绵土、垆土、栗钙土和灰钙土有效态的含量最低，一般小于 1.0 mg/kg。大于 2.0 mg/kg 的土壤有淋溶褐土、黄棕壤、水稻土、黑土和草甸土，见表 6。土壤中有效态铜的多少与土壤铜背景值之间，存在着非常显著的相关性，r=0.716 1。活性铜与土壤有效态铜之间也存在非常显著的相关性，r=0.970 3。

表 6 土壤有效铜含量及背景值活性

土类	有效态 /（mg/kg）	活性 / %	土类	有效态 /（mg/kg）	活性 / %	土类	有效态 /（mg/kg）	活性 / %
黄绵土	0.40	2.30	白浆土	1.50	12.3	潮土	1.30	9.40
垆土	0.60	3.50	暗棕壤	1.70	10.3	紫色土	1.10	7.00
埁土	1.50	6.10	花岗岩棕壤	1.50	4.85	黄棕壤	1.20	6.20
灰钙土	0.90	7.00	黄土棕壤	2.30	10.9	水稻土	2.50	13.9
栗钙土	0.70	5.40	淋溶褐土	2.20	10.8	红壤	0.70	2.90
黑钙土	1.80	10.4	碳酸盐褐土	1.40	7.20	黄壤	1.40	4.90
黑土	2.60	13.9	草甸土	2.90	12.5	砖红壤	0.40	4.60

有效态 C= 背景值 A× 活性 B。

已知 A、B 即可求 C，与有效态临界含量相比，就可指导微量元素肥料的经济合理施用，我们可以借助土壤背景值含量粗略计算土壤中有效态含量范围与供给水平，也可借助活性反推土壤中元素的丰缺，判断是缺全量或是活性低，从而采取相应的对策，既可使微肥施用合理，作物显著增产，又可防止过量施用造成土壤污染。

参考文献

[1] Shacklette H.T., et al.. Element Concentrations in Soils and Other surficial Matecrials of Conterminous United States, U. S. Government Printing Office, Washington, 1984.

[2] Shacklette, H. T., et al.. Element Concentra-tions in soils and Other Surficial materials of Alaska, U. S. Government Printing Office, Washington，1983.

[3] 吴燕玉，等 . 环境地球化学制图及应用 . 北京：中国环境科学出版社，1989.

[4]《环境科学》编辑部 . 环境中若干元素的自然背景值及其研究方法 . 北京：科学出版社，1982.

[5] 缪天成，王惠琪，郑春江 . 中国环境科学，1990，10（4）：225.

[6] 魏复盛，等 . 中国环境监测，1990，6（1）：3.

[7] 中国环境监测总站 . 中国土壤元素背景值 . 北京：中国环境科学出版社，1990.

Extraction-Chromatographic Separation of Ree and Y by P507 Containing Resin and Their Icp-Aes Determination in Chinese Soil Standard Samples

1 Introduction

Several techniques have been applied to determination of trace rare earth elements (REE) in geological materials. Because inductively coupled plasma atomic emission spectrometry (ICP AES) is a simultaneous, multielemental and sensitive analytical method, this method has been used widely for determining REE in rocks and minerals. The direct determination of these elements in solution of geological samples is complicated by spectral interferences on the analytical lines arising from matrix components and by the lack of sensitivity for some elements (for example, Tb, Tm, Ho, and Lu.). To overcome these limitations, a number of procedures have been reported based on the separation with double precipitations and ion exchange chromatography. The P507 (2-ethyl hydrogen-2-ethylhexyl phosphonate) containing resin has provided separation of REE from matrix elements in rocks and minerals, followed by spectrophotometric determination .The preparation of P507 containing resin, its chemical and physical properties, and some behavior for REE separation have been investigated.

This paper reports the optimum conditions for separating REE and Y from major elements in soils and determining these elements by ICP-AES. REE and Y in eight

注：原文刊载于 Analytical Letters 1989 年第 22 卷第 3 期，作者魏复盛、刘廷良、滕恩江、丁国斌、木成义。

Chinese standard soil samples were analyzed.

2 Experimental

Reagents Standard solution of REE and Y：prepared from Specpure oxides of each element.

Table 1 Instrumentation operating parameters

Power	forward	1.2 kW
	reflected	0
Argon flow rate	outer gas	12 L/min
	intermediate gas	0.8 L/min
	carrier gas	1.0 L/min
Sample uptake rate		1.2 ml/min
Observation height		12 mm above load coil

Buffer solution (pH 2.5)：100 g of chloroethyl acid and 13 g of sodium hydroxide were dissolved and diluted to 1 liter with water.

P507 containing resin：product of Shanghai Yao long Chemical Factory, 60 80 mesh, 55% (*w/w*) P507 (note：55 g of P507 per 100 g of dry resin).

Eluate for impurities：5% sulfosalicylic acid (SSAL.) and 1% ascorbic acid solution were adjusted to pH 2.5 with hydrochloric acid and ammonia.

Arsenzo III solution (0.1%)：prepared by dissolving 1.0 g of Arsenzo III in a 1 liter volumetric flask with water.

2.1 Instrument

UV 3000 Model UV/VIS double wavelength spectrophotometer (Shimadzu).

Plasma II ICP emission spectrometer (Perkin-Elmer)：used for detection of REE and Y and other coexisting elements, Table 1 lists the instrument operating parameters.

2.2 Sample Decompostion

A one-g sample (passed 200 mesh) was mixed with 4.0 g sodium peroxide in a corundum crucible. An additional 2.0 g of sodium peroxide was added to cover the mixture. The crucible was heated at 700℃ for 10 min. in a muffle furnace. After cooling, the crucible was placed in a 150 ml beaker containing 100 ml of 10% triethanolamine. The solution was boiled to leach the fusion cake. If no precipitate occurred 10 mg of magnesium chloride was added as a carrier. The precipitate was filtered and washed with 2% sodium hydroxide 5 times, then dissolved in 10 ml of hot 6 mol/L hydrochloric acid. 5 ml of 50% SSAL and 50 mg of ascorbic acid were added to the test solution, and adjusted to pH 2.5 with ammonia and hydrochloric acid. Dilute with distilled water to about 50 ml for chromatographic separation.

2.2.1 Chromatogratphic Separation

The chromatographic column (1.1 cm×12 cm) was packed with 6 g of P507 containing resin (dry weight), soaked with 6 mol/L HCl for 24 h, eluted by water to around pH 3 and equilibrated with 10 ml of buffer solution (pH 2.5).

The sample solution passed the chromatographic column at a flow rate of about 1.0 ml/min. Then the column was successively washed with 30 ml of the eluate for impurities and 10 ml of distilled water. Finally, 25 ml of eluate with 6 mol/L HCl was collected, and heated nearly to dryness. The residue was dissolved in 1% of HCl and made to 5 ml for the ICP-AES determination.

2.2.2 ICP–AES Detection

Table 2 lists the analytical wavelengths chosen, and detection limits corresponding to three times of standard deviation of the background emission at each wavelength. It was investigated that there was no significant, difference between applying an internal reference or not, therefore no internal reference was applied in this work.

Table 2　Analytical wavelengths and detection limits of REE and Y

Element	Analytical wave length/nm	Detection limit/(ng/ml)
La II	3 98.9	9
Ce II	3 80.2	400
Pr II	417.9	100
Nd II	406.1	40
Sm II	359.3	20
Eu II	381.97	8
Gd II	342.2	30
Tb II	350.9	50
Dy II	353.2	20
Ho II	345.6	20
Er II	349.9	30
Tm II	346.2	30
Yb II	328.9	2
Lu II	261.5	9
Y II	371.0	7

2.2.3　Spectrophotometric Procedure

The solution containing REE and Y (0.5～10 μg) was transferred to a 25 ml volumetric flask. Add 2.5 ml of buffer solution (pH 2.5), and 0.5 ml of 0.1% Arsenzo III solution. The volume was brought to the mark with water, and mixed well. The absorbance of the solution was measured at 655 nm in a 1 cm cell against a reagent blank after 10 minutes, and the concentration was obtained from the calibration curve.

3　Results and Discussion

3.1　Wavelength Selection

The spectral lines used were selected after detailed studies. Except Sm, Eu and Gd, this experiment showed that these wavelengths chosen gave adquate sensitivity and were free from spectral interferences as the references described.

Samarium：The 359.26 nm Sm line was selected, although it has interferences from Nd and Gd. The interference from Nd (10 ppm Nd gives a signal equivalent to 0.3 ppm Sm) was corrected for, and the interference from Gd is not large enough to be worth correcting for.

Europium：It was reported that the 381.97 nm Eu line had interferences from Nd and Gd. This investigation showed that there is no interference from 100 ppm of Gd, and 10 ppm Nd only gives a signal equivalent to 0.008 ppm Eu. The correction was not necessary.

Gadolinium：The 342.25 nm Gd line was used and gave a good result without correction. 10 ppm Ce only gives a singal equivalent to 0.006 ppm Gd .

3.2 Effect of pH Value of Sample Solution

Here La was selected as a representative element for the chromatographic separation and determined by spectrophotometry with Arsenzo III. Fig. 1 shows that the recovery of La is quantitative in the range of pH 1.8～4.0. Thus pH 2.5 was selected in this method.

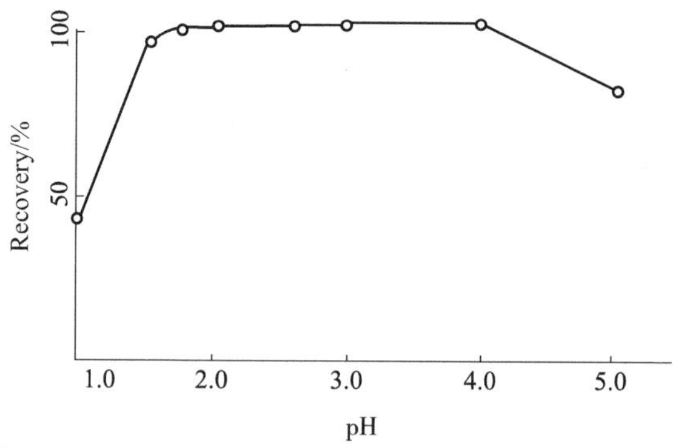

Fig.1 Effect of pH of sample solution on recovery of La (La, 0.5 mg)

3.3 REE Elution Curve

La and Yb were selected to represent the light and the heavy REE respectively. Fig. 2 shows 15 ml of 6 mol/L HCl is enough to elute them completely. The separation procedure is more quick than ion exchange chromatography.

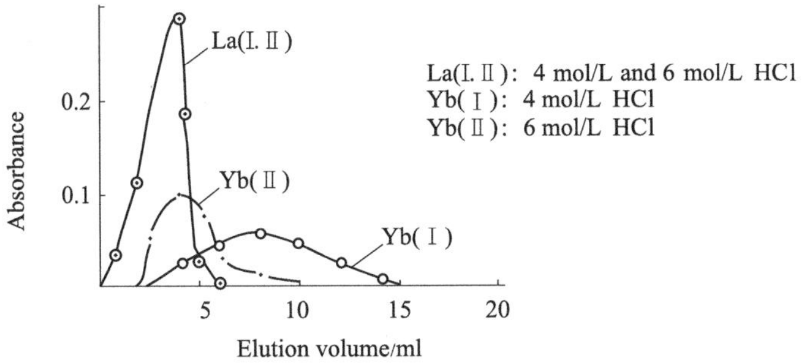

Fig. 2 Elution curves of La and Yb

Table 3 Percentage of major elements removed by all separation

Element	Present (mg) lg of GSS-1	Found*/(μs/ml) test.soln. (10 ml)	Total percent removed/%
Fe	46.5	25	99.5
Al	75.1	255	97.9
Ca	12.3	7.5	99.4
Ms	10.9	1.1	99.9
Mn	1.76	0.6	99.7
Zn	0.68	1.4	97.9
Ti	4.83	0.1	99.9
V	0.086	0.075	99.2
Ba	0.59	0.05	99.9
Cr	0.062	0.02	99.5

* Determined by ICP−AES.

3.4 Effect of Coexistent Ions

The effect of coexistent, ions on ICP-AES determination of REE and Y was examined. The following ions (when present concentration in ppm shown in brackets.) do not interfere：Fe (1 000), Ca (1 000), Al (500), Mg (200), Mn (50), and Ti (10) .

The percentage of major elements removed by precipitation and extraction chromatography was studied, using Chinese standard soil GSS-1. Table 3 shows the concentration of major elements in the test solution for ICP-AES determination is low and can not interfere with determination of REE and Y.

3.5 Precision and Accuracy of Soils Analyzed

This procedure has been applied to determine REE and Y in eight Chinese soil standard samples GSS 1～8. Table 4 lists the contents of major elements of GSS 1～8. Table 5 and Table 6 show the precision and accuracy of this method was satis factory except Tb and Tm. The abundance of Tb or Tm in soils was less than 1 μg/g, and the concentration of Tb or Tm in Lest solution was adjacent to its detection limit. It is possible that the results deviated from recommended values. Fig. 3 and Fig. 4 show the plots of the REE contents nor malized to Leedey Chondrite abundance (REE patterns for GSS 4 and GSS 7). The present data are almost consistent with the recommended values.

Table 4 The contents of major elements of GSS 1 ~ 8 单位：%

Element	GSS 1	GSS 2	GSS 3	GSS 4	GSS 5	GSS 6	GSS 7	GSS 8
SiO_2	62.6	73.4	74.7	51.0	52.6	56.9	32.7	58.6
Al_2O_3	14.2	10.3	12.2	24.4	21.6	21.2	29.3	11.9
Fe_2O_3	5.19	3.52	2.00	10.3	12.6	8.09	18.8	4.48
MgO	1.81	1.04	0.58	0.49	0.61	0.34	0.26	3.38
CaO	1.72	2.36	1.27	0.26	0.01	0.22	0.16	8.27
Na_2O	1.66	1.62	2.71	0.11	0.12	0.19	0.07	1.72
K_2O	2.59	2.54	3.04	1.03	1.50	1.70	0.20	2.42
Ti	0.48	0.27	0.22	1.08	0.63	0.44	2.02	0.38

Table 5 Precision of six determination for GSS-1

Element	Mean value	S.D	R S D/%	Recommended Value/ppm
	ppm	ppm		
La	31.7	1.0	3.2	34
Ce	66.4	1.2	1.8	70
Pr	6.88	0.63	9.2	7.5
Nd	25.8	0.93	3.6	28
Sm	4.8	0.13	2.7	5.2
Eu	0.99	0.058	5.8	1.0
Gd	4.33	0.19	4.3	4.6

续表

Element	Mean value S.D		R S D/%	Recommended Value/ppm
	ppm	ppm		
Tb	0.51	0.16	22	0.75
Dy	4.32	0.31	7.1	4.6
Ho	0.81	0.076	9.4	0.87
Er	2.4	0.23	9.4	2.6
Tm	0.43	0.10	24	0.42
Yb	2.5	0.14	5.5	2.66
Lu	0.38	0.026	6.8	0.41
Y	23.7	0.61	2.5	25

Table 6 Reaults of other soil standard samples analyzed

Element	GSS 2		GSS 3		GSS 5		GSS 6		GSS 8	
	a	b	a	b	a	b	a	b	a	b
La	164	110	21	21	35.7	34.2	30	35.8	35.5	41.6
Ce	102	353	39	35.3	91	82.4	66	60.2	66	55.2
Pr	57	61.2	4.8	4.2	7.0	6.3	5.8	5.2	8.3	7.6
Nd	210	191	18.4	14.0	24	20	21	19	32	26
Sm	18	17	3.3	3.4	4.0	3.7	3.8	4.1	5.9	5.5
Eu	3.0	3.0	0.72	0.65	0.82	0.72	0.66	0.61	1.2	1.0
Gd	7.8	6.6	2.9	2.5	3.5	3.0	3.4	3.0	5.4	4.4
Tb	0.97	0.96	0.49	0.23	0.69	0.50	0.61	0.46	0.89	0.66
Dy	4.4	4.0	2.6	2.2	3.7	3.1	3.3	2.9	4.8	3.8
Ho	0.93	0.79	0.53	0.50	0.80	0.72	0.69	0.66	0.97	0.92
Ei	2.1	2.4	1.5	1.43	2.4	1.9	2.2	1.94	2.8	2.2.
Tm	0.42	0.51	0.28	0.22	0.41	0.37	0.40	0.36	0.46	0.37
Yb	1.97	1.73	1.68	1.52	2.8	2.13	2.7	2.42	2.8	2.21
Lu	0.32	0.27	0.29	0.27	0.42	0.36	0.42	0.40	0.43	0.37
Y	21.7	18.4	15	13	21	19	15.8	16.8	26	21

a: present data ; b: recommended values (ppm).

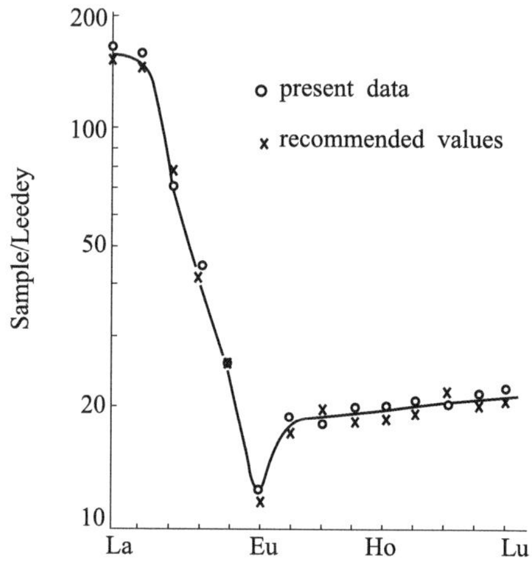

Fig. 3 Leedey–normalized REE partter–n for GSS–4

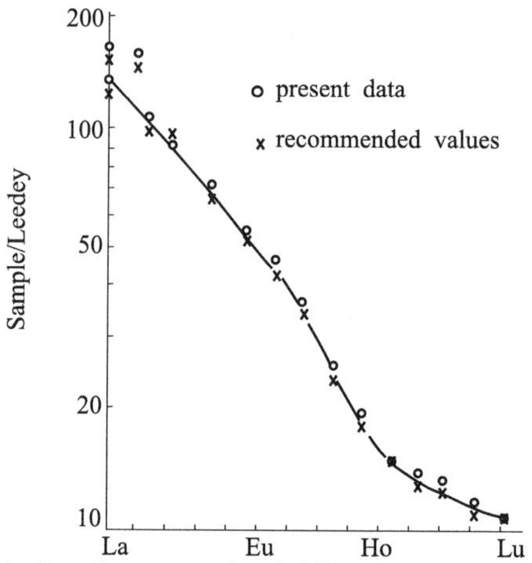

Fig.4 Leedey normalized REE pattern for GSS 7

References

[1] J.E.Whitely, A.B.Moyes, and P.Bowden, J. Radioanal. Chem., 48, 147 (1979).

[2] F. W.E. Strelow and P. F , G. Jackson , Anal. Chern. , 46, 1481 (1974) .

[3] F.E.Lichte, A. L. Meier, and J . G. Crock , Anal. Chem., 59, 1150 (1987).

[4] Jarvis, Chem . Geo 1 . , 68, 31 (1988) .

[5] N.W.Bower, Appl. Spectrosc., 39, 697 (1985).

[6] J. G. Crock, F.E.Lichte, and T . R. Wildeman , Chern. Geol . , 45, 149 (1982).

［7］ J. G. Crock and F.E.Lichte, Anal. Chem., 54, 1329 (1982).

［8］ K.Toyota and H.Haraguchi, Chemistry Letters, 981 (1985).

［9］ Hou Qing-lie, T.C.Hughes, Maunu Haukka, and P.Hannker, Talanta , 32 (6) , 495 (1985).

［10］ G.J.Buchanan and L.S.Dale, Spectrochim. Acta, 41B, No.3, 237 (1986).

［11］ D.R.Chen, F.L.Liu, and X.X.Liang, Bulletin of Analysis and Testing (Chinese), 4 (2), 14 (1985).

［12］ G.L.Li, Lihua Jianyan (Chinese), 23 (1), 31 (1987).

［13］ W.T.Gan, L.Z.Liu, P.S.Wang, X.D.Yang, Z.S.Wang, Y.R.Yin, and W.Z.Hu, Feixi Huaxue (Chinese), 11(10), 741 (1983).

［14］ W.D.Hu, B.K.Hu, S.X.Zhang, A.Y.Liu, and X.X.Cai, China Chemical Reagents (Chinese), 5(3), 131 (1983).

［15］ J.W.Zhang, Fenxi Huaxua (Chinese), 6, 128 (1978).

［16］ Z.P.Qian, C.Q.Wang, Y.M.Jiang, and W.H.Chen, ［Rare Earth Elements Emission Spectrum Tables］(Chinese), Metallurgical Industry Press, Beijing (1981).

［17］ N.C.Ru, W.N.Chang, Z.C.Jiang, and Y.E.Zens, Spectrochim. Acta, 38B, No.1/2, 175 (1983).

［18］ J.N.Walsh, F.Buckley, and J. Barker, Chem. Geol., 33, 141 (1981).

［19］ A.Bolton, J.Hawng, and A.V.Voet, Spectrochim. Acta, 38B, No.1/2, 165 (1983).

［20］ C.J.Kantipuly, and A.D.Westl and, Talanta, 35(1), 1 (1988).

［21］ P.T.Fisher, and A.G.Ellgren, Spectrochim. Acta, 38B No.1/2, 309 (1983).

［22］ R.K.Winge, V.J.Peterson, and V.A.Fassel, Appl. Spectrosc, 33, 206 (1979).

我国土壤中稀土元素背景值特征

我国是稀土资源丰富的国家。近年来，随着稀土资源的开发及稀土微肥在农业上的应用，有必要搞清我国土壤中稀土元素的背景值。美国在大陆连片地区土壤背景值研究中测定了 5 个稀土元素，在阿拉斯加州土壤背景值研究中测定了 6 个稀土元素，我国在过去土壤背景值研究中测定了 8 个稀土元素，英国、罗马尼亚及日本等国的土壤背景值研究均未涉及稀土元素。

本项研究从全国 41 个土类采集 863 个样点的土壤样品。样品经碱融，P_{507} 萃淋树脂（或阳离子交换树脂）分离富集后，用 ICP-AES 测定，检出率在 90% 以上，接着讨论了稀土元素背景值的分布特征。

1　我国土壤中稀土元素背景值特征

1.1　稀土元素的分布类型

全国 863 个土壤样品中，15 个稀土元素含量的频数分布均接近对数正态，符合微量元素分布的一般特征。图 1 为全国稀土总量（$TR=\sum L_2\text{-Lu}+Y$）的频数分布图，其余各稀土元素频数分布与总稀土类似。

1.2　稀土元素共生组合关系

我国土壤化学元素的相关和聚类分析的结果表明，稀土元素是一组共生关系最为密切的元素，800 余样点的稀土元素相关系数为 0.4 ～ 0.9，聚类分析结果见图 2。

由图 2 可见，土壤稀土元素间共生组合关系，十分明显地可分为轻、重稀土两组（仅 Gd 落在轻稀土内），说明了轻、重稀土元素在表生作用过程中地球化学行为仍有一定的差异。

注：原文刊载于《环境科学》1991 年第 5 期，作者魏复盛、刘廷良、滕恩江、芮葵生。

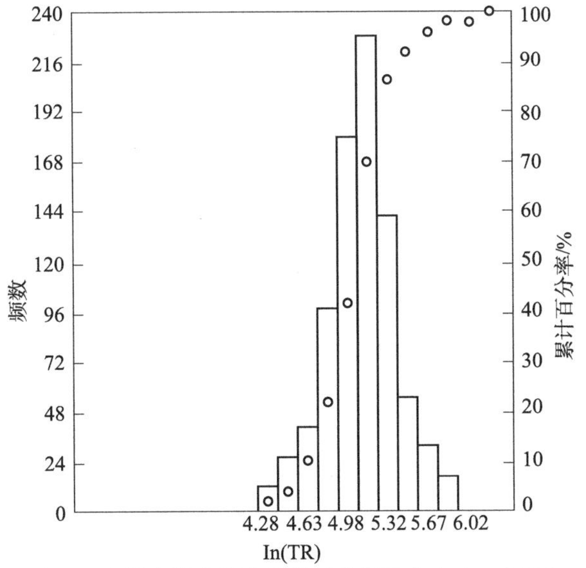

图 1 中国土壤中稀土总量对数频数分布（n=863）

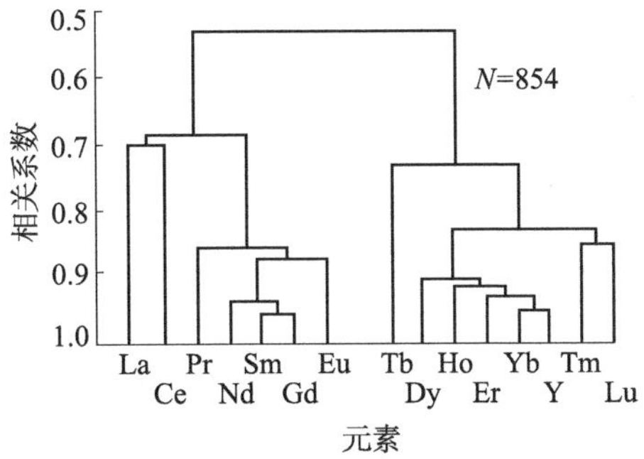

图 2 土壤中稀土元素聚类分析

1.3 土壤中稀土元素背景值特点

全国 863 个土壤样品（A 层土壤）中稀土元素背景值基本统计量见表 1。

本研究结果表明：土壤中稀土元素含量严格符合这样的规律，即原子序数为偶数的元素含量明显高于与其相邻的两个奇数元素。这种现象称为奥多—哈尔金斯规则（图 3）。

表 1　全国土壤 (A 层) 稀土元素背景值基本统计量

元素	样点数	顺序统计量									算术		几何		95% 范围值
		最小值	5% 值	10% 值	25% 值	中位值	75% 值	90% 值	95% 值	最大值	平均	标准差	平均	标准差	
钇	863(26)	0.50	10.2	13.6	18.2	22.1	25.9	31 .8	39.3	130.7	22.9	7.63	21.8	1.38	11.4～41.6
镧	863(19)	0.26	18.7	23.3	29.5	36.8	46.6	57.7	70.6	242.0	39.7	14.4 0	37.4	1 .42	18.5～75.3
铈	863(24)	0.02	32.4	39.6	52.9	65.2	78.0	100.2	116.9	265.4	68.4	23.48	64.7	1 .40	33.0～126.6
镨	853(29)	0.10	2.96	3.80	5.18	6.57	8.38	10.80	12.40	40.50	7,17	2.828	6.67	1.464	3.11～14.30
钕	863(34)	0.05	11.4	14.8	20.6	25.2	30.9	37.4	44.2	100.8	26.4	8.65	25.1	1.39	13.0～48.4
钐	863(30)	0.004	2.21	3.01	4.04	4.99	6.02	7.23	8.49	20.10	5.22	1.764	4.94	1.397	2.53～9.65
铕	863(39)	0.01	0.42	0.56	0.80	1.00	1.20	1.40	1.61	5.15	1.03	0.328	0.98	1 .378	0.52～1.86
钆	853(26)	0.19	2.12	2.74	3.64	4.44	5.26	6.48	7.76	16.80	4.60	1 .4 6 0	4.38	1.377	2.31～8 .30
铽	863(45)	0.005	0.18	0.28	0.42	0.59	0.74	0.95	1.12	3.10	0.63	0.260	0.58	1.523	0.25～1.33
镝	853(22)	0.07	2.03	2.53	3.32	4.03	4.71	5.80	7.03	14 .40	4.13	1.309	3.93	1.374	2.08～7.43
钬	853(25)	0.04	0.42	0.51	0.68	0.84	1.00	1.22	1 .43	3.04	0.87	0.279	0.83	1.374	0.44～1.56
铒	853(23)	0.13	1.26	1.52	2.02	2.47	2.90	3.52	4.34	9.37	2.54	0.813	2.42	1 .371	1 .29～4.55
铥	853(23)	0.04	0.18	0.22	0.29	0.36	0.42	0.51	0.62	1.40	0.37	0.115	0.35	1.367	0.19～0.65
镱	863(27)	0.02	1.18	1.48	1 .93	2.35	2.75	3.36	4.20	7.68	2.44	0.786	2.32	1.363	1.25～4.32
镥	863(43)	0.002	0.18	0.23	0.29	0.35	0.42	0.51	0.62	1.90	0.36	0.108	0.35	1.337	0.19～0.62
TR	853(13)	18.0	99.7	118.1	148.6	181.1	213.1	259.1	310.2	582.7	187.6	58.6	179.1	1.36	97.1～330.2
∑Ce	853(30)	15.4	78.5	93.0	116.3	142.8	170.2	210.9	249.2	492 .6	143.2	41 .46	136.9	1.36	74.0～253.3
∑Y	853(37)	2.6	19.5	23.9	31.3	37.9	43.8	54.0	66.6	185.0	37.2	10.41	35.6	1.30	19.8～65.8

①∑Ce—铈组稀土 (=La+Ce+…+Eu)；∑Y—钇组稀土 (=Gd+…+Lu，Y)；②样点数栏圆括弧内数据为剔除样点数；③顺序统计量—原始数据按大小排列的顺序值。

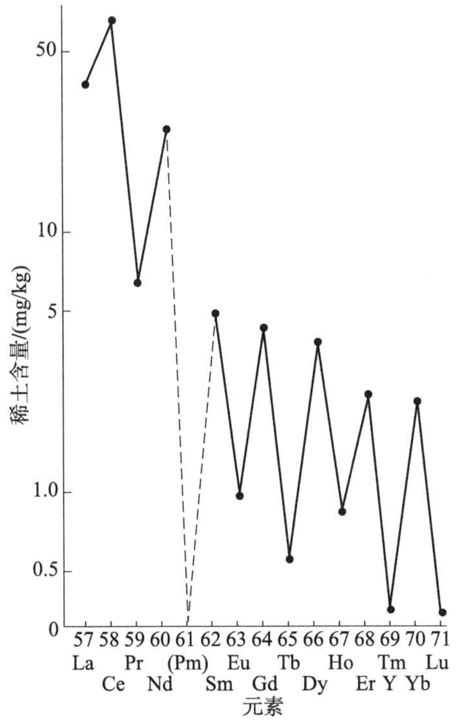

图 3　我国土壤中稀土元素含量（几何均值）

我国土壤中稀土总量与北美页岩和地壳值接近（表 2），但轻、重稀土比值（$\sum Ce/\sum Y$）高于北美页岩和地壳值，显示出土壤相对富集轻稀土，而重稀土相对较易淋失的特点。

表 2　我国土壤中稀土元素总量及分异系数

内容	中国土壤①	北美页岩	地壳
TR/(mg/kg)	187.6	187.0	188.8
$\sum Ce/\sum Y$	3.72	2.98	2.81
δCe②	0.92	0.92	0.78
δEu②	0.66	0.66	0.49

①算术均值；

② δCe 和 δEu 表示 Ce 和 Eu 的异常程度，其计算是以科里尔图解为根据的，其计算式分别为：

$$\delta Ce=\frac{(Ce)_N}{\sqrt{(La)_N(Pr)_N}};$$

$$\delta Eu=\frac{(Eu)_N}{\sqrt{(Sm)_N(Gd)_N}}$$

$(Ce)_N$、$(La)_N$、$(Pr)_N$、$(Eu)_N$、$(Sm)_N$、$(Gd)_N$ 分别为该元素实测值的球粒陨石标准化值。一般认为 δCe 和 δEu＞1.05 为正异常，δCe 和 δEu＜0.95 为负异常。

土壤中稀土分布模式与北美页岩及地壳类似（图 4）。

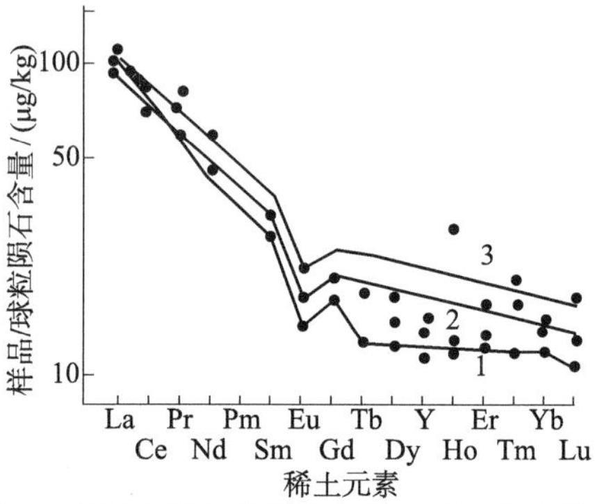

图 4 我国土壤北美页岩及地壳稀土分布模式

1—我国土壤；2—北美页岩；3—地壳值

2 各土类中稀土元素背景值特点

表 3 为全国 41 个土类中稀土元素总量及分异系数，稀土元素含量最高的土类为石灰（岩）土，最低的为风沙土（除磷质石灰土）。10 个磷质石灰土样均采自西沙群岛，采用中子活化分析法测定了 8 个稀土元素，磷质石灰土中稀土总量极低，仅为 1～3 mg/kg。其分布特征为铈强烈的负异常，与海水、珊瑚等有共同特征，反映了西沙磷质石灰土中稀土元素来源于海水。

各土类中稀土总量与全国均值比较的 *t* 检验结果表明，石灰（岩）土、水稻土、塿土及黑土极显著偏高；风沙土、栗钙土、棕漠土、棕色针叶林土、绿洲土及灰棕漠土极显著偏低。我国森林土壤中稀土分异系数 δCe 和 δEu 值从南至北呈有规律的变化（见图 5）。

表 3　全国 41 种土类稀土元素总量（TR= ∑ La−Lu+Y）背景值及分异系数

土类名称（样点数）	TR/（mg/kg）				分异系数			土类名称（样点数）	TR/（mg/kg）				分异系数		
	中位值	算术均值	变异系数	全距	$\frac{\Sigma Ce}{\Sigma Y}$	δCe	δEu		中位值	算术均值	变异系数	全距	$\frac{\Sigma Ce}{\Sigma Y}$	δCe	δEu
绵土（12）	174.1	169.2		125.9～209.7	3.53	0.87	0.69	栗钙土（34）	145.8	144.9	23	74.3～205.1	3.47	0.88	0.73
塿土（4）	210.8	205.9	7.8	183.1～219.1	3.82	0.78	0.71	棕钙土（13）	151.0	146.6	21	101.2～194.7	3.64	0.79	0.66
黑垆土（7）	158.8	186.4	52	104.1～395.8	3.63	0.81	0.71	灰钙土（5）	168.2	171.0	20	142.9～174.8	3.22	0.96	0.66
黑土（11）	192.3	209.9	29	154.8～372.5	3.69	0.82	0.70	灰漠土（4）	149.2	172.5	32	138.0～253.5	2.82	0.76	0.63
白浆土（10）	183.6	185.6	20	130.7～246.7	3.83	0.90	0.66	灰棕漠土（14）	175.6	168.6	35	94.6～308.3	3.20	0.85	0.68
黑钙土（18）	177.7	170.0	24	99.1～227.1	3.64	0.75	0.63	棕漠土（14）	144.9	153.8	37	68.2～272.6	3.45	0.85	0.62
潮土（51）	189.1	190.2	21	102.1～305.6	3.65	0.91	0.65	草甸土（39）	172.8	175.1	30	70.2～332.6	3.74	0.85	0.66
绿洲土（16）	147.7	158.9	14	78.0～213.6	3.53	0.91	0.65	沼泽土（20）	179.7	179.2	27	106.9～270.2	3.88	0.82	0.66
水稻土（58）	210.6	226.2	31	69.1～409.1	3.84	0.87	0.62	盐土（32）	164.1	172.9	35	79.2～363.7	3.79	0.84	0.64
砖红壤（7）	133.4	170.3	37	18.0～258.6	3.00	0.99	0.36	碱土（3）	144.9	163.9	26	117.9～202.1	4.17	0.62	0.64
赤红壤（30）	203.6	206.3	42	61.7～414.1	3.42	1.09	0.51	石炭（岩）土（15）	289.9	321.5	27	91.3～520.1	3.39	0.96	0.64
红壤（77）	191.1	209.9	42	82.2～582.5	3.98	1.04	0.55	紫色土（28）	195.9	190.8	15	125.6～362.3	4.18	0.81	0.63
黄壤（37）	177.4	189.0	34	94.9～357.1	4.11	1.11	0.55	风沙土（13）	98.5	131.3	55	67.5～321.8	3.72	0.87	0.96
燥红土（5）	165.4	172.2	46	64.5～286.2	2.80	0.83	0.45	黑毡土（25）	165.8	177.7	23	111.4～257.0	3.83	0.89	0.60
黄棕壤（35）	166.8	196.3	23	94.7～307.0	3.94	0.89	0.64	草毡土（18）	158.7	175.9	32	94.4～335.5	3.82	0.94	0.67
棕壤（53）	176.5	178.9	27	88.5～503.4	4.04	0.91	0.62	巴嘎土（17）	187.6	187.6	24	121.6～187.6	3.78	0.94	0.60
褐土（45）	192.5	196.7	24	102.6～370.8	3.73	0.94	0.65	莎嘎土（23）	156.9	188.4	39	92.1～336.2	4.01	0.97	0.60
灰褐土（5）	172.8	191.9	22	156.9～263.7	3.52	0.79	0.66	寒漠土（2）	188.8	188.8	43	130.9～246.8	3.89	0.96	0.66
暗棕壤（29）	183.2	93.1	24	101.2～324.8	3.93	0.86	0.64	高山漠土（9）	187.7	198.2	19	154.2～271.0	3.83	0.84	0.64
棕色针叶林土（10）	168.5	59.8	30	82.5～223.0	4.16	0.80	0.57	磷质石灰土（10）	—	—	—	1～3	—	0.25	0.84
灰色森林土（5）	167.3	93.3	33	135.9～294.0	3.67	0.73	0.62								

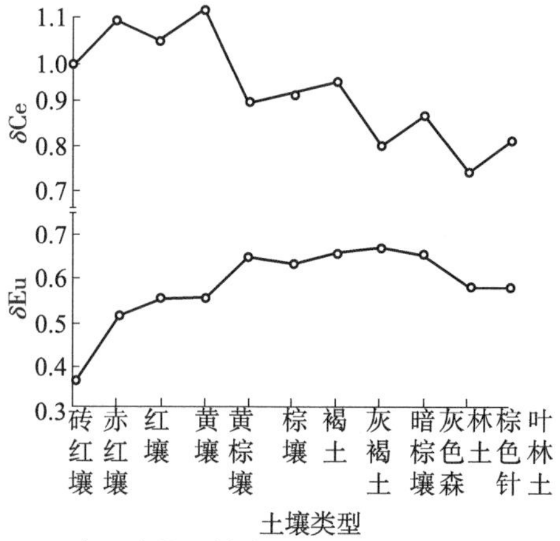

图 5　我国森林土壤中 δCe 和 δEu 值变化趋势

从南至北，δCe 值逐渐降低，而 δEu 值有逐渐升高的趋势，反映了南方土壤较北方淋溶作用更强。Ce^{4+} 易在风化壳上层沉积下来而与其他稀土元素分离；Eu^{2+} 较易从风化壳上层淋失，所以 δCe 和 δEu 值除受母岩的影响外，在一定程度上反映了土壤风化作用的程度。

森林土壤系列中 δEu 值均低于全国值，反映了森林土壤发生过程以淋溶为主。

草原土壤系列中稀土元素分布特点为稀土总量低于全国值，δEu 值与全国值接近．稀土总量偏低与草原土壤质地较粗，黏土矿物较少有密切关系。

荒漠土壤（灰漠土、灰棕漠土及棕漠土）稀土总量低于全国背景值，3 种土壤的稀土分异系数极为相近，表明发育在干旱地区土壤背景值的区域性，各种高山土壤虽然有机质含量和质地有较大差异，但稀土含量和分布没有明显差异。

我国水成土（包括半水成土）和农作土壤多发育在各种沉积母质上，其稀土总量和分布与全国背景值相比，大多差异不明显，但水稻土、塿土和黑土中稀土总量偏高，可能与它们的黏粒含量和有机质含量有关。

3　不同地区稀土元素背景值特点

29 省市和 5 个沿海开放城市郊区土壤中稀土元素总量与全国均值的 *t* 检验结果如下：

极显著偏高的有云南（236.3 mg/kg）、厦门（235.6 mg/kg）、湖北（223.5 mg/kg）、贵州（221.9 mg/kg）、江西（211.0 mg/kg）、天津（207.66 mg/kg）及广西（202.1 mg/kg）；极显著偏低的有青海（156.1 mg/kg）、甘肃（156.0 mg/kg）、大连（145.9 mg/kg）及内蒙古（142.6 mg/kg），以上所列值均为几何均值。

云南、贵州、广西稀土总量高与石灰（岩）土较多有关，石灰岩中稀土总量并不高，但由于石灰岩特殊的化学风化成土过程，使稀土元素富集。江西、厦门土壤多发育在酸性火成岩母质上，所以其稀土总量偏高，内蒙古、甘肃、青海等省区土壤质地较粗，有机质含量也较少，所以稀土总量不高。其余省市（包括辽宁、河北、山东、江苏、浙江、福建、广东、黑龙江、吉林、山西、河南、安徽、湖南、陕西、四川、宁夏、新疆、西藏、北京、上海、温州、深圳及宁波等省市）与全国均值比较没有大的差异，其几何平均值介于 160～200 mg/kg。

参考文献

[1] Shacklette, H.T.and Boeragen, J.G. Element Concetrations in Soils and Other Surficial Materials of Conterminous United States，p.6, U.S.Goverment Printing Office, Washington, 1984.

[2] Shacklette, H. T. and Boerngen, J.G.，Element Concetrations in Soils and Other Surficial Materials of Alaska, p.10, U.S.Govenment Printing Office, Waehington, 1988.

[3]《环境科学》编辑部 . 环境中若干元素的自然背景值及其研究方法 . 北京：科学出版社，1982：40.

[4] 吴燕玉，等 . 环境地球化学制图及应用 . 北京：中国环境科学出版社，1989：109.

[5] Haskin, L. A. and Paster, T. D., Handbook on the Physics and Chemistry of Rare Earths, p.5, North-Holland Publishing Company, 1979.

[6] Aleksiev, Geokhimiya Redkozemelngkh Elementov, p. 94, Sofia, 1974.

我国降水酸度和化学组成的时空分布特征

在国家科委和国家环保局的领导和资助下，在全国27个省、直辖市、自治区（暂缺西藏、宁夏、台湾监测数据）所属189个监测站的积极参加与配合下，按照全国统一的布点、野外采样、实验室分析和数据处理方法，在533个采样点上开展了调查研究，历时1年（1985.8—1986.8）。调查项目包括降水类型，降水量、电导、pH、SO_4^{2-}、NO_3^-、Cl^-、NH_4^+、Ca^{2+}、Mg^{2+}、K^+、Na^+等，共采样品24 737件，获得20万余个数据，在AiM16微型计算机上建立了降水化学组成数据库，按照国际上通用的方法计算各离子浓度雨量加权平均值，经初步综合分析，绘制了我国降水酸度和化学成分的时空分布图，并显示出如下重要特征。

1　全国降水酸度地域分异规律明显

（1）降水平均pH＜5.6，主要分布在秦岭—淮河以南：秦淮以北仅有胶东半岛的烟台—青岛一小片，石家庄—邯郸—太原一小片以及承德市。

（2）降水年均pH＜5.0的地区有四川—贵州—湖南—广西一大片，安徽东南—江西东北—沪杭一片以及闽浙沿海一线。

（3）降水平均pH＞7.0地区是从黑龙江省东北部，经河北的张家口、山西的大同、甘肃的兰州、青海的西宁—玛沁—玉树以西的大片国土。

（4）介于上述区域之间的地区属过渡区，其平均pH大于5.6而小于7.0。

2　部分地区或地点，降水酸性污染严重

重庆市，金佛山（县监测站），达县、宜宾、峨眉、贵州省的贵阳、遵

注：原文刊载于《酸雨文集》（1989年，中国环境科学出版社），作者魏复盛、王明霞、王瑞斌、程春明、程子峰、钱铁宗、龚丽珍、李颀君。

义，湖南省的长沙、郴州、洪江，江西省的萍乡，广西的柳州，广东的韶关，共有 13 个市县站测降水平均 pH＜4.50，已和北美、西北欧、日本重酸雨区的 pH 相近，说明我国这些地点酸雨污染已达到相当严重的程度。

3 以城市局地污染为主

对 90 个测站城郊区 pH 月均值进行统计分析结果见图 1。由图 1 可见，郊区降水 pH 一般都是大于市区的，说明酸性降水污染以工业城市为中心，离开城区降水酸度有下降的趋势，但从单个城市看，规律并非完全如此，而呈现出复杂的情况。从上述 90 个测站进行统计分析，大约有 50% 的测站年均 pH，郊区大于市区；有 20% 的测站城区和郊区的平均 pH 无明显差异；有 30% 的测站城区年均 pH 大于郊区。

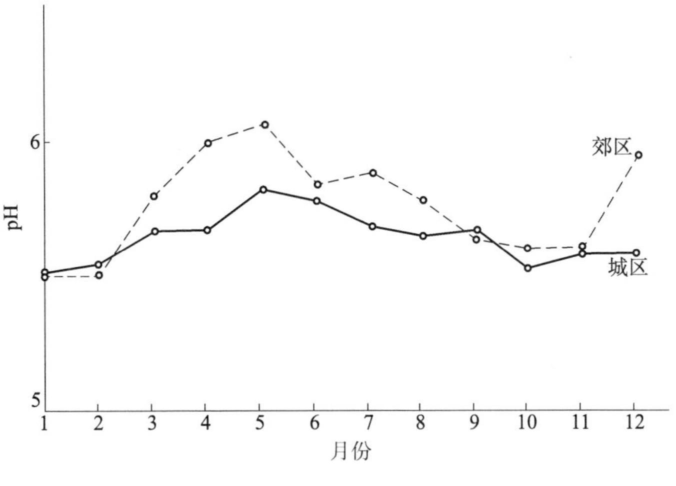

图 1 90 个测站城郊区 pH 月均值比较

此外，在一些局部地区酸性污染已连成片，如重庆—遵义—贵阳一线为重酸雨区，然而在距重庆、贵阳各约 300 km 的梵净山，其降水平均 pH 却高达 6.03。又如金华和温州降水年均 pH 为 4.8，距此两点约 100 km 外的龙泉降水年均 pH 为 7.03。以上事实说明我国降水酸性污染以城市局地污染为主。

4 降水酸度的时间变化趋势

对 189 个测站每月酸雨出现频率进行统计，结果见图 2。酸雨频率最低在夏季的 8 月，最高在冬季的 2 月。

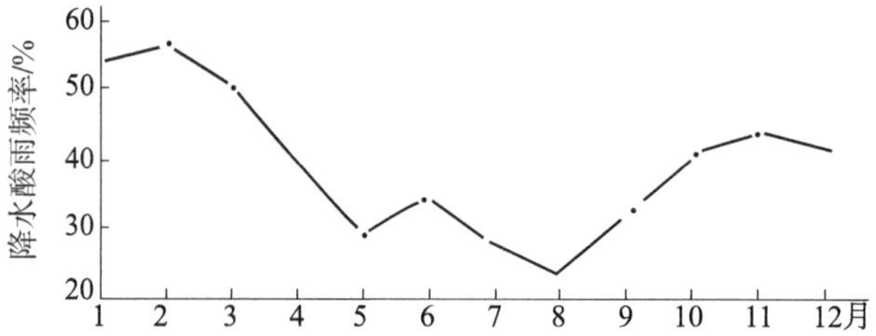

图 2 降水酸雨频率的月份变化

又对北方 11 个测站、南方 22 个测站有两年零八个月的降水 pH 监测数据，由于过去资料无降水量，故只好用 pH 算术平均值表达，结果见图 3。由图 3 可见，pH 的月季间变化明显，pH 高值在夏季，低值在冬季，而且年际间呈现出周期性的变化趋势，但是由于观测的时间太短，年和年之间降水 pH 是否有上升和下降的趋势还看不出。美国从过去 20 年相同测站降水酸度调查结果分析也还不能断定降水酸度的变化趋势，何况我国监测仅 2 年时间，不能断定我国降水酸度的年际变化趋势是自然的事。

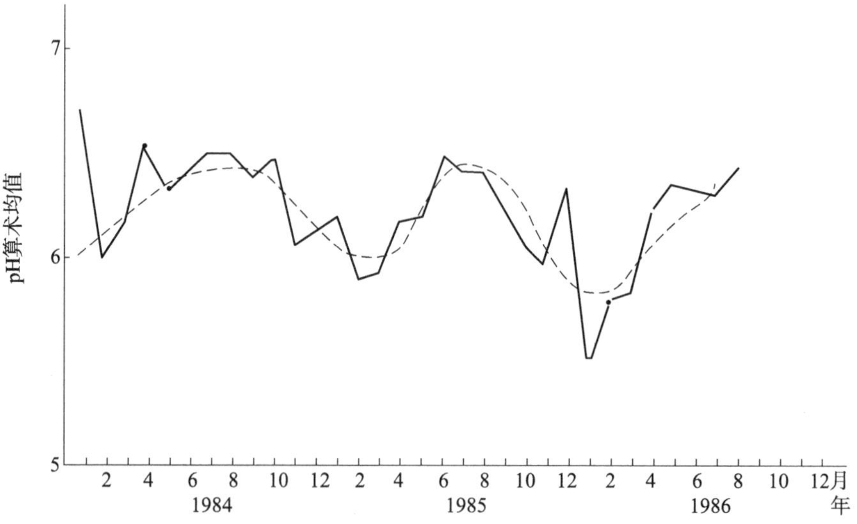

图 3 33 个测站 pH 算术均值变化趋势

5 我国酸雨类型

从北方 11 个测站，南方 12 个测站降水 SO_4^{2-}和 NO_3^- 浓度雨量加权均值之比是 SO_4^{2-}∶ NO_3^-=4∶1～15∶1，由此可见，我国降水中硫酸盐所占的比例很高（在 80%～90% 以上），对降水酸度贡献最大，是典型的硫酸型污染，这和我国以燃煤为主要能源，大气以 SO_2 污染为主密切相关。美国、日本降水中 SO_4^{2-}∶ NO_3^-=1∶1～2.5∶1，近几年美国东北部降水中 SO_4^{2-}有下降趋势、NO_3^- 有升高趋势，这与其增加燃油的比重有关。

6 降水化学成分污染水平高，且北方大于南方

我国大部分地区未形成酸雨，即使形成酸雨的地区，除上述 13 个城市外，降水酸度尚未达到严重程度。但从我国南方 33 个城市降水化学成分 SO_4^{2-}、NO_3^-、NH_4^+、Ca^{2+}、Mg^{2+} 的浓度水平看，我国降水 SO_4^{2-}浓度比美国、日本降水平均高 2～6 倍，NO_3^- 则略低；NH_4^+、Ca^{2+}、Mg^{2+} 浓度则比美国酸雨区高出 5～10 倍，也比我国清洁对照点黄山和丽江的化学成分的浓度高许多倍。我国降水化学成分污染水平高是由于我国大气 SO_2、TSP 和降尘普遍污染较重的缘故。也从这 33 个测站降水 SO_4^{2-}+NO_3^- 及 NH_4^++Ca^{2+} +Mg^{2+} 的统计分析，非酸雨区降水中 SO_4^{2-}+ NO_3^- 为酸雨区的 1.4 倍，说明非酸雨区酸性污染物比酸雨区重，而未形成酸雨的原因是它的碱性污染物 NH_4^+ +Ca^{2+}+Mg^{2+} 是酸雨区的 2.9 倍。这就是说由于非酸雨区的 TSP 含量高，富含 Ca^{2+}、Mg^{2+}，对降水酸性物质的中和能力和缓冲能力较强。从降水的五种化学成分（SO_4^{2-}+NO_3^-+NH_4^++Ca^{2+}+Mg^{2+}）的总浓度看，北方年均浓度为 824 μeq/L，而南方为 378 μeq/L。南方对降水酸性物质的缓冲能力较弱。因此，对重酸雨区应加强研究和监测，并采取防治措施；而对北方 SO_2、TSP 降尘高水平污染，因而形成降水化学成分的高水平污染也应给予重视。

降水平均pH计算方法的比较研究

每次降水事件的酸性常用其氢离子浓度的负对数 pH 表示，也可用氢离子浓度（μmol/L）表示。月均 pH 和年均 pH 的计算方法则是多种多样的，不同方法计算所得结果差异较大。过去几年全国在降水科研监测中，各地的计算方法尚不统一，因而所得月均 pH 和年均 pH 缺乏可比性。为此本文从全国南，北方各选择了部分城市，对一年（1985 年 8 月—1986 年 8 月）的降水监测数据进行计算比较，论述了每种计算方法的意义及特点，并建议以氢离子浓度雨量加权均值所求得的 pH 作为计算月或年的平均 pH，这样就和目前国际上的计算方法相一致，且便于我们和国际降水资料的比较。

1 降水 pH 的频率分布

各个城市全年降水 pH 的频率分布是复杂多样的。南方的杭州、长沙、柳州、南京、重庆等为负偏态分布，呈“右倾型”，右边拖尾较长，即高 pH 的降水事件较少，如图 1 所示。北方的北京、乌鲁木齐、济南等市为正偏态分布，与南方城市相反，呈“左倾型”，在较高 pH 一侧分布较集中，而在低 pH 一端出现频率低，且较分散，说明北方低 pH 的降水事件相对较少，如图 2 所示。还有一些城市降水 pH 的频率分布则各不相同，如图 3 所示。

注：原文刊载于《中国环境科学》1989 年第 6 期，作者魏复盛、钱铁宗、王明霞、程子峰。

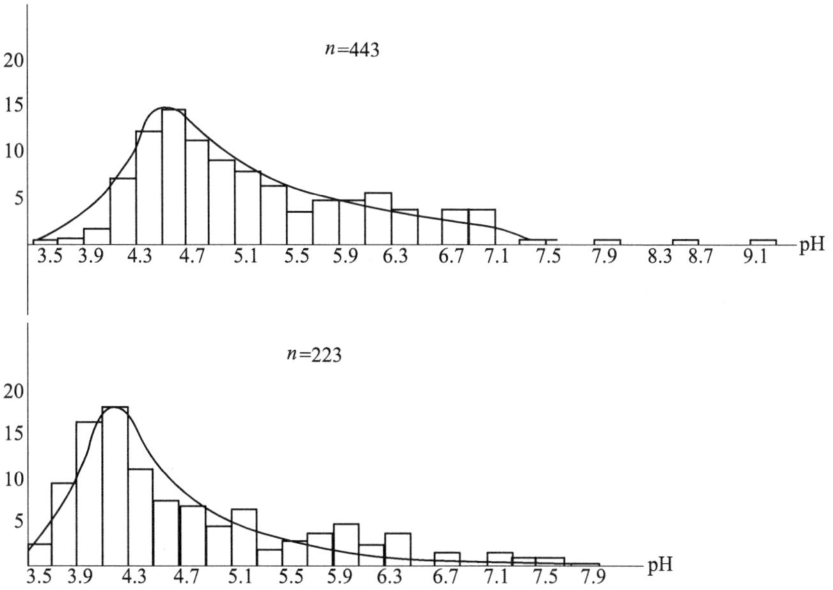

图 1　杭州市（上）、长沙市（下）降水 pH 频率（%）分布

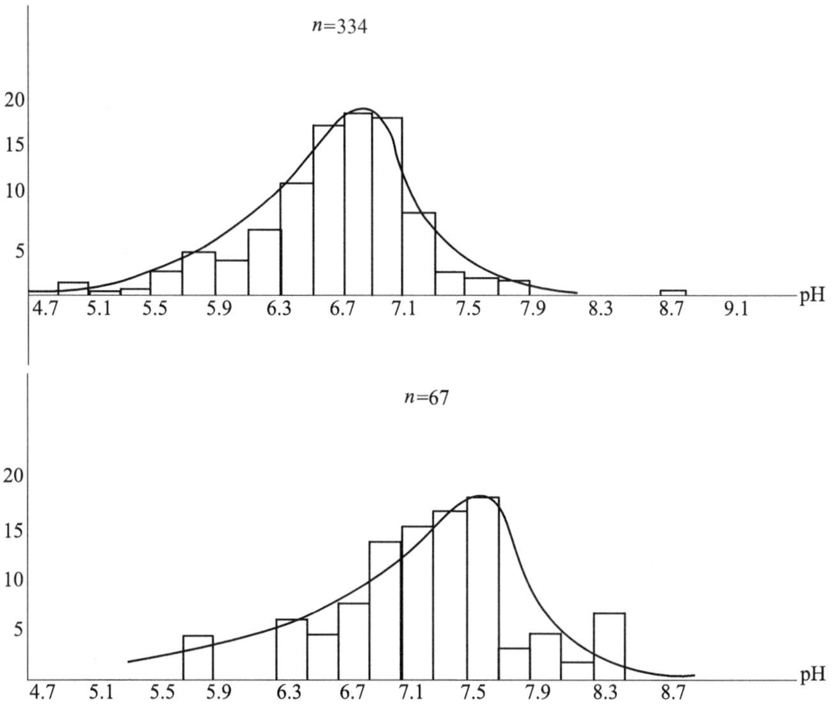

图 2　北京市（上）、乌鲁木齐市（下）pH 频率（%）分布

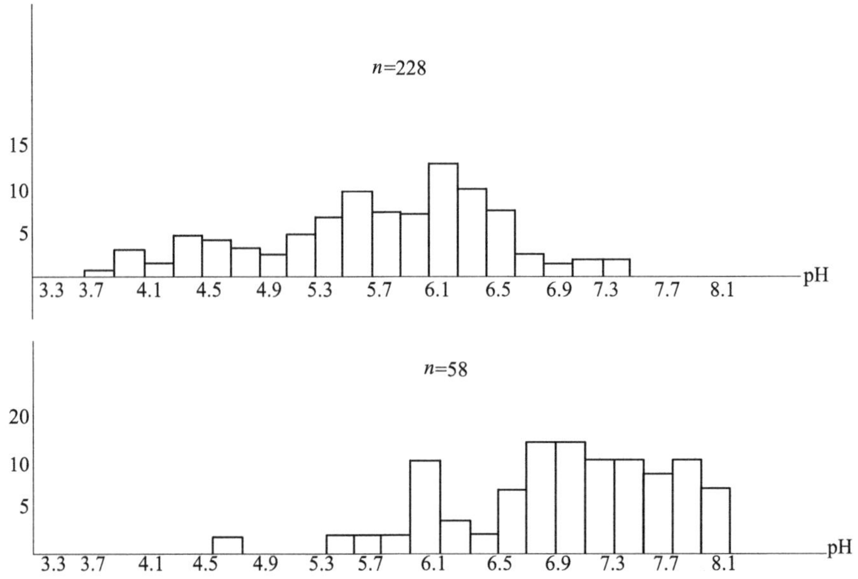

图 3 南昌市（上）、西安市（下）pH 频率（%）分布

2 平均 pH 的计算方法

平均 pH 的计算方法有如下 5 种：

（1）n 次降水事件，pH 的算术平均值 pH_1：

$$pH_1 = \frac{1}{n}\sum_{i=1}^{n} pH_i \tag{1}$$

（2）n 次降水事件，pH 值的雨量加权平均值 pH_2：

$$pH_2 = \frac{\sum_{i=1}^{n} pH_i \times V_i}{\sum_{i=1}^{n} V_i} \tag{2}$$

V_i 是第 i 次降水事件的降水量。

（3）n 次降水事件，降水氢离子浓度的雨量加权均值的负对数 pH。

$$pH_3 = -\log \frac{\sum_{i=1}^{n} 10^{-pH_i} \times V_i}{\sum_{i=1}^{n} V_i} \tag{3}$$

（4）n 次降水事件，降水氢离子浓度平均值的负对数，即 pH_4。

$$pH_4 = -\log\frac{\sum_{i=1}^{n}10^{-pH_i}}{n} \tag{4}$$

（5）n 次降水事件，取降水 pH 的中位数。将各次降水 pH 从小到大排序，当 n 为奇数时：

$$pH_5 = pH_{\left(\frac{n+1}{i}\right)} \tag{5}$$

当 n 为偶数时：

$$pH_6 = \frac{1}{2}\left(pH_{\left(\frac{n}{2}\right)} + pH_{\left(\frac{n}{2}+1\right)}\right) \tag{6}$$

5 种方法计算的结果见图 4。由图可见，北方七城市，不同方法所得年平均 pH 的大小顺序大致是，$pH_6 > pH_1 > pH_2 > pH_4 > pH_3$，$pH_5$ 与 pH_3 之差在 0.54～1.36 个 pH 单位。南方 11 个城市，不同方法所求得年平均 pH 的大小顺序大致是：$pH_3 > pH_1 > pH_4 > pH_5 > pH_4$，$pH_3$ 和 pH_4 之差值在 0.37～1.08 个 pH 单位。总体来说，南北方降水酸度，5 种计算方法，pH_1、pH_2 和 pH_4 较接近，pH_3 和 pH_5 较接近。

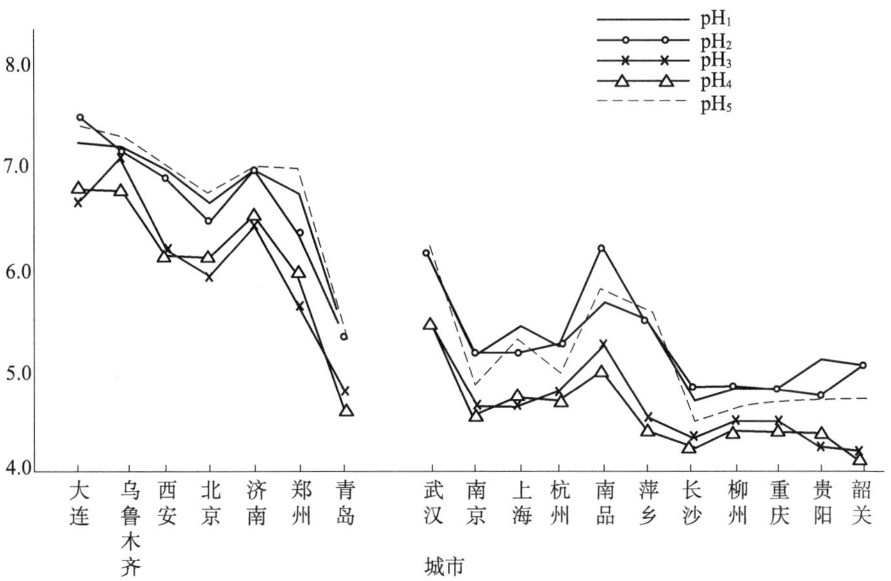

图 4 降水平均 pH 5 种计算方法比较

3 不同计算方法的讨论

在计算氢离子浓度雨量加权或氢离子平均浓度时，假设 pH=4 和 pH=6 的两次降水事件的雨量相等，pH=4 的降水［H^+］比 pH=6 的降水高两个数量级。因此，pH 低的降水事件，即［H^+］高的降水对 pH_3、pH_4 的贡献量大，而 pH=6 降水的贡献量可忽略不计。故计算结果 pH_3、pH_4 都低。但是，在计算 pH 的算术均值 pH_1 或加权均值 pH_2 时，pH=4 和 pH=6 的降水量在同一数量级，pH=6 的降水起着很重要的作用，而且它把平均 pH 抬高了。

实际应用中应该用哪种方法来计算月或年的平均 pH，这就要考虑它的科学性和使用的方便了。

假设每次降水为随机事件，且对酸沉降的贡献是等同的，那么平均值的计算方法应根据它的频数分布类型来决定。从图 1、图 2、图 3 可见，绝大多数城市年降水 pH 的频率分布并不遵从正态分布，因而用 pH 的算术平均值来表征一个月或一年降水的平均 pH，在统计学上是站不住脚的。而且每次降水事件。因降水量不等，对酸沉降的贡献量也不等，故应考虑雨量加权。但是 pH 的雨量加权的物理意义是不明确的。与此相反，［H^+］的雨量加权有很清楚的物理意义，它代表一个月或一年降水氢离子的平均浓度［H^+］，如果再乘上一个月或一年的降雨量 h，即可求得一个月或一年游离酸［H^+］的沉降量 Q。

$$Q=[H^+]_{均}\times h \tag{7}$$

同理，按式（7）也可方便地计算出一个月或一年在单位面积上 SO_4^{2-}、NO_3^-、NH_4^+ 等化学成分的沉降量。同时降水 pH 是降水中酸性离子 SO_4^{2-}、NO_3^-、Cl^-、HCO^-、$HCOO^-$、CH_3COO^- 和碱性离子 NH_4^+、Ca^{2+}、Mg^{3+}、Na^+、K^+ 酸碱平衡作用的结果，在进行离子浓度平衡计算时，也必须用［H^+］的雨量加权均值。

若在一个采样器中连续收集一个月的 n 次降水（假设水质的化学成分未受到污染和损失），从这一时段的总量样品测得的 pH 和在该时段内以降水事件取样，分别测得各次 pH 与按式（3）计算的 pH_3，应该是相等的。

4 平均 pH 统一计算方法的建议

综上所述，［H^+］雨量加权均值的计算方法，具有明确的物理意义，并能与降水中其他离子的计算方法协调一致，便于明确阳离子浓度平衡的计算及 1 月或 1 年雨水污染物在单位面积上沉降量的计算。同时，这种计算方法也和目前国外的方法相一致，便于利用国际降水酸度资料为我所用，有利于我们的资料和国际资料的比较和交流。因此我们认为用式（3）计算 1 个月、1 年降水的平均 pH 是科学的、合理的。

参考文献

[1] 玉置元则，平木隆年 . 环境技术（日）. 15(2)，68-72（1986）.

[2] 玉置元则 . 环境技术（日）. 15(8)，28-35 (1986）.

[3] Galloway, J.N. et al.， Solnce, 226, 829-831(1984).

[4] The MAP3S RAINE Reaearch Cornmunity, Atmospherie Environment, 16(7)，1603-1631(1982).

大气降水酸度背景值的初步研究

酸雨是当代世界重大环境问题之一。为了判断现实环境中降水酸度的变化，酸雨研究工作者一直在寻求降水酸度的背景值，以期评价酸性降水的污染程度和制定污染控制对策。

由于全球的大气环境，严格地说已经找不到未被污染的地方，并且污染物质的种类和浓度随着时间而增加。因此，要确定一个地区的降水背景值是一个非常复杂的问题。本文为适应酸雨研究和污染控制决策的需要，结合我们的有关监测结果，分析和评价了现有的关于背景值的研究工作，阐述了影响降水酸度背景值的因素，并提出了降水酸度的分级值。

1　降水酸度背景值的研究概况

科学家经大量观测，发现大气中CO_2浓度为320～330 ppm。二氧化碳在这种浓度下与纯水达到气液平衡时，降水pH约为5.6。因此，很久时间将降水的pH=5.6作为降水pH的背景值，判断是否为酸雨的标准也以pH 5.6作为分界限，即PH＜5.6为酸雨，pH≥5.6的降水则不是酸雨。

Charlson等根据大气中SO_2、NO_x和CO_2的背景浓度，认为天然降水的pH背景值处于一个范围，为4.5～5.6。

Galloway等在海洋和世界大陆的边远地区建立了5个降水背景点，进行实际的监测，其结果如表1所示。他们根据这些数值认为海洋和陆地降水的天然pH≤5.0。

注：原文刊载于《中国环境科学》1990年第6期，作者魏复盛、王文兴。

表 1 全球降水背景点降水酸度

地点	AmsFerdam（印度洋）	Pokerflat（阿拉斯加）	Katherine（澳大利亚）	San carlos（委内瑞拉）	Bermuda（大西洋）
样本数	26	16	40	14	67
［H^+］min/（μeq/L）	4.4	6.5	4.1	5.8	0.6
［H^+］max/（μeq/L）	5.5	18.6	61.7	39.8	16.2
［H^+］mean/（μeq/L）	18.2	11.8	19.2	17.0	21.1
［H^+］雨量加权均值	12.0	11.0	16.6	15.5	16.2
加权均值	4.92	4.96	4.78	4.81	4.79

我国在清洁对照点的普陀、黄山和郦江进行了为期 1 年的观测，降水的主要阴离子浓度与 Galloway 等的全球背景点的数据十分接近，但降水的酸度相差较大（见表 2）。

表 2 中国清洁对照点降水的酸度

地点	样本数	降水 pH 范围	pH 年均	方差
郦江	47	5.55～7.44	6.07	0.63
黄山	91	4.92～7.55	6.33	0.52
普陀	53	4.92～6.81	5.66	0.32

可见上述 3 种方法确定出降水酸度的背景值是不相同的，后面的两种方法显示了对降水背景值的研究已深入一步。

2 影响降水酸度的因素

大气中痕量气体的浓度是随着时间和空间而变化的。这种变化是受大气中复杂的化学反应组合所控制。在一般情况下降水酸度主要是硫和氮的氧化物贡献的，这些化合物既来自人为源，又来自自然源。人为源包括火力发电厂、工业过程、交通运输和民用燃料的燃烧等排放的 SO_x，每年约为 1.1 亿 t，NO_x 每年约为 6 900 万 t，自然源包括自然界向大气排放的 SO_x 每年为 0.5 亿～2.84 亿 t，NO_x 每年 2 000 万～9 000 万 t。由此可见，排放到大气中的 SO_x 和 NO_x，自然源和人为源处于同一数量级。自然源相对稳定，而人为源则由于人类活动逐年加剧而增强，大气中痕量气体不能达到稳定的动态平衡，而处于远离平衡的过渡状态。

表 3 列出了大气中痕量气体的平衡浓度和实测浓度。平衡浓度是在 298 K，压力 N_2，0.78；O_2，0.21；H_2O，0.01；CO_2，3.3×10^{-4} 大气压计算的①。由表 3 可见，大气中许多痕量气体的浓度比平衡浓度高出若干个数量级。如果考虑全部痕量气体，我们面对的将是一个极为复杂的大体系，目前很难准确地算出每种痕量气体的浓度。但有一点是可以明确的，即仅考虑二氧化碳的分压来计算降水的酸度显得太简单了。事实上 SO_x、NO_x 和有机酸对降水的酸度就产生很大的影响。

表 3 由复杂过程控制的大气痕量气体组成

物质	热力学平衡浓度（mol 分数）	大气中实际浓度（mol 分数）	全球分布的可样性	主要来源	主要去向
CH_4	10^{-145}	1.6×10^{-a}	高	生物源	光化学
CO	3×10^{-45}	$<0.5\sim2\times10^{-7}$	中	光化学、人为源	光化学
O_3	3×10^{-40}	$10^{-3}\times10^{-7}$	低	光化学	光化学
$NO+NO_2$	2×10^{-10}	$10^{-11}\sim10^{-7*}$	低	闪电、人为源和光化学	光化学
HNO_3	1×10^{-9}	$10^{-11}\sim10^{-8*}$	低	光化学	
NH_3	2×10^{-40}	$10^{-10}\sim10^{-9*}$	低	生物源	光化学
N_2O	2×10^{-10}	3×10^{-7}	高	生物源	光化学
H_2	2×10^{-43}	5×10^{-7}	高	生物源、光化学	光化学
OH^-	5×10^{-38}	$10^{-36}\sim10^{-22**}$	很低	光化学	光化学
HO_2	4×10^{-36}	$10^{-30}\sim10^{-32**}$	很低	光化学	光化学
H_2O_2	1×10^{-34}	$10^{-30}\sim10^{-8}$	很低	光化学	
H_2CO_3	$9\times10^{-9*}$	$10^{-30}\sim10^{-9}$	低	光化学	光化学
SO_2	0	$10^{-11}\sim10^{-10*}$	中	人为源、光化学和火山	光化学
CS_2	0	$10^{-11}\sim10^{-10*}$	低	人为源和生物源	光化学
OCS	0	10^{-10}	中	人为源、生物源和光化学	光化学
CH_8CCl_3	0	$(0.7\sim2)\times10^{-10}$	中	人为源	光化学

注：*这些较低下限并不反映实际大气的最低浓度，只反映现有仪器的检测下限；
**这些瞬时物质夜间的浓度还要低些。

① 1 大气压 = 98 066.5 Pa，因原文如此，故直接引用来换算为法定单位 Pa。

由于大气中致酸气体源的地理位置和自然条件的差异，这些气体及其衍生物在大气中的分布是不同的。例如，大部分污染源位于北半球，因此，可以预期人为源排放的大气污染物，在北半球的浓度高于南半球，并且污染气体在大气中的寿命越短，在南北半球的浓度差就越大。实际测定的数据证实了这种看法。例如，甲烷和一氧化碳的寿命分别约为 7 年和 65 天，甲烷在南北半球的浓度很接近，而一氧化碳北半球的浓度约相当于南半球的 3 倍。对于大气寿命更短的二氧化硫和氮氧化物，其浓度随着离源的距离而迅速下降。但当它们转变为相应的酸时，则仍可传输到很远的地方。

近地面大气中痕量污染气体和颗粒物对降水的酸度能产生影响，影响的程度取决于该地区大气中所含痕量污染气体的种类，浓度和颗粒物的质量浓度与化学组成。高空测定雨水，例如，航测雨水则在很大程度上可避免这种因素的影响。

此外，由于地理位置和自然条件的不同，大气温度、湿度、太阳辐射强度、植被等差异，也是影响降水酸度的因素。

由上述讨论可知，所谓降水酸度背景值，与大气背景值一样，只是一个相对的概念。为了实用的目的，可以给降水酸度背景值下这样不很严格的定义，即不受局地污染源影响的降水酸度值。因此，降水酸度背景值可因地而异，在全球的范围内它应处于较宽的 pH 区间，如 4.8 ～ 6.0。有的地区降水 pH 背景值可能高些，如 pH 为 6.0；有的地区则可能低些，如 pH 为 4.8；有的地区背景 pH 可能介于二者之间。

3　有机酸对降水酸度的影响

降水酸度主要是降水中酸性物质（H_2SO_4、HNO_3、HCOOH、CH_3COOH、CO_2）和碱性物质（NH_3、$CaCO_3$ 等）相互作用的结果，不同区域起支配作用的酸和碱的组成可能是很不相同的。Galloway 等指出，边远地区提供 H^+ 的是 H_2SO_4、HCOOH、HNO_3 和 CH_3COOH；决定海洋区域降水 pH 的是 H_2SO_4；决定大陆边远地区降水 pH 的是 HCOOH。据估计在边远地区有机酸（甲酸和乙酸）对降水游离酸的贡献量达 25% ～ 98%。在美国东北部已受到人为的污染，降水酸度主要是由 H_2SO_4 和 HNO_3 造成的；但有机酸对美国东北部降水游离酸也有一定的贡献，其贡献量占 16%～35%。

Keene 等监测了弗吉尼亚中部降水中 HCOOH 和 CH_3COOH 的含量，其雨量加权月均浓度如图 1 所示。由图可见有机酸的浓度有明显的季节性，即在植物生长旺季（4 月 1 日—9 月 30 日），甲酸和乙酸的总浓度都高，且在这个季节阳光充足，温度也高，而在植物的非生长季节（10 月 1 日至次年 3 月 31 日），甲酸和乙酸浓度相应较低。而且还发现降水中甲酸和乙酸在两个季节均有良好的正相关，如图 2 所示。监测了世界上 14 个地点（大陆 6 个点，海洋 8 个点）降水的有机酸，甲酸和乙酸均有相当高的正相关关系，且降水有机酸浓度，大陆区域高于海洋，见图 3。

根据化学动力学，模式和野外观测研究，各种碳氢化合物经光化学氧化能转变为醛类，醛类再进一步氧化为有机酸。在海洋由海洋微生物产生的 α - 烯烃，在大陆由植物生长释放出的异戊二烯和萜烯类，都是醛类和有机酸的前体天然源。在人口集中地区和工业城市，人为排放也可能是有机酸的重要来源之一，但在广大的地理区域，人为排放不可能是降水有机酸的主要来源，即有机酸的主要来源是自然源。

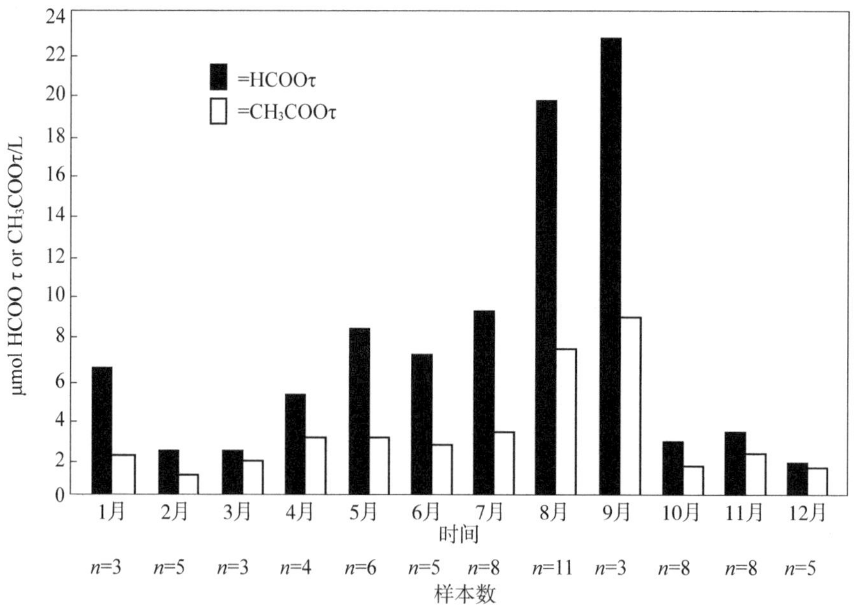

图 1 Virginia 中央降水中甲酸和乙酸的体积 – 重量月均浓度

$HCOO\tau = HCOO^- + HCOOH_{水相}$；$CH_3COO\tau = CHCOO^- + C_3H_3COOH_{水相}$

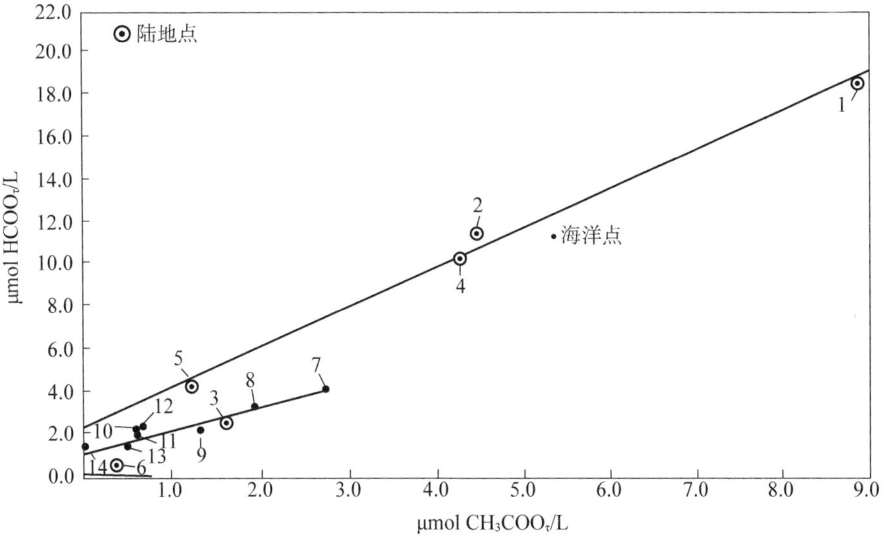

图 2 Viginia 中央降水中甲酸与乙酸的回归分析

●植物生长旺季 4 月 1 日—9 月 30 日；植物非生长旺季 10 月 1 日至次年 3 月 31 日

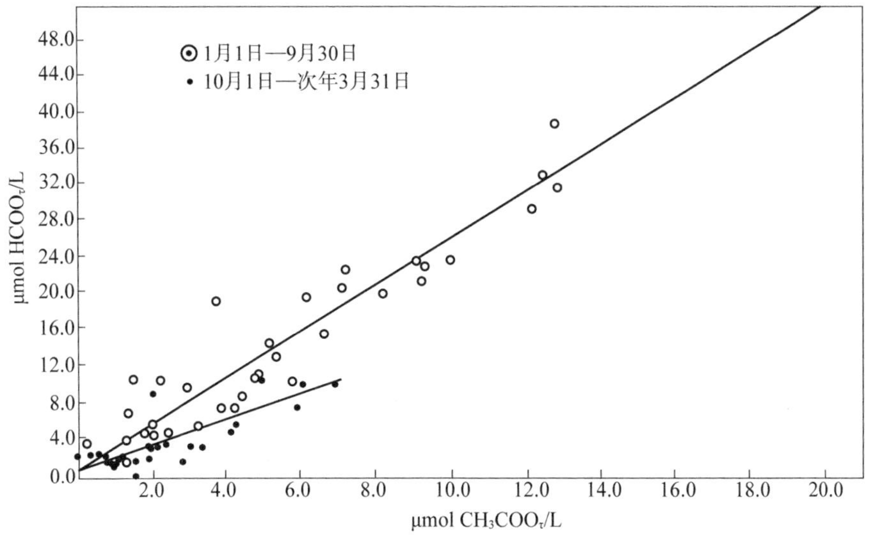

图 3 大陆和海洋降水中甲酸与乙酸的绝对量及相对比例的比较

1～6—大陆点位数据；7～14—海洋点位数据

4 结论

（1）大气降水酸度和化学组成的背景值，取决于各地区的自然环境和条件，不同区域是不同的，并且还随着自然环境和人类活动而改变。就全球来说，降水酸度在一个较大的范围内变动，pH 在 4.8～6。在我国西北地区则大于 6，为了掌握我国降水酸度的发展趋势，应在国内根据地理环境特点，建立若干个有地理代表性的背景点，进行长期的化学组成和酸度的观测，特别要创造条件做有机酸的监测，以便确定不同地理区域降水酸度和化学组成的背景值。

（2）降水酸度标准（即环境所能承受的酸度）和降水酸度背景值的含义完全不同。降水酸度标准应根据降水酸度对生态系统的影响和对物质材料的破坏来决定，即应对陆生、水生生物、土壤、水体和物质材料不产生危害所允许的最低 pH，它是经过综合研究，由人们制定的值。降水酸度背景值是不同地理区域在未受到或很少受到局地污染源影响时，降水的酸度值。

（3）在未测得降水 pH 背景值和建立统一的降水 pH 标准值以前，可对降水氢离子浓度雨量加权月均值或年均值的 pH 进行分级评价。根据国内外关于降水酸度对生态环境影响和物质材料破坏的研究，建议如下分级标准：

①降水 5.6 ≤ pH＜ 7，微酸性，对生态环境无害，对物质材料有微弱影响。

②降水 5.6 ≤ pH＜5.6，弱酸性，对生态环境无害，对物质材料有影响。

③降水 4.5 ≤ pH＜5.5，酸性，对生态环境可能无急性危害，但对敏感区可能有长远影响，对物质材料有破坏作用。

④降水 4.0 ≤ pH＜4.5，强酸性，对生态环境有潜在的和长远的危害，对物质材料有较重的破坏作用。

⑤降水 pH＜4.0，很强酸性，对生态环境有直接的和间接的危害，对物质材料有严重的破坏作用。

参考文献

[1] Cogbill, C.V. and G.E Likena. Water Resour. Res.，10, 1133(1974).

[2] Charlson, R.J. and H. Rodhe, Nature (London), 295,683 (1982).

[3] Galloway, J.N. et al., J. Geophys. Res., 87，8771(1982).

[4] 志勤，译 . 世界环境，4，15(1987).

[5] Chamtides, W.L. D.D. Davis, Chemical and Engineering News, P． 38，Oct． 4，1982.

[6] Galloway, J.N. et al.. Science,226, 829 (1984) .

[7] Keen, W. C. et al., J. Geophys. Res, 91, 14466 (1986) .

我国土壤保护与污染防治的现状、问题和对策建议

土壤是陆地生态系统与物种多样性和人类生存与可持续发展的重要战略资源，是生态文明建设的重要物质基础，土壤环境质量对维护国家生态安全至关重要。党中央、国务院对土壤环境保护与污染防治高度重视。为此，我院自 2014 年组织开展了“全国土壤环境保护及污染防治战略咨询研究”项目。该项目由魏复盛院士主持，10 位院士和 40 多位专家学者参加。项目组对国内外土壤环境保护与污染防治的现状与问题进行了深入的调研分析，并在此基础上提出 5 条对策建议。

1 我国土壤环境保护与污染防治现状

1.1 全国土壤环境质量总体良好，90% 以上的耕地适宜耕作

由于我国工业化和城镇化的时间较短，造成污染物在土壤中的累积量相对较少，土壤总体污染程度轻于发达国家和地区。《全国土壤污染状况调查公报》显示，我国土壤环境质量总体良好。全国耕地、林地、草地和未利用地中，83.9% 的土壤未受到污染，11.2% 为轻微污染，未污染与轻微污染共占 95.1%，轻度、中度、重度污染分别占 2.3%、1.5% 和 1.1%。

全国耕地中，80.6% 的耕地未受到污染，13.7% 为轻微污染，未污染和轻微污染的共占 94.3%，轻度、中度、重度污染分别占 2.8%、1.8% 和 1.1%；国土资源部调查结果，适宜农业种植的一类、二类土壤占 87.9%，存在潜在生态风险的土壤占 12.1%。

2015 年国土部耕地地球化学调查的 13.86 亿亩耕地中有 12.72 亿亩未受到重金属污染，占调查耕地总面积的 91.8%。其中 8.2% 的污染耕地主要集中在西南区、闽粤琼区和湘鄂赣皖区。

注：此文根据魏复盛 2017 年在中国工程院土壤环境保护与污染防治论坛上的讲稿整理。

与“七五”期间土壤环境背景值调查结果相比，除镉（Cd）背景点含量比“七五”期间含量增高外，其他多数元素含量变化不显著。

1.2 制定政策、措施，确保了国家粮食安全

针对我国人多地少的突出矛盾，国家和地方政府及相关部门相继出台各项土壤环境保护政策并采取一系列有效措施，确保了未逾越18亿亩耕地红线，粮食生产连续12年增产增收，以世界9%的耕地养活了世界21%的人口，食用农产品安全性也逐年提高，取得了巨大成就，确保了国家粮食安全。

1.3 土壤污染治理修复日益受到重视

污染场地含有毒、有害或具有环境风险的污染物，并对人体健康和生态环境安全有较大的或不可接受的影响与危害。近年来，特别是高风险污染场地对人体健康、饮用水水源地、土壤及地下水安全的危害和由此引发的影响社会稳定的群体事件不断显现，国家和地方政府对此高度重视，已在典型地区开展了污染场地调查评估与治理修复试点工作。

1.4 大力推进生态文明建设，实施向环境污染宣战的行动计划

国务院先后启动实施了《大气污染防治行动计划》（以下简称“气十条”）和《水污染防治行动计划》（以下简称“水十条”）。2016年5月颁布实施的《土壤污染防治行动计划》（以下简称“土十条”）提出，通过土壤详查对于确已丧失农耕功能的重度污染土壤要退耕还林；对于轻度、中度污染土壤治理后要加强管控，通过产业结构调整和农艺措施，使之生产出合格的农产品；对于严重污染的高风险场地要通过调查、监测和风险评估，列出优先管控和治理的名录清单。近期先后发布《“十三五”生态环境保护规划》《关于划定并严守生态保护红线的若干意见》《全国国土规划纲要（2016—2030年）》和《耕地草地河湖休养生息规划（2016—2030年）》等相关文件。

2 我国土壤环境保护与污染防治存在的主要问题

2.1 局部、局地土壤污染严重，变化加速，应引起高度重视

《全国土壤污染状况调查公报》显示，全国耕地、林地、草地和未利用

地中，中度、重度污染土壤分别占 1.5% 和 1.1%，合计占 2.6%；全国耕地中，中度、重度污染土壤分别占 1.8% 和 1.1%，合计占 2.9%。

2015 年国土部耕地地球化学调查的 13.86 亿亩耕地中有 1.14 亿亩耕地受到重金属污染，占调查耕地面积的 8.2%，重金属污染耕地主要集中在西南区、闽粤琼区和湘鄂赣皖区，分别占调查耕地总面积的 22.3%、21.1% 和 17.9%。

我国土壤污染呈无机物（元素）污染为主、有机物污染次之及复合污染的土壤污染类型格局。土壤无机污染物（元素）超标点位占超标土壤总点位的 82.8%，主要污染物为镉（Cd）、镍（Ni）、铜（Cu）、砷（As）、汞（Hg）和铅（Pb）；东北、黄淮海和长江中下游三大粮食主产区表层土壤均受到不同程度的有机物污染，主要污染物为有机氯农药、邻苯二甲酸酯和多环芳烃（PHAs）等。

环境保护部调查的重污染工业企业及周边、工业企业遗留或遗弃场地、矿山开采区及周边地区、工业园区及周边地区、采油区、规模化畜禽养殖场周边、固体废物集中处置场及周边、大型交通干线两侧等区域的土壤点位超标率范围为 36.3%～20.3%。

2011 年中国环境监测总站对全国 284 个工矿企业及周边土壤监测结果显示，中度、重度污染土壤点位分别占调查总点位的 3.3% 和 13.5%，中度、重度污染土壤点位共占 16.8%。

2.2　土地资源偏少，土壤质量呈下降趋势

我国人均耕地不足 1.3 亩，是世界平均水平的 1/4，美国的 1/6，阿根廷的 1/9，加拿大的 1/14，人均林地、牧草地不足世界人均水平的 1/4 和 1/3。同时，实施建设占用耕地的“占补平衡”政策，虽然守住了 18 亿亩耕地红线，但占好地补差地、注重耕地数量、轻视质量等问题依然存在，使得受到一定程度污染或土壤肥力下降的、健康状况较差的耕地，不能像土地资源较丰富的国家那样采取轮作、休耕等农业生产方式使耕地得到休养生息，必须“带病生产”才能保障我国粮食数量上的“安全”。

传统农业耕作制度的多样性与复杂性及一家一户的小农生产模式已不能适应新阶段农业现代化发展要求，无法实现规模化、机械化操作，制约了循

环生态农业技术的推广应用，增加了食用农产品生产成本，造成化肥施用过量和农用化学品监管困难等一系列问题，对国家粮食安全造成不利影响，加剧了人多地少的矛盾。

2.2.1 土壤有机质含量普遍较低

我国土壤有机质平均含量仅为1.8%，发达国家土壤有机质平均含量为3.5%，而自然耕地土壤有机质含量约为4%。为了确保粮食高产而大量和过量施用化学氮肥，使氮肥供应与农作物需求严重不协调，特别是重施化肥、少施甚至不施有机肥，使土壤有机质消耗多于积累，反而导致土壤有机质含量降低，肥力下降。我国耕地土壤基础地力对粮食生产贡献率仅为50%～60%，比40年前降低了10个百分点，比发达国家低20个百分点。

2.2.2 土壤酸化趋势加重

近40年来，由于大量和过量施用化肥（尤其是氮肥）及酸雨的影响，我国土壤平均pH比40年前平均下降了0.5个单位。2005—2011年测土配方施肥902万个土壤样品测试数据统计分析显示，我国40%的耕地土壤处于pH 6.5以下，其中pH 4.5以下耕地面积2 285万亩，占耕地总面积的1.8%，主要分布在山东、广东、四川、江西和重庆等省市；pH 4.5～5.5的耕地为2.03亿亩，占耕地总面积的15.85%，主要分布在湖南、江西、黑龙江、安徽和广东等省份。土壤酸化不仅造成土壤板结，严重破坏了土壤的理化性质和结构，降低土壤有机质的吸收效率，而且增加了土壤重金属活性，加重了土壤重金属污染的危害。

2.2.3 大量和过量施用化肥，且利用率低、流失严重

我国每公顷耕地化肥使用量是世界平均水平的4倍以上。大量和过量施用化肥（特别是氮肥），不仅造成食用农产品硝酸盐含量过高和重金属超标，对食物安全和人体健康造成一定危害，而且不合理过量施用化肥和氮、磷、钾养分供应不平衡，使得化肥利用率低。目前我国化学氮肥、磷肥、钾肥的当季利用率分别为30%、10%～15%、40%～60%；同时，未被利用而流失的化肥对水体、土壤和空气造成二次污染，成为主要的农业面源。

2.2.4　残留农用地膜、秸秆焚烧及土传病原菌等对土壤和食用农产品造成污染，严重危害人体健康

我国每年使用的农用塑料薄膜约 240 万 t，但回收量不足 140 万 t，近一半的农膜残留在土壤中，致使我国约 670 万 hm^2 覆盖地膜的土壤受到不同程度的污染。我国每年产生 6.5 亿 t 秸秆，其中约 2/3 被焚烧处理。田间秸秆焚烧虽然能把有害病虫残体和虫卵烧死，使次年病虫害减少，但腐殖质和有机质被矿化，既浪费了资源又造成土壤和大气污染；为控制土传病原菌病害，很多农民每隔 2～3 年施用一次土壤消毒剂，这不仅增加了农业生产成本和农民负担，而且使土壤微生物区系失调或土壤生物多样性遭到破坏，土壤有益菌减少，直接影响到食用农产品安全。

生态化畜禽养殖程度较低，不当的处置方式使畜禽养殖排放成为主要农业面源污染的来源之一。另外，在动物饲料中违规过量添加铜、砷等化合物、抗生素及生长激素，这些物质随畜禽粪尿排放污染环境或生物残留，进入食物链，对人体健康造成危害。

2.3　污染场地底数不清，缺乏核心治理修复技术

已开展的各项土壤污染状况调查，虽然基本摸清了我国土壤污染的总体情况，但对人体健康和生态环境具有很大潜在风险和危害的重污染、高风险污染地块的数量、分布、面积、污染类型和程度、风险及危害等缺乏全面了解与掌握。污染场地底数不清，未建立污染场地动态监管大数据共享平台和按照污染程度进行分类的农用地、污染地块清单等，导致对污染场地的治理修复与再开发利用缺乏有效指导与监管，也不能及时向公众提供可能发生场地污染的污染源类型或化学物质种类及防护措施，造成公众不安，易引发影响社会稳定的群体事件。

特别是重污染、高风险的污染场地，虽然每个地块面积不大，几十亩至数平方千米，但其对人体健康和生态环境具有很大的潜在风险和危害，而我国污染场地的数量、位置和类型尚没有准确数据。目前，规范的污染场地监测调查、风险评估、修复技术、效果评估和资金保障的程序与技术、产业标准体系存在缺失或不完善，未建立污染场地治理修复的法定责任体系，整体社会保障体系不完善，污染场地修复缺乏资金保障机制。

2.4 土壤环境保护与污染防治的法律、法规、制度和标准体系建设严重滞后

目前我国对土地所有权、使用权、土壤环境保护与防治污染的责任主体等缺乏明确的法律界定。土壤环境保护与污染防治立法不仅严重滞后于大气、水、固体废物和噪声的污染防治专项立法，而且与国际立法先进经验存在较大差距，成为土壤环境保护与污染防治工作的短板。由于土壤环境保护专项立法缺失，也使与之相配套的诸如土壤环境保护规划制度、土壤环境定期调查与监测制度、土壤本底调查制度、农用地严格保护制度、土壤污染风险管控制度、土壤污染责任归属制度、土壤污染治理修复制度和土壤污染防治资金保障制度等一系列政策、制度体系尚未建立或不完善，更未形成土壤保护与污染防治监管的长效机制。

土壤环境标准规范体系亟待完善。我国现行的《土壤环境质量标准》（GB 15618—1995）只规定了单一刚性的污染物（元素）浓度限值，而且是污染物（元素）的总量值，缺乏指导性限值或筛选值，也未制定元素的有效态值，从而忽略了土壤背景值的区域差异性、土壤理化性质和作物品种对土壤元素有效态吸收的差异性等，形成“超标即污染、污染即有害、有害即治理”的不合理的土壤污染判断与治理修复的管理模式。同时，缺乏污染场地治理修复的监测、调查与风险评估标准规范。

我们尚未构建国家土壤环境质量长期监测网络。国家对土壤污染状况仍缺乏全面、准确的了解和掌握，对土壤污染难以溯源和预警；尚未开展大气、水和土壤污染与农产品安全的深入调查与监测；尚未构建统一规划、分工负责的国家土壤环境质量长期监测网络。

2.5 技术基础薄弱、科技支撑作用不足

大气、水和土壤是相互联系、相互影响的环境统一体，污染物在不同环境介质和相态间迁移、转化和相互影响。与大气和水污染防治相比，土壤环境保护与污染防治在技术、装备、科技支撑能力及专业技术队伍水平等方面至少落后 20～30 年。由于对土壤污染来源和演化过程，不同形态污染物在土壤中的吸收、迁移和转化规律，不同污染物及其形态对作物生长及对生态系统的危害等缺乏系统研究，对土壤污染的复杂性与长期性认识不足，致使

土壤环境保护与污染防治在理论、技术、装备、科技支撑能力及专业技术队伍水平，特别是在土壤污染基础理论、土壤污染监测与调查技术、治理修复的核心技术、药剂、装备和较成熟专家团队等方面严重落后。

3 对策与建议

3.1 完善土壤环境保护与污染防治的法律、制度和标准体系建设

尽快颁布《土壤污染防治法》及实施细则，坚持“保护优先、防范风险、安全利用、综合管控”方针，坚持土壤保护与污染防治并重，明确国家、地方、企业和个人等利益相关方在土地所有权、使用权、责任主体等方面的土壤环境保护与污染防治的权利、义务与责任。

明确发改、环保、国土、农业、林业、住建等相关部门土壤保护与污染防治的相关职责，建立定期调查与监测制度、本底调查与风险评估制度、污染防治资金保障和污染与损害责任追究制度等，减少土壤污染存量和严格管控污染增量，为实施上述规划提供有力制度保障。

由环境保护部牵头，制定土壤污染因子“总量—可溶态”双指标和“刚性限值—指导性筛选值”双值的土壤环境质量标准；按照分类指导原则，制定农用地、建设用地、生态用地等土壤治理修复技术标准与技术导则，为土壤分级开发利用和土壤污染修复治理提供技术依据。

3.2 落实《耕地草地河湖休养生息规划（2016—2030 年）》，制定改善土壤环境质量和确保食用农产品安全的政策、措施

由农业部牵头，以提高土壤环境质量，保障食用农产品安全为目标，以提高土壤有机质含量及肥力、综合防治农业生产对土壤的污染为重点，采取分类指导措施，对未污染和轻微污染、适宜耕种的土壤要优先保护，避免造成新的污染；对轻度、中度污染的土壤，通过种植结构调整和农艺措施，使之能安全利用，以解决“带病生产”问题；对严重污染的土壤，通过规划改变土地用途，实施退耕还林、还草和农林轮作，或经修复后重新开发利用。

由发改委牵头，采取措施确保耕地和粮食的数量与质量双重安全；大力

发展规模化农业和循环生态农业，加强农用化学品及饲料添加剂监管；推广畜禽粪尿就地土地消纳或加工成有机肥料的生态化畜禽养殖技术等。

3.3 进一步规范污染场地治理修复与监管

由发改委牵头，建立“污染场地治理修复基金”的资金保障长效机制。由环保部牵头，制定严格规范的污染场地监测、调查评估、风险管控与治理修复效果评估的程序、方法和标准体系，以及环境影响评价技术导则；开展土壤污染状况详查，落实具体地块、勘界定标，建立国家污染场地动态监管大数据平台，制定污染场地分类优先治理修复名录与清单；开展污染场地治理修复试点示范，探索不同污染类型的土壤治理修复技术的推广应用；建立污染场地监管长效机制。

3.4 强化科技支撑，促进土壤保护与污染防治产业发展

由科技部牵头，设立土壤环境保护与污染防治重大科技专项。重点加强土壤污染物来源及演化、不同形态污染物在土壤中的吸收迁移转化、土壤环境保护区划、污染物对作物生长及生态系统危害等土壤保护与污染防治的基础性研究，土壤保护与污染防治核心技术研究和低成本的污染土壤修复实用技术研发等；制定改善土壤环境质量、提升地力及对农业生产贡献率和污染治理修复的技术产业发展规划；加强土壤污染治理修复专业技术队伍的建设。

3.5 建设国家土壤环境质量监测网络

由环境保护部牵头，建设国家土壤环境质量监测网络，按照统一规划、统一监测方法、统一评价技术，实行农作物与土壤环境质量协同监测，实现监测数据共享，每五年统一发布一次《中国土壤环境状况公报》。

第四篇

环境污染对健康影响的研究

应大力加强我国环境污染与健康研究

1　环境污染与健康研究的形势和问题

根据世界卫生组织的资料，人类消化系统疾病、呼吸系统疾病、癌症都与环境污染密切相关。发达国家在发展过程中出现的公害病也让人们逐渐认识到环境污染对人类社会的危害。因此，各国设立了专门的研究机构，投入了大量的资金开展环境污染对人体健康研究。这对于推动环境保护，提高人民的健康水平起到重要作用。

回顾中国改革开放的30多年，在国民经济取得高速、健康发展的同时，环境污染问题越来越严重，环境污染不同程度地几乎遍及全国城乡。目前全国城市有2/3的人口生活在空气质量不达标的环境中，广大农村室外空气较好，但室内空气质量欠佳，在农村呼吸系统疾病高发即是证明。许多城市的饮用水水源地受到不同程度污染，而广大农村有3亿农民的饮水不安全，对人民群众的健康构成危害。同时，近年来一些突发性环境污染事件对人群健康的威胁日益突出。有些工厂、车间的污染物质浓度超过国家标准，工人们的劳动保护措施尚不完善，长期在高风险的岗位上作业，防止职业性中毒就显得很迫切。很多乡镇企业工作场所有毒有害物质严重超标。有些有毒、有害化学污染物质不仅有致畸、致癌、致突变的作用，而且还有免疫毒性、生殖毒性和发育毒性，不仅影响当代人的健康，也严重影响子孙后代的健康。从当前和长远来看，环境污染对人体健康危害造成的损失将严重制约中国社会、经济的可持续发展。因此，当前我国环境与健康工作所面临的形势十分严峻。

过去，我国环境与健康方面的研究工作由于力量分散、资金投入较少，存在着研究范围窄、规模小、代表性和质量欠佳、基础数据缺乏，由于部门协作关系尚待建立，已有数据资源不能共享等问题，环境污染所致健康危害

注：本文是魏复盛院士牵头提出的院士建议。

现状不清的问题长期未能得到解决，在科研方法上也与国外差距较大。因此，我国环境污染与健康研究在国家可持续发展进程中面临着严峻的挑战。但也存在诸多机遇，党中央提出以人为本，构建社会主义和谐社会，是我们抓住机遇深入开展环境污染与健康研究的大好时机。近几年，国家已在环保、公共卫生等方面增大了投入。

2 我国"环境污染与健康"研究的重点方向和重点课题

2.1 建立我国环境污染与健康评价体系

充分吸收国外在环境污染与健康评价方面已有的成熟体系，结合我国的具体特点，建立自己的环境污染与健康评价体系。该体系是一种宏观的指导性框架，不仅要阐述我国环境污染与健康的阶段性问题，例如不同发展时期空气污染、水污染、应急事故等环境问题的健康风险和危害等，而且在评价方法上应制定规范性的技术文件。更重要的是，通过该体系将环境与健康的基础性科学研究与社会经济发展、国家政策制定、立法以及环境和职业标准的制定与修订联系起来，为决策者制定政策、评价社会经济的可持续发展提供科学依据，并为公众提供信息和服务。

根据社会经济发展进程和环境与健康研究进展，在该框架下对职业和环境标准及时进行修订。应充分考虑我国环境流行病学研究的成果及经济发展水平，还应充分吸收和利用国外已有的研究成果（主要是动物实验和体外实验的结果），不必重复研究，从而可以节省大量的资金投入。我国特有的环境与健康问题无资料可鉴，则应重点进行调查和研究，提出中国的环境和职业健康标准。

同时，该体系还要注重开发和引进新的研究方法、技术和模式，从细胞和分子水平及遗传基因研究主要污染物对健康危害的机理。进入21世纪以来，在环境污染与健康研究领域不断涌现新的技术，特别是分子生物学方法的引入使人们认识和了解环境因素与人类疾病的因果关系拥有了更有力的工具。将这些最新的基础科研成果应用于该体系中，认识环境污染对健康危害的机理具有重要的作用。另外，也要积极探索新的环境与健康研究模式。传统的环境与健康研究模式包括流行病学调查、毒理学研究、污染事件分析等，而最近国际上提出“疾病优先”（Disease-first）的环境与健康研究模式为我们提供了新的可借鉴的思路和方法。

2.2　对我国的环境污染与健康问题进行优先排序

对我国现阶段的环境污染与健康问题进行排序，确定全国范围内的优先控制或重点研究领域。在研究国外类似问题和国内已有研究的基础上，按照健康危险度评价的基本思路和技术路线，从对人群健康影响的严重程度和我国现阶段的实际出发，对我国危害范围广、危害程度大的环境有害因素和环境相关疾病以及两者之间的关系进行研究和评价，从而确定优先研究领域。建议首先以化学品污染为重点，对我国与健康有关的环境化学品列出优先研究和控制的清单，并不定期进行修订。

调查我国持久性有机污染物（POPs）和持久性有毒物质（PTS）污染的现状和污染来源，研究这些污染物在各种环境介质中的污染水平，测定人们的污染物暴露量，估计其对健康的可能危害。对经济发展过程中出现的新的化学污染因子进行人体健康影响和风险评价研究。

2.3　开展环境流行病学调查，研究我国主要大气污染物对人群健康的影响

我国许多城市的空气颗粒物污染现已成为首要的污染因子。城市大气颗粒物污染的健康效应在发达国家已进行多年的研究，但主要只是针对颗粒物质量浓度的健康危害。然而，由于大气污染物的浓度水平与中国相差很大，而且不同来源、不同地区的颗粒物化学成分不同，吸附的有毒有害物质种类和浓度水平也不同，所以需要对我国大气颗粒物的特征进行具体的研究。据我国现有的空气颗粒物健康风险的“Meta 分析”发现，我国的颗粒物污染水平下健康效应与发达国家存在差异。国家也花大力气采取了一些治理措施，但效果如何却不甚清楚。因而，需要对我国不同城市和地区的空气颗粒物成分和污染源进行分析，研究不同成分和来源的颗粒物的健康效应，为颗粒物污染的控制提供有针对性和指导性的建议和措施。

2.4　建立“环境与健康观测网络共享平台”，整合环境与卫生资源

为了解环境污染物的理、化、生物学特征及其在相关介质中的分布规律，

为相关环境污染物的暴露评价提供依据，根据环境污染物特征分布及人群健康水平之间的量化关系为环境所致疾病的健康危险度评估提供科学依据，预测环境污染物与人群健康之间的发展趋势，为控制和预防疾病提供科学依据，也为发现相关污染物的易感人群，评价环境改善措施效果，建议国家部门能很好地协调，建立起“环境与健康观测网络共享平台”。在31个省（市、自治区）、香港、澳门和台湾以及人口在10万左右城市建立该网络。根据全国污染物，介质种类及其在时间、空间、人群分布特征由有关部门统一布置并征得各网点的同意建立网点人群出生、死亡与死因、疾病发生、迁出、迁入报告制度，建立网点人群家庭个人动态健康卡，建立和健全符合要求的网点医院门诊、住院病人的病历档案保管制度。在网络内根据国家统一布置，对现有的环境部门的环境监测点位和卫生部门的疾病监测点位进行优化布点，整合两大资源，对环境与健康问题进行分析研究。另外，针对环境数据与健康数据分别在不同部门而不能很好地整合和利用的问题，建议建立环境与健康相关的标准数据库，开发环境数据和健康数据与国际接轨的标准格式和接口，为健康危害评价方法建设一个数据平台非常必要。数据库可包括环境质量数据的日常监测、健康数据的日常收集及环境与健康领域的基础文献和数据。

2.5 开展环境污染健康负担的研究

将环境与健康研究的成果纳入管理决策系统，探索将科研信息转换成决策者可理解、可应用信息的恰当方法。对我国主要大城市的环境健康负担进行分析，了解和认知环境污染对城市范围内主要疾病（癌症、呼吸系统疾病、心脑血管疾病等）贡献率，对总人口风险进行评价及经济评估，对健康的收益进行研究和分析。

2.6 在我国重点城市进行环境污染的干预性实验，对城市复合污染的健康效应进行研究

政府在科学决策基础上，采取针对性的各项污染控制措施之后，应对相应的污染治理效果和人群健康效益进行随访和跟踪调查，特别是对城市居民主要疾病死亡和发病的相应变化情况进行人群流行病学监测。由于干预性流行病学研究的因果关系效力较大，因而可以对污染控制的健康损益进行科学和准确的评估。

在环境与健康的评价体系框架下，对城市复合污染的健康效应进行生态学研究，包括气候变化对健康影响的估计和预测。研究各个地区不同地理气候条件、不同污染类型的不同健康效应，突破目前对单一污染物健康效应研究的限制，获得在特定的复合污染情形下的暴露-健康效应（反应）关系的科学线索。

2.7 对环境污染与遗传的交互作用、污染暴露的早期健康效应指标等进行研究

环境污染是人类疾病的外因，而遗传基因则是内因。运用分子生物学技术研究环境与遗传的内外因之间的交互作用对于弄清环境污染因素的致病机理，指导防病治病有重大意义。

2.8 建议对环境污染应急事故的慢性健康效应进行跟踪评估

污染事故之后污染物可能长期残留在环境中。因此，有必要对发生环境污染的应急事故现场的健康效应进行长期跟踪性研究和评估。

2.9 关注高污染职业暴露人群、易感人群的环境暴露健康效应

我国有 2 亿人受职业病危害，应加强高污染职业暴露人群的健康研究，提出使他们免受或少受污染物伤害的防护措施和建议。

2.10 关注我国农村的环境与健康问题

关注农村饮用水安全和卫生设施、室内空气质量、农药安全以及镉、砷、氟等污染物引起的地方病问题。

3 对政府主管部门和科学家的意见和建议

3.1 建议部门和单位之间进行大协作

应在制度上规定和明确科技主管部门、环保部门和卫生部门在环境污染与健康交叉领域的工作范围与协作关系。设立专门机构对环境污染与健康问题进行研究和协调。呼吁各部门之间共享数据资料，开发数据共享的标准操作规程和标准接口。环保部门在设立环境监测点位时应兼顾健康研究的需

要，增加健康风险评价所需的监测点位。卫生部门要规范健康数据的收集程序，确保健康数据的质量。建议政府主管的科技部门、业务部门和地方政府针对各地存在环境污染与健康的紧迫问题，提供必要的资金支持，组织科技人员联合攻关。

3.2 在全国的范围内发起一项“环境与健康”的行动规划

关注居民饮水安全、食品安全、居住安全以及呼吸空气的安全。从政府的层次上发起环境与健康的推进行动，可从几个重点城市做试点，了解大气、水、土壤等介质的污染状况，调查污染来源和居民的健康状况。研究反映污染的标志物，认识在我国特殊的污染特征下的健康效应问题。运用我国的环境污染与健康评价体系，在建立具体标准程序之后，将成功经验逐步推向其他城市，乃至农村。规划行动还要包括对我国主要环境问题的认识，对公众的宣传教育，提高公众对环境污染健康危害的意识。

3.3 在科研上进行大协作

在科研的层面上，环境保护部门、卫生部门以及研究院校 3 支重要的科技力量应联合协作，做到优势互补、强强联合，共同申请和承担环境污染与健康领域的合作课题。由于环境污染与健康研究的周期较长，所以政府主管部门应从制度上给予长期的研究经费支持，并促成这种联合，使之更好地发挥实效。

利用国际互联网工具，设立“环境污染与健康”论坛，可以为科技界讨论新的研究方向、方法，发布研究报告，交流研究成果，交换研究资料和数据提供平台，促进我国环境与健康领域的发展。

3.4 开展国际合作

建议积极开展国际合作研究。中国有许多环境污染与健康研究的典型现场与对象，适合与国外专家开展合作研究，同时可引进国外的先进技术与研究方法，达到互惠互利，共出高水平的成果。

要重视化学污染

现在全球已合成各种化学物质 1 000 万种，每年新登记注册投放市场的约 1 000 种。我国能合成的化学品 3.7 万种。这些化学品在推动社会进步、提高生产力、消灭虫害、减少疾病、方便人民生活方面发挥了巨大作用，但在生产、运输、使用、废弃过程中不免进入环境而引起污染。

人们最为关注的是那些对生物有急慢性毒性、易挥发、在环境中难降解、高残留、通过食物链危害身体健康的化学品，它们对动物和人体有致癌、致畸、致突变的危害。这些危害主要表现在：

一是环境荷尔蒙类损害。近年来国际上对环境荷尔蒙研究很活跃，研究筛出大约 70 种这类化学品（如二噁英等）。欧洲、日本、美国等 20 个地区和国家的调查表明，近 50 年男子的精子数量减少 50%，活力下降，就是由于这些有害化学品进入人体干扰了雄性激素的分泌，导致雄性退化。

二是致癌、致畸、致突变化学品类损害。研究表明，有 140 多种化学品对动物有致癌作用，确认对人的致癌物和可疑致癌物有 40 多种。人类患肿瘤病例的 80% ～ 85% 与化学致癌物污染有关，致畸、致突变化学品污染物就更多了。

三是有毒化学品突发污染类损害。有毒、有害化学品突发污染事故发生频繁，严重威胁人民生命财产安全和社会稳定，有的造成严重生态灾难。尽管各国政府采取了预防措施，事后采取了补救办法，但也防不胜防。

为了防止危险化学品和农药通过国际贸易可能给一个国家造成危害和灾难，现在国际上采用事前同意程序公约（即《鹿特丹公约》）。1999 年 12 月 1 日已有 80 个国家签署了这个公约。

有毒化学品污染在我国也客观存在，从局部一些调查研究和监测数据看，情况比我们预想的要严重得多。我们应当组织一批科研监测力量开展调查研究，搞清现状，制定有针对性的政策、法规、标准及有计划地进行产业结构调整，开发和推行清洁生产工艺，减少有毒、有害化学品污染。

注：本文是魏复盛院士应邀在 2001 年 4 月 23 日《光明日报》上发表的文章。

削减持久性有机污染物降低人类健康风险

2004 年 5 月 17 日，又一项重大国际环境公约——《关于持久性有机污染物（POPs）的斯德哥尔摩公约》正式生效，这是继《保护臭氧层公约》和《气候变化框架公约》后，人类为保护全球环境而采取的第三个具有强制性减排要求的国际公约。目前已有 151 个国家签署、59 个国家批准了该公约。我国是公约首批签署国，目前国内公约核准程序尚未完成。

与常规污染物不同，POPs 兼具环境持久性、生物累积性长距离迁移能力和高毒性。公约首批 12 种 POPs 中包括：目前已知毒性最强的污染物——二噁英类，被列为世界八大公害事件的“米糠油事件”的元凶——多氯联苯，以及 20 世纪 60 年代曾引发世界环境运动的名著——《寂静的春天》主要针对的 DDT 等有机氯农药。

1　控制淘汰 POPs 已刻不容缓

削减和淘汰 POPs 已成为国际社会的共识和优先环境行动。人类对 POPs 的控制由来已久，早在 20 世纪 60 年代初发表的醒世之作——《寂静的春天》，就描写了杀虫剂等化学品（主要是 DDT）对环境和人体的影响。虽然该书的出版引起了历时数年的杀虫剂论战，并改变了当时美国的农药政策取向，但 40 多年前所提出的问题仍然是今天人类面对的主题，足见其处理的难度、迫切性和必要性。

国际上已有证据显示，POPs 与生物体损害、癌症的发病率和男性精子减少等有直接关系。目前，我国的 POPs 污染十分严重，且对人体健康的影响已开始显现。一些持久性有机污染物以及内分泌干扰物在我国的环境介质中常有检出，威胁到人体健康。例如 20 世纪 80 年代末期，某些地区的村民私自在路边、农田拆解含有多氯联苯的电力电容器，泄漏的多氯联苯对当地环境造成了严重污染，已显示出某些健康影响。农业土壤在禁用

注：本文由魏复盛院士撰写，发表在 2004 年 5 月 18 日《中国环境报》。

DDT 和六六六 20 年后，一些地区最高残留量仍在 1 mg/kg 以上。又如，被公认为毒性最大的二噁英类化合物已在我国有关化工产品、“三废”排放物和环境介质中检出。今后，随着重化工业的发展以及垃圾焚烧的增加，将可能进一步加重 POPs 污染。如果不采取有效的控制措施，排放到环境中的 POPs 进而污染土壤，将会成为“化学定时炸弹”，随时可能爆发，其影响深远。

2 POPs 已造成的损失和事故

世界上越来越多的国家对食品和进出口产品采取更加严格的 POPs 监测标准和措施。越来越严重的 POPs 污染，不仅威胁我国自身的食品安全和人体健康，而且严重影响产品的进出口贸易。

我国每年动植物产品的出口额超过百亿美元。但近年来，因为六六六、DDT 等有机氯农药残留问题而被退货、索赔和限制出口的事件时有发生，每次的货物金额超过亿元人民币。我国动物产品对欧盟的出口遭到全面禁止。从 2002 年开始，一些国家已经陆续要求我国对某些出口产品检测二噁英的含量。今后，随着发达国家进一步加强对 POPs 的检测，我国出口产品必将面临更多的限制。

历史上有多次 POPs 污染引起的重大事件。包括 1968 年日本爱知县因食用含多氯联苯的米糠油，造成上千人的严重集体中毒事件，约 20 人死亡，婴儿发育不全；类似中毒事件 1979 年在我国台湾也发生过；美国在越南战争期间使用含有二噁英类的落叶剂，导致当地民众、参战美军及其后代的众多健康问题。美国政府向有关参战军人支付了 1.8 亿美元健康赔偿；1999 年发生在比利时的鸡饲料二噁英污染事件波及全球，仅比利时畜牧业损失就高达 15 亿欧元。

3 公约生效可能带来的机遇

随着 POPs 公约的生效，履约规定发达国家应提供技术援助以及新的、额外的资金资源以满足发展中国家所涉及的全部增量成本。尽管具体的实施细则还有待缔约方大会的进一步讨论，但无论如何，这都为我们利用国际资金和技术，加快我国的 POPs 污染控制进程提供了机遇。尽早批准公约，参与公约的相关规则的制定，将会有利于为包括中国在内的发展中国家争取利益，降低污染控制的成本。目前，我国 POPs 污染现状还没有得到全面的认识，一些零散的研究反映出的问题相当严重，抓住加入国际公约争取更多资金和技术援助的有利时机，推动我国 POPs 污染控制已成为当务之急。

努力推进履行POPs公约的科技与管理支撑

作为一名环境科学研究者，作为中国履行《斯德哥尔摩公约》专家委员会顾问，我亲历了2004年中国人大常委会审议批准公约、2007年启动实施《国家实施计划》、2009年全面淘汰杀虫剂POPs实现阶段性履约目标的重要时刻，见证了国家相关履约机制的逐步建立和完善；见证了中国履约研究和管理队伍的发展和壮大；也见证了中国在POPs履约方面所做出的巨大努力和取得的成绩。在纪念中国签署《斯德哥尔摩公约》10周年之际，我非常愿意和大家一起，庆祝中国成功履约所取得的成就，分享对未来履约工作的考虑。

1　专家委员会及在科研方面取得的成绩

由于POPs问题的复杂性和挑战性，自签约以来，中国政府非常重视听取专家的意见和建议。为确保在管理、技术等重大政策方面的前瞻性和系统性，2008年5月中国组建了履行《斯德哥尔摩公约》的协调组专家委员会，在政策、法规、标准、技术等方面，提供咨询和支持。几年来，专家组成员认真履行职责，参与了《国家实施计划》的编制、履约重大政策和技术研究等工作。目前，专家组正在开展《国家实施计划》执行情况中期评估。希望大家的努力，可为国家履约管理提供关键指导和重要支撑。

公约的签署极大促进了中国的POPs研究工作。10年来，中国各级政府部门高度重视科研发展，组织开展了多项POPs监测方法研究、迁移转化、替代处置技术、履约管理研究的重大专项。在各科研机构、社会组织的积极参与配合下，中国POPs环境监测和科学研究等领域开展的各项工作都取得了良好成果。

环境监测方面，中国的国家级监测实验室已拥有监测公约受控名单中22种POPs的基本设施设备。特别是二噁英，环境保护部已建成覆盖华南、华

注：本文是魏复盛院士在中国签署《斯德哥尔摩公约》十周年纪念大会暨履约国际研讨会上的发言。

东、东北和西南地区的4个二噁英监测中心，而全国拥有的二噁英监测实验室已超过20家，由环保、卫生、商检、科研等系统构成的国家二噁英监测体系已基本建成。通过大量环境介质的点位监测，中国已了解到，首批12种受控POPs在空气中含量较低，但局部地点存在高浓度POPs污染严重并有较大风险。

基础科研方面，中国在分析方法、环境存在、毒理效应等重要领域的研究都取得了一定成果，其中一些研究结论在全球范围内被参考和引用。应用研究方面，尽管相关工作刚刚开展，但已在减排替代、处理处置等技术信息调研分析和评估方面做了大量的准备，并在有机氯农药、PCBs类、医疗废物类等污染场地的处置方面，开展了应用技术和管理模式的示范和研究。

这些研究成果为国家客观评估和掌握POPs的环境存在状况、确定POPs削减和淘汰目标任务、技术路线提供了支持，也为相关行业和企业实施POPs削减和处置工程提供了指导和技术。另外，在化学品污染事件频发的今天，POPs的研究和示范成果也为其他危险化学品的应对提供了有价值的参考。

2 POPs研究控制方面所面临的压力

必须意识到，过去几十年中，粗放式的快速发展和薄弱的防患意识，使中国在环保领域能够做出的投入有限，环境的历史遗留问题大量存在，尽管国家做出了巨大努力，新的环境问题仍然层出不穷、应接不暇。中国超过半个世纪的POPs生产使用产生的环境影响，要彻底搞清，并进行安全处理处置，还需要国内各界和国际社会给予更多的支持。

在首批列入公约受控范围的POPs中，有意生产的DDT、氯丹、灭蚁灵等杀虫剂类和多氯联苯等工业类化学品，曾在农业和各工业领域广泛应用，尽管全面开展的调研已最大限度地覆盖相关领域，但调查之外仍不时发现新的、含POPs废物的老工业基地和化工企业旧址。关于二噁英类POPs，中国呈现面广源多的特征。尤其，经济较发达的地区普遍排放强度较大，如不尽快采取有效措施，环境排放风险会更加严重。

新批准进入公约受控名单并对中国影响大的POPs，与首批受控POPs

不同，这些物质正在工业领域广泛应用，且底数不清，减排和替代更为复杂，对环境和人体健康的影响更大。例如，PFOs以各种形式应用于十几个工业和消费领域（有些还涉及高精尖科技），并已被证实广泛存在于人群中；阻燃剂多溴联苯醚类POPs，在沉积物中含量与美国相当，处于中度污染水平。

除了以上的繁重工作，中国还面临技术和资金缺乏的压力。以亟须大范围开展的POPs废物处置为例，中国仍主要以单一焚烧或填埋为主，尽管个别地区已开展水泥窑共处置的技术实践，距离大规模推广应用还有相当大的差距。资金方面，国际社会提供的援助和国内投入的资金，与中国POPs履约《国家实施计划》实际需求相比，还有一定差距；随着10种新POPs的增列，履约资金的缺口还在继续增大。

3　几点建议

鉴于目前的责任和压力，中国未来在POPs减排方面，还需在加强管理、技术研究和资源调动方面做更多的努力，同时，应注重加强风险评估和公众宣传的工作力度。

国际社会早在20世纪70年代“联合国人类环境会议”召开之时，就已着重强调风险评估和风险管理的作用。目前，在环境管理方面做得好的国家，已经将风险评估作为POPs等化学品管控的重要手段。由于风险评估不足，中国POPs领域“推广应用在先、评估定性在后”的模式，导致了现在巨大的环境影响和治理成本。

另外，POPs的防范需要更多人共同参与和努力。目前公众对POPs防控行动的参与和支持有限，对相关知识了解不够。建议政府和新闻媒体能够正确引导公众科学认识POPs物质的危害性，以使公众在国家环境治理行动中能自觉自发参与和提供支持。

4　结语

今天站在这里，我们既为这10年的成果所鼓舞，同时也深感未来任务的艰巨复杂。作为环保科研的践行者，我们深深体会到，在国内环保中的坚持不懈和全球环保中的敢于担当！受此鼓舞，我们将带着更强的责任感和使命感，以更大的努力，继续深化 POPs 科研工作，为国家履约工作提供强有力的支撑。由此，我们也相信，在中国各界的不懈努力和国际社会的持续支持下，下一个 10 年中，中国 POPs 履约的成绩会更加辉煌！

空气污染与儿童呼吸系统患病率的相关分析

空气污染，特别是颗粒物污染对居民的呼吸疾病和肺功能有不利影响。据美国一些大城市调查发现，空气中细颗粒物污染或更复杂的混合物污染造成肺心病人和肺癌死亡率的增加。儿童正处于生长和肺功能发育期，是对空气污染最敏感的人群，因此近年来国外十分重视研究空气中颗粒物、SO_2、NO_x、O_3、烟雾等对儿童呼吸健康和肺功能的影响，获得一些有益的结果。近年来有人认为，在制定空气质量标准时应把保护儿童健康放在首位。

空气污染对儿童肺功能影响研究是中美科技合作课题之一。课题组于1993—1997年在兰州、重庆、广州和武汉4个城市各选2所小学，累计调查8 000余名儿童，并同时进行了空气质量监测。这8所小学空气中PM_{10}、$PM_{2.5}$污染水平与特征，被动吸烟对儿童呼吸健康的影响已有报道。本文将8所小学的调查和监测作为一个整体，对儿童呼吸系统患病率（包括某些症状）与空气污染做线性回归分析。结果比同一城市2所小学对比分析更能说明空气污染对儿童呼吸健康的影响。

1 方法

1.1 数据的收集

经中美双方科学家研究确定在广州、武汉、兰州、重庆市各选取2所小学，其中1所位于城近郊，作为对照点，在城区中选1所污染较重的作为污染点，各城市采样点位见文献。

分别在这4个城市的8所小学中进行室外空气污染监测和儿童家庭及健康问卷调查。其中，室外空气污染监测的项目包括$PM_{2.5}$、PM_{10}、TSP、SO_2

注：原文刊载于《中国环境科学》2000年第20卷第3期，作者魏复盛、胡伟、滕恩江、吴国平、Jim Zhang、Robert S. Chapman。

和 NO_x。采样点分别设在各小学附近。颗粒物污染从 1995—1996 年做了 2 年的监测，收集了 1993—1996 年共 4 年的 SO_2 和 NO_x 例行监测数据。春季是疾病多发季节，因而采用了 1995 年的春季污染物季均值参加统计计算，其结果见表 1。

表 1 各小学的 1995 年春季空气污染物浓度 单位：mg/m³

小学	$PM_{2.5}$	PM_{10}	SO_2	NO_x
广州污染点	0.189	0.229	0.050	0.251
广州对照点	0.085	0.155	0.032	0.041
武汉污染点	0.101	0.151	0.084	0.185
武汉对照点	0.077	0.122	0.015	0.051
兰州污染点	0.296	0.488	0.269	0.195
兰州对照点	0.200	0.278	0.132	0.098
重庆污染点	0.131	0.218	0.318	0.076
重庆对照点	0.145	0.188	0.200	0.024

1993—1997 年，在这 8 所小学共发放涉及家庭状况、父母及儿童健康调查问卷（225 个问题）8 000 余份。收回符合要求的 7～12 岁的儿童健康调查问卷 7 977 份作为研究对象。

1.2 病症的定义

调查问卷所调查的病例和病症包括：

• 感冒时咳嗽：当感冒时，是否经常咳嗽；

• 未感冒时咳嗽：当没有感冒时，是否经常咳嗽；

• 咳嗽：感冒时咳嗽或者未感冒时咳嗽；

• 感冒时咳痰：当感冒时，经常从胸部咳痰（不包括来自鼻腔或咽喉的分泌物或黏液，下同）；

• 未感冒咳痰：当没有感冒时，经常从胸部咳痰；

• 咳痰：感冒时咳痰或者未感冒时咳痰；

• 感冒时气喘：当感冒时，曾经有气喘症状；

• 未感冒时气喘：当没有感冒时，曾经有气喘症状；

• 日夜气喘：在大多数白天或晚上，曾经有气喘症状；

• 哮喘病：曾被医生诊断患过哮喘病；

• 支气管炎：曾被医生诊断患过支气管炎。

患病率是指在调查期间对所研究的群体，观察到有症状或患病的人数占该群体的百分数。

1.3 统计方法

1.3.1 调整患病率及比数比 (OR) 值的计算

利用多元非条件 Logistic 回归计算污染点小学相对于对照点小学的比数比，及其 95% 的可置信度区间。

$$\ln\frac{p}{1-p}=\beta_0+\sum_{i=1}^{n}\beta_i\cdot x_i+\text{PLACE} \tag{1}$$

式中：p——事件发生的概率，即为患病率（包括症状发生率）；

β_0——模型的常数项；

x_i——混杂因子；

β_i——x_i 的回归系数；

PLACE——8 所小学的分类变量。

混杂因子主要考虑的是母亲受教育的程度、冬季家庭取暖燃煤、家庭成员吸烟、室内烟雾程度、家里有无通风设备和室内或室外做饭等。以 8 所小学作为分类变量进行回归，并以武汉的对照点小学作为比较的基准，因为其空气污染最轻。

在完成回归后，将得到的模型参数代入式（1)，并分别讨论混杂因子在高暴露［所有混杂因子取使式（1）中 p 值达到最大的值］和低暴露［所有混杂因子取使式（1）中 p 值达到最小的值］情况下的 p_1 及 p_0 值，即得到经调整后的患病率。

1.3.2 患病率与空气污染物浓度的一元线性回归

将原始患病率或调整后的患病率与各学校附近的空气污染物浓度进行一元线性回归，计算线性相关系数 r，并绘图。参考在自由度为 6（样本数为 8）的情况下 r 值是否大于 0.707（显著性水平 α=0.05)，以判断二者之间是否存在线性关系。

2 结果与讨论

2.1 各小学调整比数比分析结果

从各小学空气污染数据来看，同一城市内虽然污染有差异，但这种差别较小；而城市之间的污染差别较大。经多元非条件 Logistic 回归分析，以武汉市对照点小学为参比，消除了混杂因子后的 OR 值见表 2，说明其他各点污染对儿童呼吸健康已产生不利甚至有害的影响。特别是兰州，两点位的 OR 值相对参照点都较大，且大部分的患病（包括病症）都达到显著性差异水平。

表 2 8 所学校调整后的 OR 值比较（以武汉对照点小学为参考点）

病症		武汉		广州		兰州		重庆	
		污染点	对照点	污染点	对照点	污染点	对照点	污染点	对照点
咳嗽	OR	1.000	1.701	1.313	1.284	2.914	9.511	1.784	1.511
	CI*	—	1.39～2.09	1.05～1.64	1.02～1.62	2.24～3.79	7.23～12.5	1.36～2.34	1.22～1.87
感冒时咳嗽	OR	1.000	1.68	1.276	1.254	2.891	9.304	1.774	1.483
	CI	—	1.37～2.06	1.02～1.59	0.99～1.58	2.22～3.76	7.08～12.2	1.35～2.33	1.20～1.84
未感冒时咳嗽	OR	1.000	1.205	0.648	0.959	1.104	1.743	0.597	0.760
	CI	—	0.79～1.84	0.39～1.09	0.57～1.59	0.64～1.84	1.09～2.79	0.30～1.21	0.47～1.23
咳痰	OR	1.000	1.604	0.704	0.996	4.384	6.814	1.415	1.284
	CI	—	1.23～2.09	0.51～0.97	0.73～1.37	3.22～5.97	5.13～9.05	0.99～2.02	0.97～1.71
感冒时咳痰	OR	1.000	1.600	0.696	1.001	4.336	6.859	1.346	1.288
	CI	—	1.23～2.09	0.51～0.96	0.73～1.38	3.18～5.91	5.16～9.12	0.94～1.93	0.97～1.71
未感冒时咳痰	OR	1.000	1.682	0.713	1.263	2.236	3.257	1.149	1.384
	CI	—	0.96～2.95	0.35～1.46	0.64～2.48	1.17～4.28	1.80～5.90	0.51～2.58	0.75～2.54

续表

病症		武汉		广州		兰州		重庆	
		污染点	对照点	污染点	对照点	污染点	对照点	污染点	对照点
感冒时喘息	OR	1.000	1.621	0.887	0.918	1.385	2.304	2.567	2.253
	CI	—	1.15～2.28	0.60～1.32	0.60～1.40	0.92～2.09	1.59～3.34	1.69～3.89	1.58～3.21
未感冒时喘息	OR	1.000	1.741	1.282	1.987	1.532	2.759	1.066	1.186
	CI	—	0.73～4.18	0.48～3.44	0.76～5.18	0.53～4.44	1.08～7.06	0.31～3.61	0.46～3.07
哮喘	OR	1.000	1.626	1.093	1.910	0.980	3.062	2.459	1.887
	CI	—	0.76～3.47	0.47～2.55	0.83～4.39	0.39～2.48	1.40～6.72	1.01～6.01	0.86～4.15
支气管炎	OR	1.000	2.111	1.615	0.966	4.230	5.819	1.079	1.002
	CI	—	1.62～2.75	1.21～2.15	0.71～1.32	3.10～5.77	4.38～7.74	0.75～1.55	0.75～1.34

注：95% 置信区间，若这一区间未跨过 1 说明与参照点的 OR 值有显著性的差异。

2.2 呼吸系统患病率与空气污染物浓度的线性回归分析

患病率与 PM_{10}、SO_2、NO_x 及综合污染指数 I 之间的线性回归系数见表 3。由表 3 可知，除哮喘外，其他经调整的患病率与 PM_{10} 浓度的线性相关系数都比 0.707 大，说明儿童咳痰、咳嗽、未感冒咳痰、支气管炎的发生率与空气颗粒物 PM_{10} 污染关系很密切，而与 SO_2、NO_x 线性相关关系并不显著。通过指数 I 对各呼吸患病率进行线性回归分析可知，大部分的患病率都达到显著性水平。表明空气污染的综合作用对儿童呼吸系统患病率有比较密切的关系。未感冒咳嗽不仅与 PM_{10}，还与 NO_x 有较明显的正相关关系。哮喘与 SO_2 已达到显著正相关，且与 PM_{10}、NO_x 的相关系数较高，与它们的综合指数达到显著线性关系。

表 3 儿童呼吸系统患病率与污染物浓度的线性回归系数 *r*

病症	PM_{10}			SO_2			NO_x			I		
	p	p_0	p_1	p	p_0	p_1	p	p_0	p_1	p	p_0	p_1
咳痰	0.837	0.903	0.844	0.458	0.480	0.511	0.311	0.319	0.306	0.684	0.723	0.713

续表

病症	PM_{10}			SO_2			NO_x			I		
	p	p_0	p_1	p	p_0	p_1	p	p_0	p_1	p	p_0	p_1
咳嗽	0.900	0.952	0.899	0.549	0.555	0.602	0.345	0.344	0.309	0.772	0.792	0.783
未感冒咳痰	0.764	0.909	0.894	0.459	0.523	0.527	0.448	0.491	0.501	0.727	0.832	0.834
未感冒咳嗽	0.544	0.751	0.729	0.175	0.192	0.168	0.634	0.643	0.654	0.696	0.802	0.798
支气管炎	0.781	0.831	0.742	0.289	0.317	0.242	0.327	0.317	0.290	0.581	0.608	0.524
哮喘	0.695	0.674	0.665	0.707	0.677	0.676	0.383	0.359	0.365	0.808	0.773	0.772

注：p、p_0、p_1 分别为未调整患病率、低暴露调整患病率、高暴露调整患病率（下同）；综合污染指数 I 由表中各项污染物与其标准值的比值加和得到，污染物标准取我国空气质量二级标准（SO_2 0.06 mg/m³，NO_x 0.05 mg/m³，PM_{10} 0.10 mg/m³）进行计算；表中未感冒咳嗽的 I 未计入 SO_2。

2.3 空气污染综合作用对哮喘的影响

$PM_{2.5}$ 通过呼吸不仅可以在呼吸道沉积，还可以到达肺的深处，对呼吸健康影响很大。从考察 $PM_{2.5}$ 对呼吸系统患病率的影响发现，$PM_{2.5}$ 与哮喘发病率呈正相关（图 1），但未达到显著性水平。从表 3 可见，哮喘还与 SO_2、NO_x 污染呈正相关关系，相关系数分别为 0.707 和 0.383。由此可推测哮喘可能和 $PM_{2.5}$、SO_2、NO_x 污染的联合作用相关，为此用综合污染指数 I（$PM_{2.5}$、SO_2、NO_x 3 项污染物浓度与其标准值的比值加和得到，$PM_{2.5}$ 取美国标准 0.015 mg/m³，下同）做线性回归分析。其结果见图 2，可见哮喘和 $PM_{2.5}$、SO_2、NO_x 污染综合作用呈显著正相关关系。

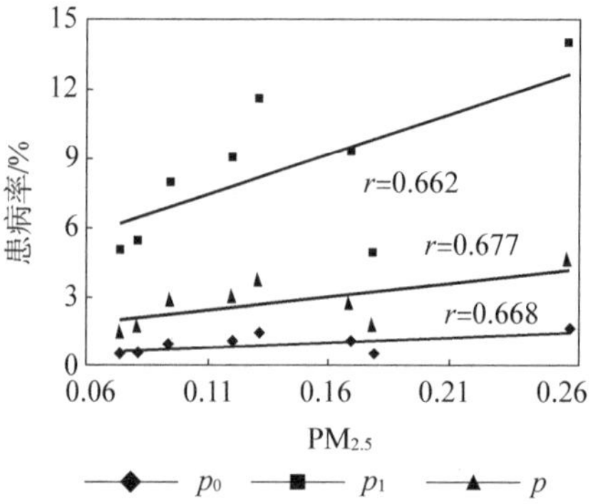

图 1 $PM_{2.5}$ 与哮喘患病率之间的线性关系

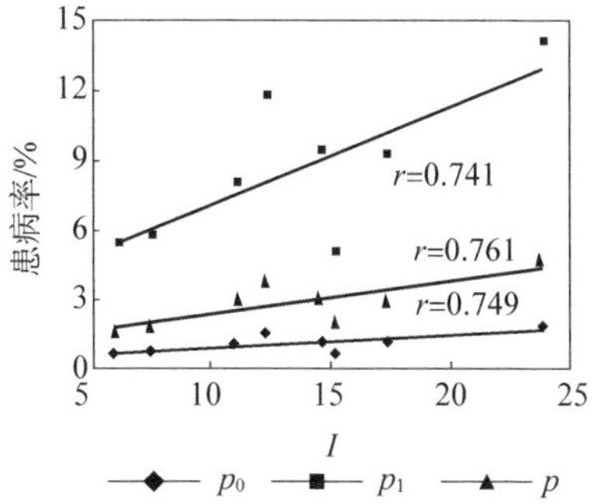

图 2 室外空气污染指数与哮喘患病率之间的线性关系

2.4 $PM_{2.5}$ 污染对支气管炎患病率的影响

图 3 绘出了 $PM_{2.5}$ 与支气管炎患病率之间的线性关系，表明有正相关的趋势。而在支气管炎发病率经过调整后，在低暴露水平下与 $PM_{2.5}$ 有显著的线性正相关关系。

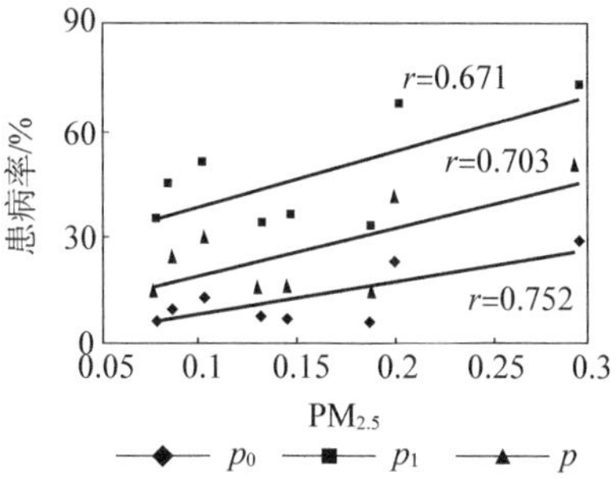

图 3 $PM_{2.5}$ 与支气管炎患病率之间的线性关系

2.5 $PM_{2.5}$ 污染对咳痰的影响

由图 4、图 5 可见，$PM_{2.5}$ 与咳痰症状率（包括未感冒咳痰）之间有着显著的线性正相关关系，说明咳痰症状率与空气中 $PM_{2.5}$ 污染关系很密切。

2.6 $PM_{2.5}$ 污染对咳嗽的影响

由图 6 可见，$PM_{2.5}$ 污染对咳嗽有着显著线性正相关关系，与未感冒时咳嗽症状有正相关趋势，但未达到显著性水平。从表 3 可见，未感冒时咳嗽与 NO_x 污染线性相关系数较大，为 0.561。同样用 $PM_{2.5}$、NO_x 两项污染物的综合指数与经调整后未感冒咳嗽发生率线性关系，在高暴露和低暴露下分别为 0.746 和 0.736（图 7）。这说明未感冒咳嗽与 $PM_{2.5}$ 和 NO_x 的综合作用有密切关系。

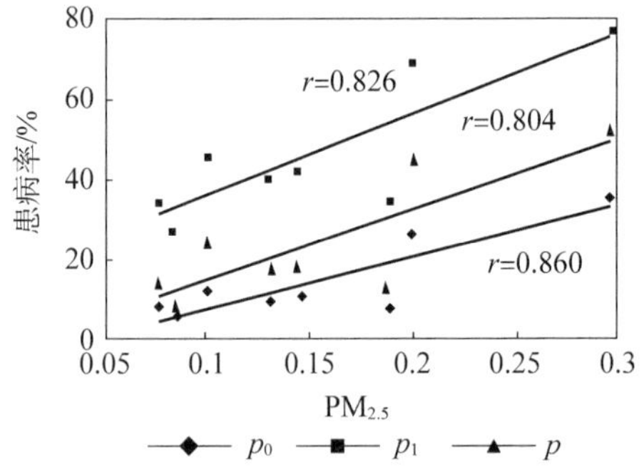

图 4　$PM_{2.5}$ 与咳痰症状率之间的线性关系

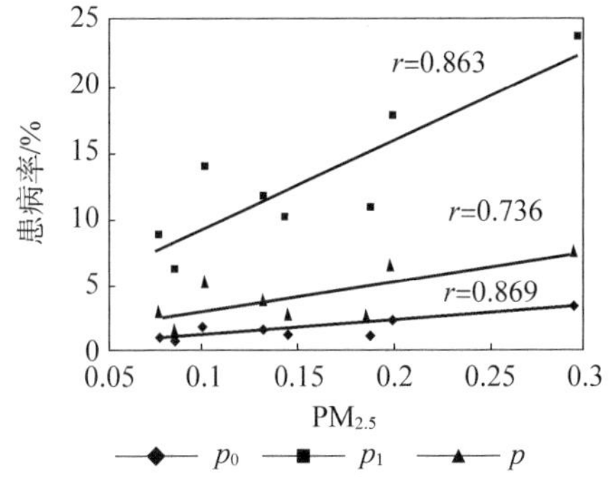

图 5　$PM_{2.5}$ 与未感冒咳痰症状率之间的线性关系

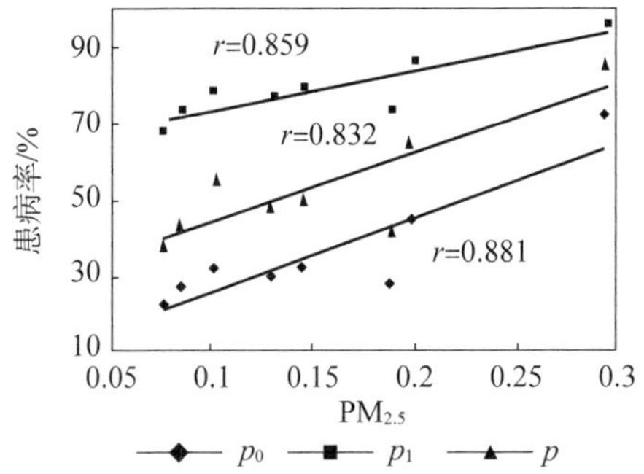

图 6　$PM_{2.5}$ 与咳嗽症状率之间的线性关系

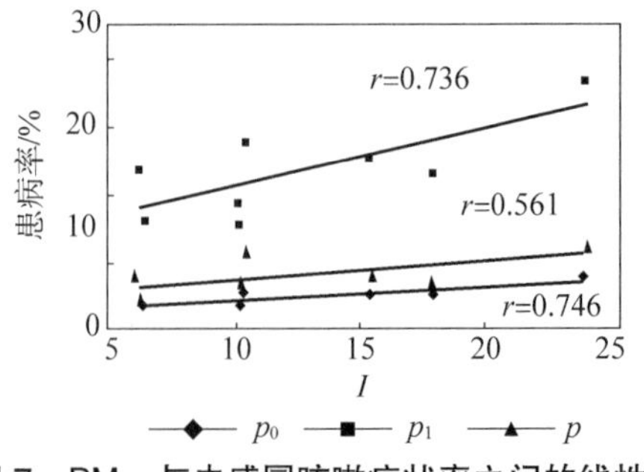

图 7　$PM_{2.5}$ 与未感冒咳嗽症状率之间的线性关系

3　结论与建议

4 个城市内 8 所小学污染虽然有差异，但较小，而城市之间的污染差异较大。8 所小学室外空气污染与呼吸系统患病的线性回归分析，其规律性明显。空气中 $PM_{2.5}$、PM_{10} 与儿童呼吸系统患病发生率呈线性正相关关系，其影响比 SO_2、NO_x 更密切。哮喘明显受颗粒物、SO_2、NO_x 的综合作用影响。未感冒咳嗽发生率明显受 $PM_{2.5}$ 和 NO_x 污染综合作用影响。鉴于颗粒物，特别是细颗粒物污染对人体呼吸健康影响很大，建议加强空气颗粒物污染防治的研究。

参考文献

[1] Schwartz J. Particulate air pollution anedisease [J]. Environ. Res, 1993, 62(1): 7-13.

[2] Heederik D, De Cock J, Endlich E Dust exposure indices and lung function changes in longshoremen and dock workers [J]. Am. J. In, Med.,1994,26(4):497-509.

[3] Dockery DW, Pope AC, Xu X, *et al*. An association between air pollution and mortality in six U. S. cities [J]. N. Engl. J. Med., 1993.329(24):1753-1759.

[4] Xu X, Wang L H. Association of indoor and outdoor particulate level with chronic respiratory illness [J] . Am. Rev. Respir. Dis., 1516-1522.

[5] Schwartz J, Dockery D W, Lucas M N, *et al*. Acute effects of summer air pollution on respiratory symptom reporting in children [J] . Am. J. Respir Crit. Med., 1994, 150: 1234-1242.

[6] 吴国平，胡伟，滕恩江，等 . 我国四城市空气中 $PM_{2.5}$ 和 PM_{10} 的污染水平 [J] . 中国环境科学，1999，19（2）：133-137.

[7] 滕恩江，胡伟，吴国平，等 . 中国四城市空气中粗细颗粒物元素组成特征 [J] . 中国环境科学，1999，19（3）：238-242.

空气污染与儿童肺功能指标的相关分析

Jedrychowski W 认为，儿童体格特征、室内室外空气污染及社会经济地位是影响儿童肺功能生长的因素。Frischer T 经过对 1 150 名儿童 3 年肺功能增长的研究，发现夏天 O_3 污染与儿童肺功能指标 FEV_1（1 s 末用力呼气量）、FVC（用力肺活量）变化有显著关联，但未观察到与 NO_2、SO_2、PM_{10} 有显著的相关关系。John M 在南加州的研究发现，PM_{10}、$PM_{2.5}$、NO_2 与调整后的儿童肺功能（FVC、FEV_1、MMEF）低下有关。波兰的研究发现在较高污染地区，儿童通气功能紊乱（FEV_1/FVC≤85%）与空气污染有显著的统计相关性，但发现在所研究地区目前的污染物（SPM、SO_2）浓度水平下，空气污染物与儿童呼吸病症没有关联。这些报道的结果不一致可能与研究区域空气污染程度不同及观测的时间较短有关。

本文设计的研究区域是 4 市 8 所小学，空气污染较重，且变化梯度大、跟踪观测时间长，空气污染对儿童及成人呼吸健康的相关分析表明，其规律性很明显本文采用两步回归法，研究了各种混杂因子对儿童肺功能发育的影响；控制了混杂因子后，对空气污染物浓度与儿童肺功能指标 FVC、FEV_1、FEV_1/FVC 调整均值、FEV_1 异常率及 FEV_1/FVC 异常率做相关分析，结果表明空气颗粒物污染对儿童肺功能发育有不利影响。

1　方法

1.1　数据的收集

环境监测及健康问卷调查数据收集见文献［7］。选出居住 5 年以上，家住距学校 1 km 以内 2～5 年级健康的儿童，每年分冷暖两季各进行 1 次肺功能指标的测量。测量方法按照美国胸科协会的《呼吸量测定法标准》操作步骤和要求进行，测定的指标主要有 FVC、FEV_1 和 FEV_1/FVC 等。每所小学

注：原文刊载于《中国环境科学》2001 年第 21 卷第 5 期，作者魏复盛、胡伟、吴国平、滕恩江、Jim Zhang、R.S. Chapman。

进行了 6～7 次的测量，按时间先后组成肺功能测量队列，共收集到肺功能数据 15 600 人次。

1.2　空气污染暴露

考虑暴露效应有滞后，因此在计算肺功能测量队列的空气污染暴露水平时，取该队列的前一季度各污染物的均值作为此队列的暴露水平。计算所得 4 城市各点位空气污染物暴露水平的范围见表 1。由于缺少 1993—1994 年 $PM_{2.5}$、PM_{10} 的数据，所以这两年的数据是从 1995—1996 年 $PM_{2.5}$ 或 PM_{10} 占 TSP 中的比例估算出来的。因为对于同一地点，$PM_{2.5}$ 或 PM_{10} 在 TSP 中的比例在不太长的时间内变化不大。

表 1　4 城市点位空气污染物暴露水平（季均值）的范围　单位：μg/m³

点位	$PM_{2.5}$	$PM_{2.5\sim10}$	PM_{10}	TSP	SO_2	NO_x
广州城区	36～189	5～76	74～263	175～417	44～73	179～358
广州郊区	35～85	28～70	63～155	150～236	24～71	41～105
武汉城区	44～124	30～84	74～208	283～378	16～100	85～185
武汉郊区	19～77	20～47	45～122	128～311	8～31	35～52
兰州城区	74～296	53～193	127～488	467～1146	34～269	31～195
兰州郊区	61～200	36～128	97～278	375～766	21～132	24～98
重庆城区	78～131	35～88	113～218	297～^443	8～476	64～114
重庆郊区	52～145	22～43	74～188	170～564	54～210	24～38

1.3　统计分析方法

为了研究空气污染暴露与儿童肺功能指标之间的统计关系，采用两步法进行分析。所研究的肺功能指标包括 FVC 调整均值、FEV_1 调整均值、FEV_1/FVC 调整均值、FEV_1/FVC 异常率（FEV_1/FVC≤80% 的比率）、FEV_1 异常率（FEV_1/ 预测值≤85% 的比率）。FEV_1/FVC 和 FEV_1/ 预测值是判断儿童肺功能通气功能障碍的重要指标。本研究取 FEV_1/FVC≤80% 和 REV1/ 预测值≤85% 的发生率为异常率。

首先，根据肺功能指标的特性选择合适的统计回归模型。如果肺功能指标为连续数值变量（FEV_1/FYC、FEV_1、FVC），则选择一般线性模型（GLM）；如果为定性变量（FEV_1/FVC≤80% 的异常率，FEV_1/ 预测值≤85% 的异常率），则选择 Logistic 回归模型。通过逐步回归先粗选出有明显影响的混杂因子，不论哪种模型，在模型中都代入一个代表队列的分类变量，并在模型中控制粗选出的混杂因子。这样可得到混杂因子的调整参数，也可得到各个队列的参数。如果是一般线性模型，可以直接计算出各队列肺功能指标在控制了混杂因子以后的调整均值。这些队列参数中包括着空气污染与儿童肺功能指标存在关系的某些信息。由于混杂因子中涉及家庭和室内环境、健康状况等，同样从混杂因子的参数中可以了解这些因子与肺功能指标的关系。为了提高模型的稳定性以及考虑肺功能指标的对数正态分布特性，在进行 GLM 模型回归之间，对连续数值变量做了对数变换。

第 2 步，将第 1 步得到的各个队列的参数作为因变量，空气污染物浓度作为自变量，进行一元一次回归分析，研究其回归的斜率同零是否有统计上显著的差异。如果有显著差异，则说明空气污染物浓度与肺功能指标之间有着统计关联关系。对于连续变量，从斜率的正负可以看出关联方向的正负。对于定性变量，可以直接从第 2 步中计算出比数比（OR），它近似等于相对危险性。OR 值＞1，说明混杂因子与肺功能指标之间存在正相关性；OR 值＜1，说明混杂因子与肺功能指标之间存在负相关性。用线性回归图形可以将它们的关系直观地显示出来。

2 结果与讨论

2.1 混杂因子对功能发育的影响及其控制

所控制的混杂因子包括儿童自身因子（身高、体重、性别、年龄等）、家庭室内环境（室内燃煤、通风设备、烟雾程度等）和生活习惯、母亲受教育程度、被动吸烟、自身的健康状况、父母的健康状况等。对于 FEV_1、FVC 及 FEV_1/FVC 的模型 r 值分别达到 0.743、0.771 和 0.136，可见一般线性模型对这 3 个指标的解释变差令人满意。各混杂因子的模型系数见表 2。

表 2 模型中混杂因子控制结果

因子	FEV_1/PVC① 系数 /×10^2	P	$FEV_1$②系数 /×10^2	P	FVC③ 系数 /×10^2	P	FEV_1 异常率 ORP	FEV_1/FVC 异常率 ORP
男性	−2.40	*	4.66	*	7.09	*	0.409*	1.608*
年龄	0.18	t	1.55	*	1.40	*	0.790*	0.882*
身高	0.064	*	1.35	*	1.29	*	0.819*	
体重	−0.20	*	0.44	*	0.64	*	0.900*	1.048*
患气管炎	−1.02	*	−0.93	*				
前一年患支气管炎	−1.49	*			1.25			
患过哮喘	−1.84	*	−3.82	*				
去年患哮喘	−3.38	*						

注：①模型回归 r 值为 0.136；②模型回归 r 值为 0.743；③模型回归 r 值为 0.771。表中空白格表示不需要调整的因子（逐步回归粗选时筛除的因子），* $P<0.01$；t：$P<0.05$。

由表 2 可见，儿童自身因子是影响儿童肺功能的主要混杂因子，例如身高与 EEV_1/FVC 调整均值、FVC 调整均值、FEV_1 调整均值之间的统计相关极为显著（$P<0.001$），其系数为正，说明随着身高的增长，这些肺功能指标也随之增大；而 $FEV_1/FVC \leq 80\%$ 的异常率 OR 值小于 1，说明随着身高的增长，这一指标的异常率减小。男孩的 FEV_1/FVC 调整均值系数为负，这说明男孩的 FEV_1/FVC 比女孩要小，这与国外的研究结果相一致。儿童自身的健康状况也是影响其肺功能的重要混杂因子，如 FEV_1/FVC 的调整均值、FEV_1 的调整均值与儿童患过哮喘或支气管炎、前一年患了哮喘或支气管炎之间的统计显著性都小于 0.001，并且其系数均为负，说明患过哮喘或支气管炎对儿童肺功能有不利的影响关联。其他混杂因子，如室内环境因子、生活习惯、父母受教育程度、被动吸烟、父母健康因子等，未发现与儿童肺功能之间有统计上显著的关联关系（因篇幅所限未在表 2 中列出）。

2.2 空气污染物浓度与儿童肺功能指标的关系

通过第 2 步回归得到各种污染物与儿童肺功能指标之间的线性相关系数 r 以及显著性水平 P 见表 3。由表 3 可见：空气中 SO_2 浓度与儿童肺功能指标 FEV_1/FVC 调整均值、FEV_1 调整均值呈负相关趋势，与 FEV_1/FVC 异常率、

FEV_1 异常率呈正相关趋势，但均未达到显著性水平。SO_2 浓度与 FVC 调整均值、NO_x 与 FEV_1/FVC 调整均值、FEV_1 调整均值、FEV_1/FVC 异常率相关的方向性与预料的相反，但均未达到显著性水平，有待进一步探讨；空气中 $PM_{2.5}$、$PM_{2.5\sim10}$、PM_{10}、TSP 浓度与儿童肺活量 FVC 调整均值有正相关趋势，但均未达到显著性水平；空气中颗粒物污染与反映儿童肺功能通气功能障碍或通气功能紊乱的指标则有显著的相关关系。

表 3　儿童肺功能指标与空气污染物暴露的线性关系

污染物	FEV_1/FVC 调整均值		FEV_1/FVC 异常率 /%		FEV_1 调整均值		FEV_1 异常率 /%		FVC 调整均值	
	r	P	r	P	r	P	r	P	r	P
$PM_{2.5}$	-0.33	0.03	0.31	0.048	-0.15	0.33	0.02	0.88	0.12	0.45
$PM_{2.5\sim10}$	-0.36	0.02	0.28	0.07	-0.19	0.24	0.21	0.19	0.12	0.46
PM_{10}	-0.37	0.02	0.33	0.03	-0.18	0.25	0.10	0.53	0.13	0.41
TSP	-0.59	<0.01	0.52	<0.01	-0.32	0.04	0.19	0.24	0.18	0.25
SO_2	-0.27	0.09	0.27	0.08	-0.09	0.58	0.14	0.39	0.17	0.28
NO_x	0.24	0.12	-0.30	0.05	-0.01	0.97	-0.32	0.04	-0.23	0.14

2.3　TSP 污染与 FEV_1 整均值的关系

图 1 为 FEV_1 的调整均值（控制的混杂因子见表 2）与 TSP 之间的线性相关关系。由图 2 可见，它们之间的负相关性达到了统计上的显著性水平。TSP 每增加 1 mg/m^3，可使 FEV_1 下降约 52.6 ml，即 TSP 污染对儿童肺功能指标 FEV_1 有不良影响。

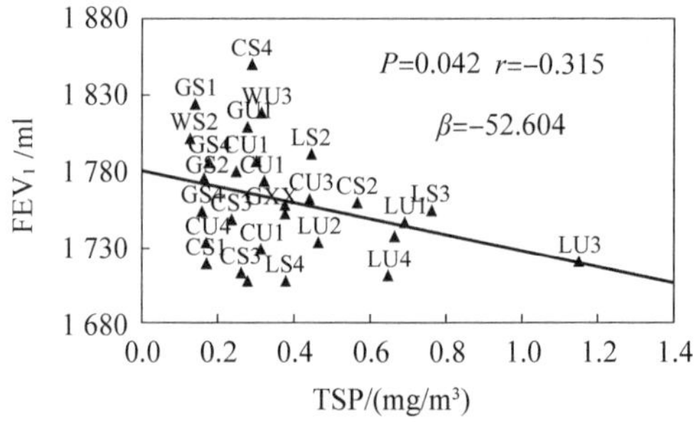

图 1　FEV_1 的调整均值与 TSP 的线性相关

G、W、L、C 分别代表广州、武汉、兰州和重庆；S、U 分别代表郊区和城区；数字代表测量队列；β 为直线斜率；下同

2.4 $PM_{2.5}$、TSP 污染与 FEV_1/FVC 调整均值的关系

由表 2 可见，FEV_1/FVC 调整均值与 PM_{10}、$PM_{2.5}$、$PM_{2.5\sim10}$ 和 TSP 之间的线性关系。它们的斜率都为负值，且与零有显著差异（P 分别为 0.015、0.033、0.021 和 <0.001），说明随着这些颗粒物浓度的增高，儿童的 FEV_1/FVC 调整均值随之减少，使儿童小气道的通气阻力有增大的趋势。由图 2、图 3 也可以看出，$PM_{2.5}$、TSP 每增加 1 mg/m³，其 FEV_1/FVC 的调整均值分别下降 8.38% 和 4.16%。

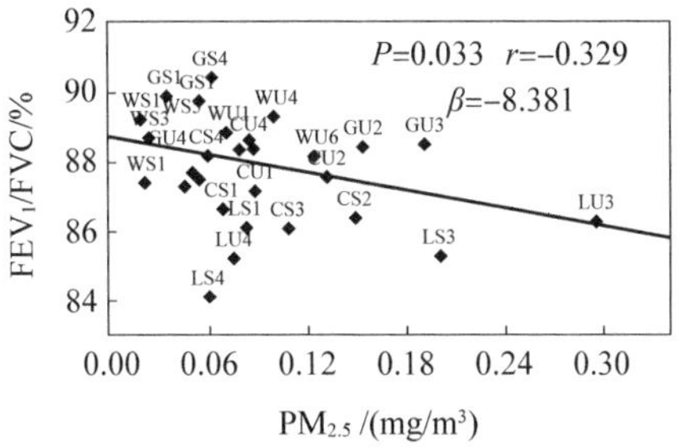

图 2 FEV_1/FVC 调整均值与 $PM_{2.5}$ 的线性相关

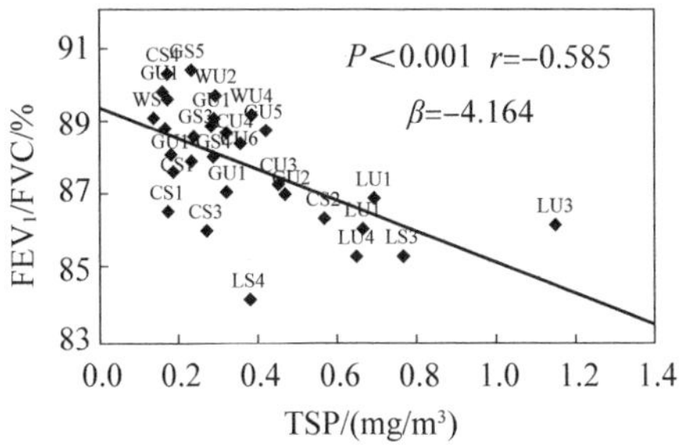

图 3 FEV_1/FVC 调整均值与 TSP 的线性相关

2.5 $PM_{2.5}$、TSP 与 $FEV_1/FVC\leqslant 80\%$ 异常率的关系

图 4、图 5 为空气中颗粒物浓度与 FEV_1/FVC 异常率的线性相关图。由图 4、图 5 可见，FEV_1/FVC 异常率与 PM_{10}、$PM_{2.5}$ 和 TSP 之间有着显著的正相关性。这说明随着颗粒物浓度的增高，FEV_1/FVC 的异常率也随之增高。$PM_{2.5}$ TSP 每增加 100 μg/m³ 时，其对应的 OR 值分别为 1.54 和 1.23。

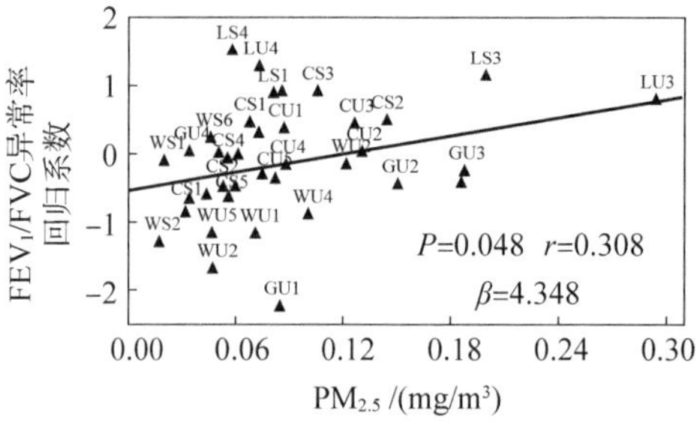

图 4 FEV$_1$/FVC 异常率回归系数与 PM$_{2.5}$ 的线性相关

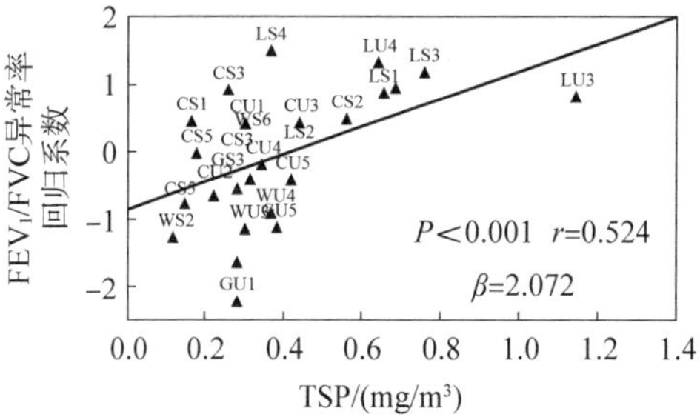

图 5 FEV$_1$/FVC 异常率回归系数与 TSP 的线性相关

3 结论

（1）儿童处于生长发育期，随着身高、体重、年龄的增加，肺功能各项指标明显地增长，而且与性别有关，即儿童自身因子与儿童肺功能指标的关系最为密切。其次是儿童患过支气管炎、哮喘等呼吸系统疾病与 FEV$_1$、FEV$_1$/FVC 有非常显著的相关关系。未发现室内环境状况、母亲社会因素、被动吸烟、父母健康状况等因子与儿童肺功能有显著的统计关联。

（2）空气中颗粒物、SO$_2$、NO$_x$ 污染与 FVC 调整均值没有统计关联；SO$_2$、NO$_x$ 污染与 FEV$_1$ 调整均值、FEV$_1$/FVC 调整均值、FEV$_1$/FVC 异常率之间也无统计关联，说明其影响不明显，原因有待进一步研究。

（3）FEV$_1$/FVC ≤ 80% 的异常率与 PM$_{2.5}$、TSP 污染呈显著的正相关关系、FEV$_1$/FVC 的调整均值与 PM$_{2.5}$、TSP 污染呈显著的负相关关系，FEV$_1$ 的调整均值与 TSP 之间有显著的负相关关系。这都说明空气中颗粒物污染可能是导致儿童小气道通气功能障碍或通气功能紊乱的原因之一。

参考文献

[1] Jedrychowski W, Flak E, Mraz E. The adverse effect of low levels of ambient air pollutants on lung function growth in preadolescent children [J]. Environ. Health Perspect, 1999, 107 (8): 669-674.

[2] Frischer T, Studnicka M, Gartner C, et al. Lung function growth and ambient ozone: a three-year population study in school children [J]. Am. J. Respir. Crit Care Med., 999,160(2): 390-396.

[3] Peters JM, Avol E, Navidi W, et al. California communities with differing levels and types of air pollution II. Effects on pulmonary function [J]. Am. J. Respir. Crit Care Med., 999, 159: 768-775.

[4] Jedrychowski W, Flak E, Mraz E. Chronic respiratory symptoms and lung function in children related to air pollution in the residential areas [J]. Przegl Lek, 1998, 52(3): 329-337.

[5] 魏复盛，胡伟，滕恩江，等. 空气污染与儿童呼吸系统患病率的相关分析 [J]. 中国环境科学，2000，20(3): 220-224.

[6] 吴国平，胡伟，滕恩江，等. 空气污染对成人呼吸健康影响的分析 [J]. 中国环境监测，2001，17(7): 33-38.

[7] 胡伟，魏复盛，滕恩江，等. 空气污染对儿童及其父母呼吸系统健康的影响 [J]. 中国环境科学，2000，20(5): 425-428.

[8] American Thoracic Society, Standardization of spirometry-1987 update [J]. Am. Rev. Respir. Dis., 1987,136: 1285-1298.

[9] 胡伟，吴国平，滕恩江，等. 儿童肺功能指标测量方法比较及异常值的探讨 [J]. 中国环境监测，2001，17(7): 52-55.

[10] Schwartz J, Katz S A, Fegley R W, et al. Sex and race differences in the development of lung function [J]. Am. Rev. Respir. Dis., 1988, 138: 1415-1421.

不同工作环境人群多环芳烃的日暴露总量

多环芳烃（PAHs）是煤炭、石油、木材等有机物热解和不完全燃烧的产物，其中苯并［*a*］芘（BaP）是一种强致癌物。职业暴露于高浓度PAHs环境的焦炉工人肺癌死亡率高；北欧冰岛人由于长期食用PAHs含量很高的烟熏食品，胃癌高发。由于PAHs在环境中分布非常广泛，人们在日常生活工作中对其暴露是不可避免的（如呼吸、饮食甚至一些皮肤接触），日积月累对健康可能产生潜在危害。综合评价人体对PAHs的暴露程度及风险水平成为人们日益关注的问题，作者研究了不同工作环境人群PAHs日暴露量、来源及暴露物中PAHs化合物间的相关关系，为PAHs暴露风险评价提供了基础数据，对不同工作环境人群采取措施减轻PAHs暴露危害提出建议。

1　实验部分

1.1　受试者选择

100名受试者选自我国东北某市，均为不吸烟成人（23～51岁），男65名，女35名。其中，50名为焦炉工人，根据不同工作场所又将其分为“炉底”“炉侧”“炉顶”3组；另外50名为一般人群，包括25名远离工业区的办公室人员和25名炼钢厂管理人员。采样时间为2002年11—12月。

1.2　仪器、试剂与材料

个体空气采样器，包括BGI个体采样泵、BGI电池、PEM^{TM}个体采样切割头（内装直径25 mm石英纤维滤膜，采集PM_{10}），聚四氟乙烯固定器［内装两段密度为0.02 g/cm^3，长100 mm，直径17 mm的聚氨酯泡沫（PUF），采集气相样品］；索氏提取装置和250 ml圆底烧瓶；真空旋转蒸发

注：原文刊载于《中国环境科学》2004年第24卷第5期，作者段小丽、魏复盛、杨洪彪、Zhang Jim、Zhang Lin、许军。

仪；Florisil 小柱，WATERS 051960；EPA 610 PAHs 混标，Supelco；二氯甲烷、异辛烷、苯、乙腈、Tedia，HPLC 纯；反相 HPLC 色谱仪 (Waters 600E)，可编程序荧光检测器（Waters 470）；LC-PAH 专用液相色谱柱（25 cm×4.6 mm, Supelcosil™ 5 μm）。

1.3　样品采集

受试者在参试的 24 h 内（包括 8 h 工作时间）都要随身佩戴个体采样器，切割头挂到胸前，采样口朝外，睡觉时放到枕边，洗澡时放到防潮且离受试者最近的位置。采样流速约为 4 L/min，采样前后流速的均值作为采样流速。采样流速与时间的乘积即为采样体积。

在空气样品采集当天，受试者所食用的全部食品（不包括饮料和汤）都要留出备份装入饭盒。由于 PAHs 为脂溶性，在饮用水中含量非常低，BaP 日饮水暴露量约为 0.002 μg/d，可忽略。焦炉工人身着防护服，故未考虑皮肤暴露。

受试者在该 24 h 内排泄的尿液样品也全部采集并做 PAHs 代谢产物轻基多环芳烃测定。

1.4　样品处理与分析

采集所得的 PM_{10}（滤膜）和气相（PUF）样品单独进行处理。先经二氯甲烷索氏提取，再经真空旋转蒸发后用乙腈定容到 1 ml，24 h 的食品样捣碎并充分混匀称重，准确分取 100 g，用 KOH、乙醇溶液皂化 4 h，异辛烷萃取后经过滤、真空旋转蒸发、Florisil 小柱净化，最后用乙腈定容到 1 ml。空气和食物样品在整个处理过程中都要避光。提取液在冰箱冷冻（−20℃）保存。用乙腈 - 水梯度洗脱 - 反相 HPLC/ 可编程序荧光检测的方法对 14 种 PAHs（萘、二氢苊、芴、菲、蒽、荧蒽、芘、苯并［*a*］蒽、䓛、苯并［*b*］荧蒽、苯并［*k*］荧蒽、苯并［*a*］芘、二苯并［*a,h*］蒽、苯并［*g,h,i*］苝，在美国环境保护局规定的 16 种 PAHs 优先污染物名单之列）进行定量分析。14 种 PAHs 化合物的回收率均在 70% 以上，其中空气和食物样品中苯并［*a*］芘（BaP）的回收率在 85% 左右。

1.5　暴露量的计算

将受试者对应 PM_{10} 或气相 PAHs 浓度（ng/m^3）与呼吸量（15 m^3）的乘

积作为其 PAHs 的“日 PM_{10} 暴露量”或“日气相暴露量”，二者之和为“日呼吸暴露量”。受试者食品浓度（ng/g）与日饮食量（g）乘积作为其 PAHs 的“日饮食暴露量”。“日呼吸暴露量”和“日饮食暴露量”之和作为“日暴露总量”。数据分析用 SPSS 完成。

2 结果与讨论

2.1 不同工作环境人群 BaP 的日暴露总量

由于 BaP 致癌性强，常被作为研究 PAHs 的代表化合物，表 1 列出了实验所选人群 BaP 的 PM_{10}、气相、食品暴露量及日暴露总量。图 1 为日暴露 BaP 来源比例示意。

表 1 不同工作环境人群 BaP 日暴露量 单位：μg/d

参数	项目	一般人群		焦炉工人		
		1 组	2 组	3 组	4 组	5 组
日 PM_{10} 暴露量	算术均值	0.14	0.26	7.18	17.50	24.89
	标准偏差	0.08	0.15	11.53	33.38	35.91
	中位值	0.13	0.23	3.45	10.69	16.54
	范围	0.001～0.28	0.001～0.66	0.001～45.56	0.73～155.56	0.02～144.93
日气相暴露量	算术均值	0.01	0.01	0.01	0.02	0.03
	标准偏差	0.02	0.04	0.02	0.02	0.03
	中位值	0.001	0.001	0.001	0.02	0.03
	范围	0.001～0.07	0.001～0.19	0.001～0.08	0.001～0.09	0.001～0.11
日食品暴露量	算术均值	1.39	0.74	0.98	0.87	1.01
	标准偏差	3.13	0.63	0.55	0.33	0.58
	中位值	0.53	0.52	0.95	0.98	0.86
	范围	0.06～13.49	0.08～2.40	0.32～2.26	0.32～1.46	0.43～2.65

续表

参数	项目	一般人群		焦炉工人		
		1 组	2 组	3 组	4 组	5 组
日暴露量	算术均值	1.54	1.01	8.17	18.39	25.93
	标准偏差	3.11	0.58	11.52	33.31	35.79
	中位值	0.62	0.82	4.60	11.15	17.35
	范围	0.23～13.62	0.29～2.57	0.43～46.54	1.18～156.20	0.51～145.77

注：1 组为办公人员（25 人）,2 组为炼钢管理人员（25 人）,3 组为炉底工人（14 人）,4 组为炉侧工人（20 人）,5 组为炉顶工人（16 人）。

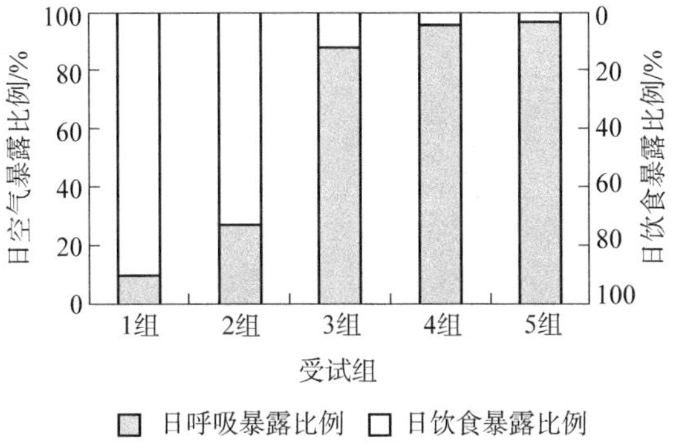

图 1　不同工作环境人群 BaP 日暴露来源比例示意

由表 1 和图 1 可见，不同工作环境人群 BaP 日呼吸暴露量存在很大差异，一般人群为 0.1～0.3 μg/d，比文献报道的 0.05～0.19 μg/d 高出近 1 倍，约有 92% 来自 PM_{10} 暴露；焦炉工人为一般人群的 25～170 倍，相当于日吸 350～1 250 支香烟的暴露水平，炉顶工人高于炉侧工人，二者均高于炉底工人，约 98% 来自 PM_{10} 暴露；受试者 BaP 日饮食暴露量为 0.7～1.4 μg/d，与文献报道的 0.16～1.6 μg/d 暴露水平相当，组间差异不大，这可能是由于受试者选自同一城市，饮食习惯基本相同。一般人群饮食暴露是主要来源，约占 70% 以上，而焦炉工人呼吸暴露是主要途径，占 90% 以上。

2.2　不同工作环境人群 PAHs 的日暴露总量

图 2 为不同工作环境人群 14 种 PAHs 的日暴露总量（算术均值）示意。可见，14 种 PAHs 化合物的暴露总量呈现出的规律为：焦炉工人高于一般人群，且炉顶工人高于炉侧工人和炉底工人；焦炉工人 PAHs 日暴露量是一般

人群的数十倍至数百倍；2～3 环 PAHs（如萘等）的暴露量大，可达几十微克至上百微克，4～6 环以上 PAHs（如 BaP 等）相对较低，但动物实验证明其大都具有致癌性，各组人群 PAHs 暴露来源也不同，焦炉工人以呼吸暴露为主，加强职业防护、改善工作环境应为优先措施；而一般人群饮食暴露占很大比重，在改善其空气环境质量的同时，要特别注意合理膳食，少吃烟熏、烧烤等 PAHs 含量高的食品。

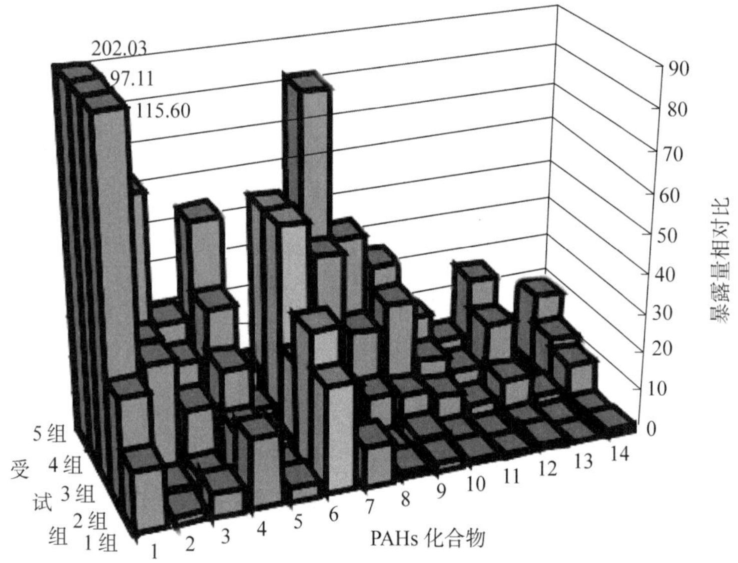

图 2　不同工作环境人群 PAHs 日暴露总量示意

1—萘；2—二氢苊；3—芴；4—菲；5—蒽；6—荧蒽；7—芘；8—苯并［*a*］蒽；9—䓛；10—苯并［*b*］荧蒽；11—苯并［*k*］荧蒽；12—苯并［*a*］芘；13—二苯并［*a,h*］蒽；14—苯并［*g,h,i*］苝

2.3　各 PAHs 各化合物日暴露总量的相关关系

用 Spearman 检验 PAHs 化合物日暴露总量的相关性，所得相关系数见表 2。除二苯并［*a,h*］蒽与个别化合物相关性较差（可能是由于该化合物含量低，方法灵敏度不够），其余化合物均达到了两两显著正相关。特别是强致癌物 BaP 及致癌性的苯并［*b*］荧蒽、苯并［*k*］荧蒽、苯并［*a,h,i*］苝和非致癌物芘等均呈显著相关关系。

表 2　总暴露物中 PAHs 化合物相关关系（n=100）

化合物编号	化合物编号													
	1	2	3	4	5	6	7	8	9	10	11	12	13	14
1	1.00	0.79	0.80	0.71	0.75	0.34	0.64	0.71	0.66	0.76	0.76	0.72	0.09*	0.73
2		1.00	0.86	0.78	0.79	0.33	0.71	0.82	0.82	0.87	0.88	0.85	0.26	0.81
3			1.00	0.85	0.90	0.49	0.77	0.81	0.75	0.87	0.85	0.85	0.19*	0.85
4				1.00	0.94	0.54	0.75	0.81	0.80	0.83	0.83	0.80	0.18*	0.77
5					1.00	0.64	0.83	0.82	0.81	0.88	0.85	0.83	0.22**	0.85
6						1.00	0.50	0.47	0.48	0.50	0.45	0.49	0.19*	0.52
7							1.00	0.78	0.79	0.79	0.76	0.74	0.16*	0.79
8								1.00	0.80	0.89	0.90	0.90	0.24**	0.85
9									1.00	0.85	0.83	0.82	0.29	0.78
10										1.00	0.97	0.95	0.32	0.91
11											1.00	0.97	0.29	0.91
12												1.00	0.29	0.92
13													1.00	0.32
14														1.00

注：1~14 分别代表 14 种 PAHs 化合物，同图 2。*$P>0.05$（不相关）；**$0.05>P>0.01$（相关）；其余 $P<0.01$（显著相关）。

3　结论

（1）焦炉炉顶工人、炉侧工人、炉底工人、炼钢管理人员、办公室工作人员 BaP 的日暴露量依次减小，焦炉工人 PAHs 日暴露量是一般人群的数十倍至数百倍。

（2）2～3 环 PAHs 日暴露量较大，4～6 环 PAHs 暴露量较低。由于后者具有致癌性，更值得关注。

（3）焦炉工人 PAHs 日暴露以呼吸暴露为主，而一般人群以饮食暴露为主。

（4）除二苯并［*a*,*h*］蒽外，各 PAHs 化合物日暴露量呈正相关关系。

参考文献

［1］Environmental health criteria 202. Selected non-heterocyclic polycyclic aromatic hydrocarbons ［M］. Geneva：World Health Organization, 1998.

［2］程元恺. 致癌性多环芳烃［M］. 北京：人民卫生出版社，1979.

［3］杨洪彪，段小丽，Jim Zhang，等. 焦炉工人 PAHs 空气日均暴露浓度分析［J］. 环境监测管理与技术，2004，16(4)：13-16.

［4］Dennis M J, Massey R C, Mc Weeny D J, et al. Analysis of polycyclic aromatic hydrocarbons in UK total diet［J］. Fd. Chem. Toxic., 1983,21(5)：569-574.

［5］Method TO-13, Deternination of benzo(a)pyrene and other polycyclic aromatic hydrocarbons(PAHs) in ambient air using gas chromatographic(GC) and high performance liquid chromato-graphic(HPLC) analysis［S］.

［6］Scherer G, Conze C, Von Meyerinck L, et al. Importance of exposure to gaseous and particulate phase components of tobacco smoke in active and passive smokers［J］. Int. Arch. Occup. Environ. Health, 1990,62：459-466.

［7］王连生. 环境化学进展［M］. 北京：化学工业出版社，1995.

某肺癌高发区人群环境多环芳烃和微量元素的日暴露量

人体与环境之间不断进行物质交换，使机体与环境之间保持动态平衡，一旦某些因素破坏了这种平衡，就容易导致疾病的发生，如暴露有害污染物或摄入营养元素不足，地区性疾病和区域环境有着密切的关系。

我国云南某肺癌高发区备受关注，20 多年的研究结果表明，室内燃烧烟煤造成的空气污染是肺癌高发的主要危险因素，室内空气中以苯并［*a*］芘（BaP）为代表的致癌性多环芳烃水平与肺癌发病关系密切。美国根据 94 个城市 28 个农村地区调查结果认为，大气中苯并［*a*］芘浓度增加 0.1 μg/100 m^3，肺癌死亡率相应升高 5%。

有关肺癌的病因学研究结果认为，吸烟、职业暴露、空气污染等均是人类肺癌发病的主要危险因素，该地区的肺癌很可能是多种因素共同作用的结果，如环境中多环芳烃的污染、有毒有害元素的暴露、某些营养物质的摄入不足等，因此为了多方面探讨肺癌高发的原因，本研究对当地室内、外空气中多环芳烃和居民饮食中的元素进行测定，分析多环芳烃的分布特征，计算人群苯并［*a*］芘和多种微量元素的日暴露量，为深入开展环境污染对肺癌产生的影响提供科学数据。

1　材料与方法

1.1　仪器与试剂

1.1.1　仪器

中流量采样器（Thermo Environmental Instruments Inc.，90 Franklin, A），玻璃纤维滤膜（Whatman，直径 10.16 cm），聚氨酯泡沫（PUF）（Tisch Environmental，直径 6.3 cm，长 7.6 cm），Agilent 6890-5973N 气相色谱质谱联用系统 G1701DA 质

注：原文刊载于《中国环境科学》2010 年第 30 卷第 1 期，作者张霖琳、吕俊岗、吴国平、魏复盛。

谱（美国Agilent公司），Agilent 7500a型电感耦合等离子体质谱仪（ICP-MS）（美国Agilent公司），MARS-X微波消解系统（美国CES公司），冷冻干燥机FD-lA-50（北京医康实验仪器有限公司），高速万能粉碎机（天津泰斯特仪器有限公司），超纯水机Milli-Q（美国Milli-pore公司）。

1.1.2 试剂

所有有机试剂购买自美国Fisher公司，Supelclean LC-18固相萃取小柱（3 ml，500 mg）（美国Supelco公司），亚沸蒸馏纯化硝酸（中国地质科学院），30%过氧化氢（优级纯，国药集团化学试剂有限公司），多元素混合标准溶液、铑（Rh）和铼（Re）内标储备液（中国地质科学院），调谐液（美国Agilent公司）。

1.1.3 标准物质

美国环境保护局优先控制的16种多环芳烃标准溶液（EPA M-610，1 ml 0.1mg/ml 1∶1（*V/V*）甲醇：二氯甲烷溶液），Accustandard公司（CT，USA）氘代多环芳烃标准溶液（EPA M-525-IS，1 ml 2.0 mg/ml丙酮溶液），国家一级标准物质大米粉GBW08502（北京市环境保护监测中心），国家一级标准物质小麦粉GBW08503（国家贸易部谷物油脂化学研究所），国家一级标准物质猪肝GBW08551（国家贸易部食品检测科学研究所），国家二级标准物质牛肝GBW(E)080193（中国人民解放军总医院临床医学基础研究所、地质矿产部岩矿测试技术研究所）。

所有标准溶液和样品制备全部用Milli-Q超纯水。

1.2 样品采集

参考文献报道近20年来当地肺癌死亡率的数据，选择5个高发区点位和1个对照点位进行研究。高发区主要使用烟煤，对照点使用木柴和无烟煤作为主要燃料。

采用两台中流量采样器同时采集室内室外样品，采样方法参考美国环境保护局TO-13A，使用玻璃纤维滤膜采集颗粒物相多环芳烃，聚氨酯泡沫（PUF）采集气相多环芳烃。石英纤维滤膜在使用前于450℃烘烤12 h去除有机物干扰，空白PUF在使用前用去离子水清洗，干燥后分别用丙酮和正己烷快速溶剂提取（ASE）去除有机物干扰，真空干燥后储存在聚乙烯袋中。初始气流速度设定在 0.25 m^3/min。样品采集完成用铝箔将滤膜和 PUF 分别包好，保存在密封袋中，所有样品放置 −20℃冰箱中保存。

在每个点位附近的自然村选择农户家庭，共收集食物和饮水样品各 60 份，其中高发区 36 份，低发区 24 份。在采样期间 24 h 内，研究对象每喝一次水，取相同量的水于提供的 1.5 L 纯净水瓶中，样品采集完成后充分混匀，用量筒量出总体积，即为每人每天的饮水量。“副盘法”采集每人一天所吃的食物，现场填写一份调查问卷，内容包括姓名、住址、性别、身高、体重、饮食和生活习惯等。用天平称量每人每天所吃食物的总量，将样品在容器中混合均匀，四分法缩分后取出一部分放入密封袋中，称量分装后的样品质量，用一次性注射器针头在密封袋上扎孔，放入真空冷冻干燥机干燥 72 h，用天平称量各样品冷冻干燥后质量，用高速粉碎机将样品打磨成细粉末状，放入密封袋中保存。研究对象日饮水饮食量统计结果见表 1，食物干基由食物样品冷冻干燥前、后质量和每人每天所吃食物总质量计算得出。

表 1 研究对象日饮水饮食量统计结果

项目	组别	样本量 / 个	范围值	平均值	标准偏差	几何均值	中位值
饮水量 / ml	高发区	36	220～1 800	953	396	865	965
	对照区	24	200～1 310	859	302	793	825
食物干基 /g	高发区	36	51～549	256	111	232	237
	对照区	24	80～489	233	110	208	221

1.3 样品分析

空气样品采用 1∶1 的丙酮和二氯甲烷溶液进行快速溶剂提取，在提取之前加入氘代多环芳烃内标（苊烯 -d_{10}，菲 -d_{10}，䓛 -d_{12}，苝 -d_{12}）。将提取液旋转蒸发，把混合溶剂置换成丙酮，固相萃取柱条件优化以及上样过程均按照文献［6］报道进行，在最后洗脱时为配合气相色谱质谱分析将甲醇改用二氯甲烷。洗脱液在温和氮气流下浓缩至 0.5 ml，转移至 2 ml 进样小瓶待测。Agilent 6890-5973N 气相色谱质谱联用系统对 16 种多环芳烃进行定性分析，使用 G1701DA 质谱工作站相对响应因子法对 16 种多环芳烃进行定量。

载气为氦气，流速为 1.0 ml/min。2 μl 样品通过 7673 自动进样器不分流模式注入 DB-5MS 熔融石英毛细管色谱柱（30 m×0.25 μm×0.25 mm）。电子发射电压为 70 eV，离子源和四极杆的温度分别为 230℃和 150℃。程序如下：60℃保留 2 min，19℃ /min 升至 200℃保留 2 min，4.5℃/min 升至 240℃保留 2 min，2.5℃/min 升至 290℃保留 2 min。

饮水样品分装出 50 ml 倒入聚乙烯塑料瓶中，加 1 滴硝酸，静置 24 h 待测。食物样品冷冻干燥后，准确称量干基 0.10 g，经过 HNO_3-H_2O_2 体系微波消解之后，超纯水稀释定容至 20 ml，静置 24 h 待测。微波消解程序：最大功率 1 200 W，10 min 由室温升至 120℃保留 5 min，5 min 升至 160℃保留 10 min，5 min 升至 200℃保留 15 min。ICP-MS 测定水和食物样品中元素浓度，经优化后仪器工作条件为：射频功率 1 230 W，射频电压 1.55 V，冷却气流量 13.0 L/min，辅助气流量 0.90 L/min，雾化气流量 0.98 L/min，采样锥孔径 1.0 mm，截取锥孔径 0.7 mm，采样深度 7.1 mm，雾化室温度 2℃，样品提升速率 0.3 rps，样品分析时间 45 s，重复次数 3 次。

1.4 质量控制和质量保证

萘（Nap）、菲（Pa）和荧蒽（Fl）是 PUF 空白中主要的污染物，测定结果中 3 种化合物浓度小于 1%。PUF 和滤膜中的加标回收实验表明 16 种多环芳烃的回收率为 70%～126.2%。方法精密度 RSD 为 0.3%～19.2%，采集 40 m^3 空气样品，按照定量离子流图 3 倍信噪比计算得到方法检测限为 5.0～293.0 fg/m^3。

食物样品用 4 种国家标准物质即大米粉 GBW08502、小麦粉 GBW08503、猪肝 GBW08551 和牛肝 GBW(E)080193 进行质量控制和质量保证，元素检出限为 0.01～0.40 ng/g，国家标准物质测定值与标准值或参考值一致，元素精密度 RSD 为 0.4%～16.9%。ICP-MS 测定过程中的基体影响和信号漂移通过双内标溶液铑（Rh）和铼（Re）控制，每次测定均重新配制标准溶液并做一个标准曲线，每 20 个样品之间测一个标准溶液来校验仪器性能。

2　结果与讨论

2.1　空气中多环芳烃的浓度和特征

6 个采样点的室内、外空气中多环芳烃浓度和平均值如表 2 所示，室内空气中多环芳烃单体的平均浓度在 25.39～1 559 ng/m^3，室外空气中多环芳烃单体的平均浓度在 15.38～654.7 ng/m^3，不同单体之间的浓度差异明显，芴和菲是检出浓度最高的两种单体，16 种多环芳烃的浓度室内值均高于室外值，这表明多环芳烃在室内的污染，特别是高环多环芳烃的污染要明显高于室外。采样点 1～5 为肺癌高发区，居民生活使用烟煤作为主要燃料进行做饭和取暖，6 为使用无烟煤和木柴的对照点，从表 2 可以看出无论室内还是室外，对照点均明显低于高发区。

空气中三环多环芳烃在多环芳烃总量中所占的比例最高，其次为四环、五环、六环和二环，通过计算得出室内、外二环多环芳烃分别占多环芳烃总量的 1.01% 和 4.07%，三环占 54.27% 和 66.21%，四环占 27.84% 和 17.15%，五环占 9.92% 和 7.52%，六环占 6.95% 和 5.05%，如图 1 所示。有关研究表明具有较多环数的多环芳烃比环数较低的多环芳烃具有更高的毒性，即便在较低的浓度下仍然具有很强的致癌作用，两地室内空气中四环、五环和六环的多环芳烃在多环芳烃总量中所占的比例都比室外空气中的比例高，这使得室内空气中多环芳烃的组成具有更高的毒性。

苯并［*a*］芘在多环芳烃中毒性最高，室内、外空气中苯并［*a*］芘浓度对比见图 2，1～5 为高发区点位，6 为对照点，图中明显看出室内高于室外，高发区高于对照点。当地房屋矮小不通风，据问卷调查结果统计，居民在室内活动的时间平均每天 16 h，室内燃烧烟煤做饭和取暖使污染物难以扩散出去，人群长期暴露在高浓度多环芳烃之下是肺癌高发的因素之一。

室内空气中苯并［*a*］芘的浓度在 9.72～841.8 ng/m^3，平均值 200.5 ng/m^3，比文献报道 20 世纪 70—90 年代显著降低，这表明当地的改炉改灶工作已经取得了显著的成绩，但所有点位的室内苯并［*a*］芘浓度均远超过国家标准 1 ng/m^3（GB/T 18883—2002），说明虽然污染较以前有所减轻，但是当地室内空气中多环芳烃的暴露仍然相当严重。

表 2 室内外空气中 16 种多环芳烃浓度

单位：ng/m^3

名称	简称	室内							室外						
		1	2	3	4	5	6	平均值	1	2	3	4	5	6	平均值
萘	Nap	84.36	84.02	98.02	35.28	92.43	32.60	71.12	31.53	70.59	81.86	9.21	147.5	22.85	60.59
苊烯	Acpy	39.60	24.35	15.43	17.40	36.53	19.04	25.39	36.54	31.69	14.21	11.14	34.04	6.84	22.41
苊	Acp	173.6	169.6	98.13	66.53	100.1	49.27	109.5	10.07	111.9	79.73	33.85	96.81	17.12	58.26
芴	Flu	4933	40.00	660.6	252.9	259.6	286.3	1 072	306.8	371.3	283.4	176.9	320.4	151.0	268.3
菲	Pa	5248	638.4	1469	607.7	470.6	922.7	1 559	547.2	668.5	764.0	543.2	735.4	669.8	654.7
蒽	Ant	1992	177.9	341.4	142.3	103.8	106.2	477.3	154.8	178.1	170.1	111.2	162.6	136.0	152.1
荧蒽	Fl	1788	123.1	186.9	143.3	73.83	71.24	397.7	137.0	84.77	143.1	75.54	69.85	78.10	98.06
芘	Pyr	342.4	114.0	151.7	125.9	65.62	54.93	142.4	125.3	70.61	103.1	59.16	54.10	57.46	78.28
苯并［*a*］蒽	Baa	2622	160.9	117.6	77.58	62.04	17.82	509.7	114.9	74.84	85.38	23.47	31.54	10.10	56.71
䓛	Chr	3069	154.9	182.6	108.2	95.21	76.25	614.4	129.9	76.40	96.97	40.26	37.98	16.52	66.35
苯并［*b*］荧蒽	Bbf	820.1	153.5	141.8	77.36	76.76	76.76	224.4	91.51	65.18	61.07	24.08	30.76	14.11	47.79
苯并［*k*］荧蒽	Bkf	236.4	45.71	59.08	49.18	35.37	7.66	72.24	44.05	41.61	49.88	10.19	12.47	6.32	27.42
苯并［*a*］芘	BaP	841.8	143.9	83.64	67.09	57.10	9.72	200.5	85.73	57.61	51.25	18.25	22.80	8.02	40.61
二苯并［*a*,*h*］蒽	Dba	443.0	19.77	41.88	28.67	24.69	17.77	95.97	11.14	31.39	21.44	10.22	10.06	8.00	15.38
苯并［*g*,*h*,*i*］苝	Bjhip	1113	153.9	104.1	119.9	65.47	26.21	263.8	80.45	69.38	55.06	35.62	26.86	19.13	47.75
茚并［1, 2, 3-*cd*］芘	Ind	607.0	103.2	82.88	59.17	34.23	22.29	151.5	60.54	67.51	54.96	18.80	24.41	16.62	40.47
∑ PAHs		24 353	2 307	3 835	1 978	1 653	1 797	5 987	1 967	2 071	2 116	1 201	1 818	1 238	1 735

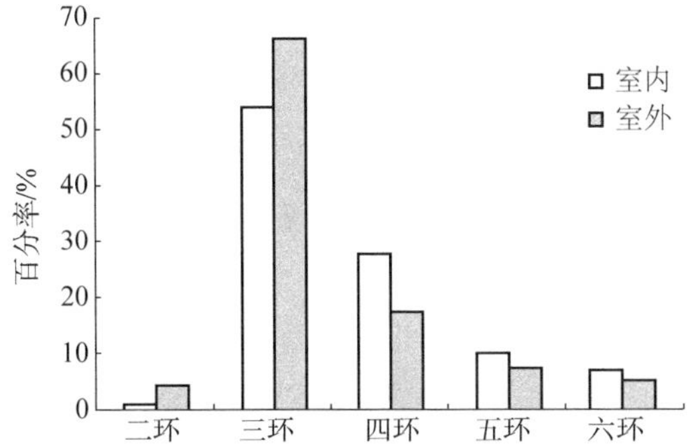

图 1　不同结构的多环芳烃所占比例

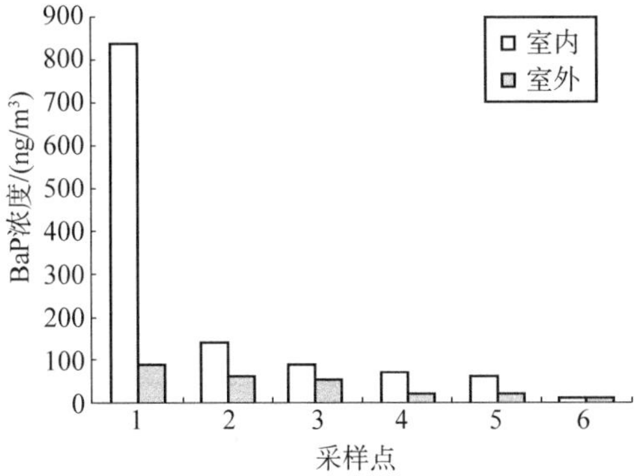

图 2　室内外空气中 Bap 浓度

室外空气的苯并［*a*］芘浓度在 8.02～85.73 ng/m³，平均值 40.61 ng/m³。除对照点苯并［*a*］芘浓度为 8.02 ng/m³ 外，其余 5 个点位均超过我国环境大气标准限值 10 ng/m³（GB 3095—1996），所有 6 个点位的室外空气苯并［*a*］芘都超过了居住区大气中苯并［*a*］芘卫生标准 5 ng/m³。当地室外空气中多环芳烃污染在暴露评价中常常被忽略，过去关于当地室外空气中多环芳烃污染的报道甚少，随着当地以煤炭为主要能源的工业发展，如电力、焦化、化工等，当地室外空气污染越来越严重，这在未来的环境调查和暴露评价研究中应该引起足够的重视。

2.2　研究对象苯并［*a*］芘的日暴露总量

每名研究对象苯并［*a*］芘的日呼吸暴露量（D_d）由式（1）计算得出：

$$D_d = (C_i \times t_i + C_o \times t_o) \times 15 \tag{1}$$

式中：C_i——室内空气中苯并［*a*］芘的浓度；

C_o——室外空气中苯并［a］芘的浓度；

t_i——研究对象在每天室内活动的时间比例；

t_o——研究对象每天在室外活动的时间比例。

按照每日呼吸 15 m^3 计算得出日呼吸暴露量。

每名研究对象苯并［a］芘的日食品暴露量（D_f）由式（2）计算得出：

$$D_f = C_f \times W \times \frac{W_2}{W_1} \tag{2}$$

式中：C_f——食品中 Bap 浓度为每名研究对象一天所吃食物总量（湿重）；

W_1——冷冻干燥之前食物样品质量；

W_2——冷冻干燥之后食物样品质量。

日呼吸暴露量（D_d）与日食品暴露量（D_f）之和即为每名研究对象 Bap 日暴露总量（D）：

$$D = D_d + D_f \tag{3}$$

上述各项统计结果见表 3。

表 3　研究对象苯并［a］芘的日暴露总量

项目	高发区（n=36）		对照区（n=24）	
	范围值	平均值	范围值	平均值
日呼吸暴露量 /（μg/d）	0.685～8.847	2.623	0.137～0.139	0.139
所占比例 /%	69.81～99.07	88.74	36.24～74.82	56.27
日食品暴露量 /（μg/d）	0.063～0.330	0.158	0.047～0.245	0.118
所占比例 /%	0.93～30.19	11.26	25.18～63.76	43.73
日暴露总量 /（μg/d）	0.839～9.021	3.758	0.186～0.384	0.257

表 3 中结果显示，研究对象苯并［a］芘的日呼吸暴露量、日食品暴露量和日暴露总量均为高发区大于对照区，且高发区是低发区平均值十几倍。呼吸是当地人群暴露苯并［a］芘的主要途径，在肺癌高发区日呼吸暴露量占日暴露总量的 88.74%，日食品暴露量占 11.26%。对照区室内、外空气污染较轻，日呼吸暴露量与日食品暴露量相当，分别占 56.27% 和 43.73%。因此，在注重改善空气质量的同时，特别需要合理膳食与食品的烹饪方式。

2.3　居民饮食中元素摄入量

研究对象每天通过食物和饮水两种途径摄入各种微量元素的含量及日摄

入总量的统计结果见表 4，经食物摄入量由食物中元素浓度、食物干基总量计算得出，经饮水摄入量由水中元素浓度和饮水量计算得出，二者之和为日摄入总量。在两种途径中，经食物摄入量平均占日摄入总量的 96.6%，经饮水摄入量占日摄入总量的 3.4%，说明食物是人体摄入微量元素的主要来源。

表 4 饮食中微量元素日摄入量统计结果

元素	项目	单位	高发区（*n*=36）				对照区（*n*=24）				*P* 值	RDA
			范围值	平均值	标准差	中位值	范围值	平均值	标准差	中位值		
Cr	食物	mg/d	0.01～0.33	0.08	0.06	0.05	0.01～0.26	0.08	0.07	0.06		
	饮水	μg/d	0.05～1.98	0.43	0.37	0.35	0.02～1.38	0.40	0.39	0.31		
	总量	mg/d	0.01～0.33	0.08	0.06	0.06	0.02～0.26	0.08	0.07	0.06	0.350	0.05
Mn	食物	mg/d	0.42～4.87	2.32	1.11	2.27	0.52～4.46	2.46	1.07	2.48		
	饮水	μg/d	0.17～4159	369	773	13.9	0.15～2338	266	519	4.15		
	总量	mg/d	0.42～6.28	2.59	1.22	2.63	1.17～4.46	2.73	0.99	2.76	0.330	3.5
Fe	食物	mg/d	1.43～14.5	6.64	3.58	6.07	1.78～37.5	9.08	7.56	7.42		
	饮水	μg/d	2.23～115	36.3	27.9	26.2	3.97～86.5	22.8	21.0	14.5		
	总量	mg/d	1.81～37.6	9.11	7.56	7.44	1.44～14.5	6.67	3.58	6.10	0.045	12
Co	食物	μg/d	3.51～66.2	23.0	18.5	18.9	1.63～29.4	13.95	9.31	11.21		
	饮水	μg/d	0.01～2.02	0.24	0.39	0.09	0.01～2.28	0.31	0.59	0.07		
	总量	μg/d	3.53～66.6	23.2	18.5	19.0	1.87～29.9	14.3	9.24	12.2	0.009	
Ni	食物	mg/d	0.02～0.42	0.09	0.07	0.07	0.01～0.49	0.10	0.10	0.08		
	饮水	μg/d	0.04～38.4	4.49	7.88	0.56	0.02～22.5	3.45	5.60	0.37		
	总量	mg/d	0.02～0.42	0.09	0.07	0.07	0.02～0.49	0.10	0.10	0.08	0.335	
Cu	食物	mg/d	0.24～1.62	0.74	0.34	0.74	0.16～1.47	0.72	0.37	0.66		
	饮水	μg/d	0.04～34.1	5.13	8.04	1.50	0.10～49.6	4.71	10.3	0.67		
	总量	mg/d	0.24～1.63	0.75	0.34	0.74	0.19～1.47	0.72	0.36	0.67	0.404	2.0
Zn	食物	mg/d	1.35～9.76	4.70	1.73	4.94	0.87～9.35	4.61	2.30	4.63		
	饮水	μg/d	0.13～218	31.0	49.2	10.7	0.09～164	21.8	37.6	3.94		
	总量	mg/d	1.36～9.82	4.72	1.73	4.95	1.04～9.35	4.64	2.29	4.64	0.435	15
As	食物	μg/d	3.67～41.2	17.8	9.23	17.3	4.08～53.2	17.3	10.8	15.6		
	饮水	μg/d	0.04～3.89	0.71	0.85	0.38	0.04～2.55	0.46	0.57	0.22		
	总量	μg/d	3.81～41.3	18.5	9.38	17.6	4.12～54.6	17.8	10.9	16.0	0.397	

续表

元素	项目	单位	高发区（n=36）				对照区（n=24）				P 值	RDA
			范围值	平均值	标准差	中位值	范围值	平均值	标准差	中位值		
Se	食物	μg/d	3.67～39.2	18.64	10.01	18.05	7.43～60.5	25.9	13.9	27.1		
	饮水	μg/d	0.01～0.48	0.14	0.12	0.11	0.01～0.77	0.31	0.22	0.24		
	总量	μg/d	3.82～39.3	18.8	9.99	18.3	7.80～60.8	26.2	13.9	27.4	0.015	50
Mo	食物	mg/d	0.01～0.18	0.08	0.04	0.07	0.03～0.37	0.10	0.08	0.08		
	饮水	μg/d	0.01～0.60	0.14	0.13	0.09	0.01～0.22	0.06	0.06	0.04		
	总量	mg/d	0.01～0.18	0.08	0.04	0.07	0.03～0.37	0.10	0.08	0.08	0.148	0.06
Cd	食物	μg/d	3.35～107	28.6	20.3	24.2	2.63～58.7	20.22	12.86	19.59		
	饮水	μg/d	0.01～0.08	0.02	0.02	0.01	0.01～0.10	0.02	0.02	0.01		
	总量	μg/d	3.36～107	28.62	20.28	24.16	2.64～58.7	20.24	12.86	19.59	0.030	
Cs	食物	μg/d	0.71～19.5	5.39	4.69	3.20	0.90～57.3	13.3	16.7	3.66		
	饮水	μg/d	0.01～2.04	0.27	0.45	0.03	0.01～4.44	0.75	1.43	0.07		
	总量	μg/d	0.86～19.6	5.61	4.75	4.04	0.97～59.0	14.1	16.7	5.69	0.012	
Tl	食物	μg/d	0.10～2.28	0.74	0.57	0.48	0.08～1.60	0.49	0.32	0.45		
	饮水	μg/d	0.01～0.28	0.03	0.06	0.01	0.01～0.18	0.03	0.04	0.01		
	总量	μg/d	0.14～2.31	0.76	0.57	0.49	0.08～1.61	0.52	0.31	0.47	0.021	
Pb	食物	mg/d	0.01～0.35	0.06	0.07	0.04	0.01～0.36	0.07	0.07	0.04		
	饮水	μg/d	0.01～0.77	0.16	0.22	0.04	0.01～0.62	0.12	0.19	0.02		
	总量	mg/d	0.01～0.35	0.06	0.07	0.04	0.01～0.36	0.07	0.07	0.04	0.475	

由表 4 可以看出，Fe、Co、Se、Cd、Cs 和 Tl 元素的日摄入总量在两组之间有统计学上的显著差异（$P<0.05$），Se 和 Cs 为高发区显著低于低发区，其他 4 种元素与之相反。两组 Se 日摄入总量均低于营养元素日摄入量推荐值（RDA=50 μg/d），Se 摄入严重不足可能和肺癌发病有关。Cd 和 Tl 是有毒元素，高发区显著高于对照区。

对于有 RDA 推荐值的其他几种元素，Cr 和 Mo 的摄入量与推荐值基本相符，Mn 略低，Fe、Cu 和 Zn 摄入量均明显低于 RDA。有关研究资料表明，Fe、Cu 和 Zn 是人体内的重要生命元素，其含量的变化与恶性肿瘤的发生存在着一定的相关性，当缺乏时会对健康产生不利影响，因此适量补充这些营养元素有助于改善当地人群的健康状况。对于未给出推荐值的元素，本结果可为相关研究提供参考。

总之，空气、水、土壤、食物和人体都是环境介质的重要组成部分，原生环境某些成分过量或不足都会通过饮食反映于人体，因此日饮食摄入量是人与周围环境发生物质交换的全面反映。

3 结论

（1）我国云南某肺癌高发区生活燃料主要为烟煤，室内、外空气都存在着比较严重的多环芳烃污染，多数点位超过国家标准值，尤以室内污染最为严重。

（2）室内空气中多环芳烃的组成比室外具有更高的毒性，呼吸暴露是当地人群暴露苯并［*a*］芘的主要途径，高发区空气日暴露总量均值是对照区的 18.8 倍。

（3）饮食是机体与环境进行物质交换的主要途径，当地人群饮食中苯并［*a*］芘和 6 种微量元素的日暴露量在高发区和对照区存在显著差异。饮食苯并［*a*］芘的日暴露量分别为 0.158 μg/d 和 0.118 μg/d。有毒元素 Cd 和 Tl 暴露量较高，防癌元素 Se 较低，且两组人群对生命元素 Fe、Cu、Zn 和 Se 的日摄入总量均低于 RDA。减少环境中有毒有害物质的暴露、提高有益微量元素的摄入有助于改善当地人群的健康水平。

参考文献

［1］何兴舟，蓝青，杨儒道，等．宣威肺癌危险因素研究概述［J］．卫生研究，1995，24(4)：203-206.

［2］王登忠，何兴舟，刘韵源，等．宣威地区肺癌危险因素系统分析与综合预防策略的研究［J］．中华医学杂志，2001，81(14)：876-880.

［3］Lan Q, Chapman R S, Schreinemachers D M, et al. Household stove improvement and risk of lung cancer in Xuanwei, China［J］.Joural of the National Cancer Institute, 2002,94：826-835.

［4］李继华，唐锐，殷国清，等．云南省富源县发病状况调查［J］．中国肿瘤，2004,13(5)：

286-289.

［5］何兴舟. 环境与疾病——环境病因学研究中值得注意的问题［J］. 中华流行病学杂志，2003，24(10)：857-858.

［6］吕任齐，赵体德. 云南省 9 县市肺癌死亡率趋势分析［J］. 中国肿瘤，2002，11(12)：700-701.

［7］Okuda T, Naoi D, Tenmoku M, et al. Polycyclic aromatic hydrocarbons (PAHs) in the aerosol in Beijing, China, measured by aminopropylsilane chemically-bonded stationary-phase column chromatography and HPLC/fluorescence detection［J］. Chemosphere, 2006,65：427-435.

［8］Sun F S, Littlejohn D, Gibson M D. Ultrasonication extraction and solid phase extraction clean-up for determination of US EPA 16 priority pollutant polycyclic aromatic hydrocarbons in soils by reversed-phase liquid chromatography with ultraviolet absorption detection［J］. Anal. Chim. Acta., 1998,364：1-11.

［9］张霖琳，邢小茹，吴国平，等. 微波消解 -ICP-MS 测定人体血浆中 30 种痕量元素［J］. 光谱学与光谱分析，2009，4(29)：1115-1118.

［10］IARC. Monographs on the evaluation of the carcinogenic risk of chemicals to humans：polynuclear aromatic hydrocarbons［M］. Lyon, France：WHO,1983：32.

［11］刘支援，何兴舟，黄朝富，等. 宣威肺癌危险因素的病例对照研究［J］. 中华流行病学杂志，1990，11(2)：79-83.

［12］GB/T 18883—2002，室内空气质量标准

［13］GB 3095—1996，环境空气质量标准

［14］Method TO-13.Determination of benzo (a) pyrene and other polycyclic aromatic hydrocarbons (PAHs) in ambient air using gas chromatographic (GC) and high performance liquid chromatographic (HPLC) analysis［S］.

［15］段小丽，魏复盛，杨洪彪，等. 不同工作环境人群多环芳烃的日暴露总量［J］. 中国环境科学，2004，24(5)：515-518.

［16］中国营养学会. 中国营养学会推荐的每日膳食营养素供给量［J］. 营养学报，1989，11(1)：93.

［17］顾公望，张宏伟. 微量元素与恶性肿瘤［M］. 上海：上海科学技术文献出版社，1993：88.

Primary Investigation of the Pollution Status of Polycyclic Aromatic Hydrocarbons (PAHs) in Water and Soil of Xuanwei and Fuyuan, Yunnan Province, China

1 Introduction

As a group of organic toxic compounds composing of fused aromatic rings, polycyclic aromatic hydrocarbons (PAHs) are resistant to degradation and can bioaccumulate through the food chain. Regardless of being in air, water or soil, PAHs may pose great threat to human health and ecosystems over a long period. U.S. Environmental Protection Agency (U.S. EPA) has placed PAHs in the priority pollutant list due to their toxicity and carcinogenicity. Particularly, the high molecular weight PAHs (greater than four fused rings, HMW PAHs), which exhibit much higher toxicity than low molecular weight PAHs (LMW PAHs), are considered to be carcinogenic, mutagenic and teratogenic even at very low concentration.

There are two main sources of PAHs in the environment. Natural sources are mainly related to volcanic eruptions, plant emissions and fires, while anthropogenic PAHs are mostly formed from combustion of carbonaceous materials. As two primary compartments in the environment, soil and water are potential main reservoirs of airborne PAHs. Previous studies revealed that PAHs in soil are strongly impacted by atmospheric deposition of anthropogenic emissions. Other studies reported that PAHs enter waters mainly via atmospheric fallout, urban runoff, municipal/industrial effluents, and oil spillage or leakage. It is estimated that 10% ~ 80% of PAHs inputs to the oceans are from atmospheric sources. It is therefore necessary to examine the concentrations, profiles and potential sources of PAHs. Principal component analysis

注：原文刊载于 *Chinese Science Bulletin* 2009 年第 54 期，作者吕俊岗、许人骥、张庆华、刘稷燕、廖春阳、魏复盛。

(PCA) and diagnostic ratios have been found to be powerful tools for the identification of PAHs sources in soil and water and thus were used in this study.

Xuanwei and Fuyuan, located in Yunnan Province, China, have the highest female lung cancer incidence in China. The lung cancer incidence in Xuanwei is 8 times and 4 times higher than the Chinese national average for women and men, respectively. Previous studies suggested that high lung cancer incidence is related to the smoky coal combustion for cooking and heating in unventilated households. It was estimated that more than 90% of lung cancer was caused by indoor airborne PAHs in Xuanwei. Similar situation also occurred in Fuyuan. In recent years, household stove improvements in both areas have alleviated the indoor air pollution and significantly decreased the respiratory illness. However, these improvements could not reduce the total amount of PAHs as the pollutants were just transported from the indoor to outdoor. Further contribution to the grave problem is the geographical situation. Basins account for a high proportion of the local terrain ; for example, in Xuanwei, there are 47 basins larger than 1 km^2, occupying 12% of the total area. The layout of the surrounding terrains makes it difficult for the PAHs to spread out of the villages. Booming industries with smoky coal combustion as energy supply have been causing significant increase of outdoor PAHs air pollution. Large amount of airborne PAHs may deposit into the water and soil, causing serious pollution to the surrounding environment.

Compared to other areas of China, only few studies have involved the possible exposure of habitants in the southwest of China to PAHs. Most related studies focused on the air pollution and epidemiology or etiology of the lung cancer incidences in Xuanwei and Fuyuan. To the best of our knowledge, there have been no studies about PAHs in soil and water in both two areas.

2 Materials and method

2.1 Sampling sites

The sampling sites are illustrated in Figure 1(the unit of female lung cancer incidence is 1/100 000). Two of the soil samples were collected at Mafang, the nearest site to the biggest power plant in Xuanwei. Three villages, Wude, Diandong, and Gala with low lung cancer incidence (less than 10/100 000), using wood as fuel, were chosen as reference sites. The water samples were collected from wells located in different villages. These wells are the sources of drinking water for the local residents. One river water sample was collected from Kuaize River.

2.2 Sampling

All samples were collected in January 2007. About one liter of surface water sample (0～20 cm) was collected and stored in polyethylene (PE) bottles at each site. A total of 21 soil samples (0～10 cm soil layer, 2 kg each) were collected with a stainless steel scoop and stored in PE bags. Each sample was composed of 20～30 sub samples collected within the 10×10 m^2 of sampling site. The scoop was rinsed by acetone before sampling. All the water and soil samples were placed in the dark and transported to the laboratory as soon as possible. Soil samples were air-dried at room temperature, then ground and sieved through a 2 mm sieve. All samples were frozen at –20℃ before analysis.

2.3 Sample analysis

All organic solvents (pesticide grade) were purchased from Fisher (Fair Lawn, NJ, USA). PAHs standard solution (EPA M-610, 1ml 0.1mg/ml in 1∶1 (*V*/*V*) methanol∶dichloromethane) was from Accustandard Inc. (CT, USA). Working solutions of PAHs were prepared by diluting the standard solutions with dichloromethane.

Solid phase extraction (SPE) was used to extract PAHs in water samples with an Agilent SPE equipment. Supelclean LC-18 SPE columns (3ml, 500mg；Supelco Inc., Bellefonte, PA, USA) were chosen for the concentration and cleanup. The columns were activated by 3 ml methanol and 3 ml acetone flowing through the columns respectively. After being filtered by 0.45 μm membrane to remove suspended particles, 500 mL of water sample was slowly drawn through the activated column by a vacuum pump. Dichloromethane (3ml×3ml) was used to elute the PAHs extracted on the column. The eluant was collected and concentrated to 0.1ml under gentle stream of nitrogen gas before being injected into GC-MS.

The extraction of PAHs from soil was made according to the published method with some modification. Briefly, 5.0 g soil sample was ultrasonicated for 30 min with 20ml acetone. Then the mixture was centrifuged at 4 000 rpm for 15 min. The supernatant was poured into a new vial with 30 ml ultra pure water in which the polarity was constant by keeping the ratio of acetone to water at about 2∶3. Then LC-18 SPE columns were used to retain PAHs and to remove polar impurities. Column activating, sample loading and eluting were carried out as described above. The extracts were concentrated to 1.0 ml with gentle nitrogen flow for GC-MS injection.

PAHs were quantified on Agilent 6 890 gas chromatography with Agilent 5 973 N mass spectrometer with electron impact ion source. Helium was the carrier gas with a constant flow of 1.0 ml/min. Two microliters of the extract were injected with an Agilent 7 673 auto-sampler. Injector was in splitless mode. A DB-5MS fused silica capillary column (30 m×0.25 μm×0.25 mm) was used to perform the separation. The electron emission energy was set at 70 eV. The ion source and the quadrupole temperature were set at 230℃ and 150℃, respectively. The oven temperature programs were as follows: initial temperature, 60℃, held for 2 min, increased to 200℃ at 19℃/min, held for 2 min, then increased to 240℃ at 4.5℃/min, held for 2min, finally increased to 290℃ at 2.5℃/min, held for 2 min.

2.4 Quality assurance and control

PAHs standard solutions were spiked in ultra pure water samples to concentration of 10 ng/L for each compound. The average recoveries and the relative standard deviations (RSDs) of all tested PAHs in three water samples were between 70.0% and 101.9% and 1.1% and 11.3%, respectively. The LOD (limit of detection) of this method was from 0.17 ng/L (Pa) to 4.68 ng/L (Dba). Baked soil samples (300 ℃ for 24 h) were used as blank soil. Recovery test was performed by analyzing the spiked

PAHs in blank soil at concentration of 50 ng/g for each compound. The average recoveries and RSDs of tested PAHs in three soil samples were between 71.8% and 123.6% and 1.4% and 17.2% except Nap, Acpy and Acp (PAHs names and abbreviations are shown in Table 1). The LOD ranged from 0.17 ng/g (Pa) to 4.68 ng/g (Dba) depending on the analyte. The concentration was calculated by external calibration. Before each batch of samples, a solvent blank and a standard mixture were run in the sequence on GC-MS. Standard samples were added in the sequence of every 6 samples to recalibrate the standard curve.

3 Results and discussion

3.1 Concentrations and profile of PAHs in water

The concentrations of tested PAHs in water of Xuanwei and Fuyuan are shown in Table 1. In both areas, individual PAHs with low molecule weight (LMW PAHs), *e.g.*, Pa and Flu, were detected more frequently than PAHs with high molecule weight (HMW PAHs). Also, the concentrations of LMW congeners were higher than those of HMW congeners. Composition pattern of PAHs in investigated areas is illustrated in Fig. 2. The concentration of PAHs in well water observed at Longhua, the area with high lung cancer incidence in Xuanwei, was 138.6 ng/L, in the same range of the reference sites, Diandong (144.1 ng/L), Wude (138.7 ng/L), and Gala (112.0 ng/L). The total PAHs concentrations at some sites with high air contamination were even lower than those of the reference sites, *e.g.*, Hutou (125.6 ng/L), Shenjch (72.4 ng/L), Sege (69.1 ng/L), Ayicun (74.3 ng/L), Housuo (77.6 ng/L), and Xiabz (91.6 ng/L). There are no industrial pollution sources close to those water sampling sites, indicating that the airborne PAHs had no apparent effect on the well water in these two areas. The main reason is that the small diameters of the wells block the exchange of PAHs between the air and the well water. Therefore, the natural sources and the soil leakage might be the main sources of PAHs in well water in both areas.

Table 1 Concentrations of PAHs in 20 water and 21 soil samples (ng/L or ng/g)

		Xuanwei (W[a]12[b])			Fuyuan (W7)			Kuaize River	Xuanwei (S[c]13)			Fuyuan (S8)		
PAHs species	Abbr.	Min	Max	Mean	Min	Max	Mean	—	Min	Max	Mean	Min	Max	Mean
Fluorene	Flu	7.6	26.7	16.4	7.3	26.9	16.7	29.7	6.4	16.9	10.0	6.2	45.3	13.6
Phenanthrene	Pa	17.1	60.9	38.8	16.8	53.6	37.1	50.8	13.7	67.7	32.6	21.3	176.5	56.8
Anthracene	Ant	1.3	5.2	3.0	1.2	3.1	2.4	9.3	1.5	5.5	3.5	1.1	24.2	6.9
Fluoranthene	Fl	5.1	16.0	11.8	7.0	22.7	13.5	56.0	19.1	78.9	38.9	12.6	184.1	57.3
Pyrene	Pyr	3.6	17.0	7.0	ND[d]	9.0	5.3	33.3	17.9	77.1	38.9	8.3	134.9	47.4
Benz(*a*)anthracene	Baa	ND	2.1	1.2	0.9	4.0	1.9	12.0	7.2	74.9	30.5	3.4	116.2	37.8
Chrysene	Chr	2.5	6.9	4.5	3.5	6.8	5.0	18.4	24.9	141.6	67.4	17.1	385.2	101.2
Benzo(*b*)fluoranthene	Bbf	1.6	13.6	5.5	3.5	12.5	6.7	14.6	24.5	147.9	57.1	17.1	238.9	86.7
Benzo(*k*)fluoranthene	Bkf	ND	11.0	2.6	1.1	7.2	3.5	9.1	9.2	53.2	30.4	8.2	132.1	45.5
Benzo(*a*)pyrene	Bap	ND	2.3	1.1	ND	6.7	1.9	12.4	9.2	122.7	37.9	4.3	155.0	63.4
Indeno(1,2,3-*c*, *d*) pyrene	Ind	ND	9.4	1.8	1.4	7.7	3.4	11.2	9.6	72.5	24.6	8.8	90.7	42.9
Dibenz(*a*, *h*) anthracene	Dba	ND	13.9	2.2	ND	15.5	5.3	6.1	ND	33.7	10.0	ND	40.8	17.3
Benzo(*g*, *h*,*i*)perylene	Bghip	ND	14.7	3.1	1.8	12.9	5.6	12.5	10.4	104.2	37.3	13.5	187.3	79.1

a. “W” means water samples ; unit of the concentration is ng/L.

b. The amounts of sampling sites.

c. “S” refers to soil samples ; unit of the concentration is ng/g.

d. “ND” stands for that not detected.

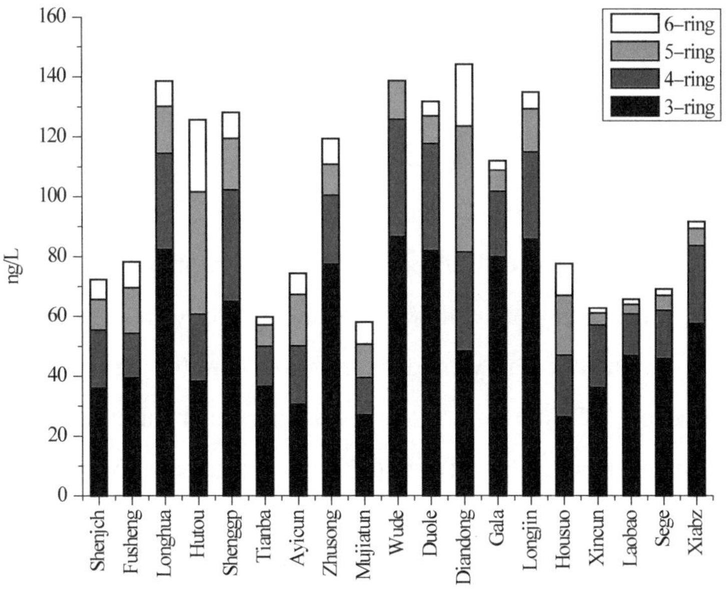

Fig.1 Composition patterns of PAHs in well water samples at 19 sites: three-ring PAHs include fluorene, phenanthrene and anthracene; four-ring PAHs involve fluoranthene, pyrene, benzo [*a*] anthracene and chrysene; five-ring PAHs embrace benzo [*b*] fluoranthene, benzo [*k*] fluoranthene, benzo [*a*] pyrene and dibenzo [*a,h*] anthracene; six-ring PAHs cover indeno [1,2,3-*c,d*] pyrene and benzo [*g,h,i*] perylene

As clearly shown in Fig. 1, three-ring PAHs (Flu, Pa and Ant) were the most abundant PAHs in water samples from the sampling sites, which on average accounted for 58.9% and 51.1% of total PAHs in Xuanwei and Fuyuan, respectively. Four-ring PAHs were the second most abundant PAHs and accounted for 24.7% and 23.7% of total PAHs on average. Five- and six-ring PAHs made up only 11.3%, 16.6% and 5.1%, 8.6% of total PAHs in water in the two areas, respectively.

The comparison between total PAHs concentrations in water of Xuanwei and Fuyuan and those at the other sites in China is shown in Table 2. The total PAHs concentration of the sample in Kuaize River collected at Fuyuan urban area was 270.5 ng/L, slightly higher than the values detected in Haihe River, Tianjin, and comparable to those in Tonghui River, Beijing, Middle and lower Yellow River, and Gao-ping River, Taiwan, but much lower than those in Minjiang River Estuary, Sichuan, Tianjin rivers, Tianjin, Hangzhou rivers, Zhejiang and Daliao River, Liaoning. For 19 drinking water samples collected from wells, the total PAHs concentrations ranged from 58.0 to 144.1 ng/L, which were a little higher than the values monitored in 18 cities of Henan Province (0.35～99.3 ng/L). But as seen in Fig.2, the concentrations of BaP, one of the most carcinogenic PAHs, at all 19 drinking water sites were below the permission level for drinking water in China (10 ng/L). The values of BaP were also far lower than 0.2 μg/L, the maximum contaminant level (MCL) of U.S. EPA for drinking water (http：//www.epa.gov/safewater/contaminants/index.html) and 0.7 μg/L, the guideline value of WHO for drinking water.

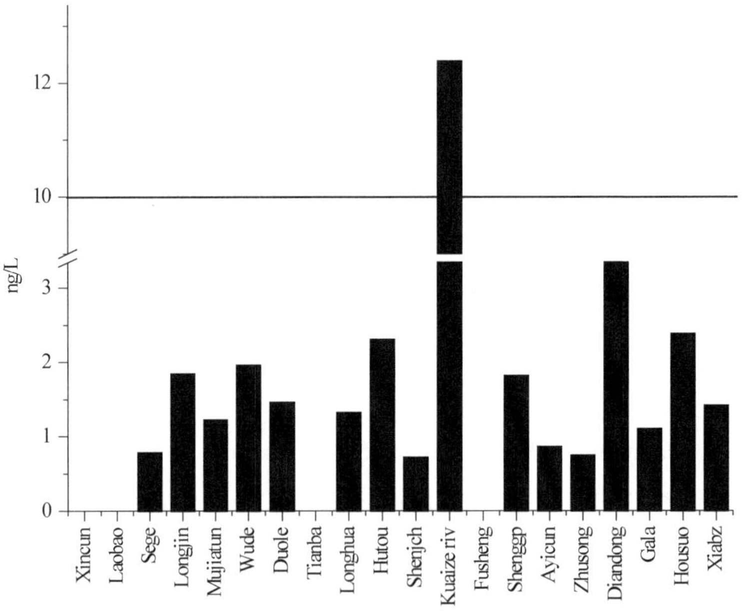

Fig.2 Bap concentrations of 20 water samples

3.2 Concentrations and profile of PAHs in soil

The concentrations of PAHs in soil samples are also shown in Table 1. Nap, Acpy, Acp were not involved because of their low toxicity and recovery. Chr and Bbf were the most predominant PAHs, accounting for more than 13% of the total PAHs.

Fl, Pa, Bghip and BaP presented significant fraction (more than 8%) of the total PAHs. As the indicative for the total PAHs, BaP accounted for 9.5% and 8.2% of the total PAHs, ranging from 4.3 to 155.0 ng/g and 9.2 to 122.7 ng/g in Fuyuan and Xuanwei, respectively. It demonstrated that the concentration of BaP in soil varied greatly from sampling site to sampling site.

Table 2 Comparison of total PAHs concentrations (ng/L) in water of Xuanwei and Fuyuan and those at the other sites in China

Study area	Sampling time	Species	Range/(ng/L)	Reference
Haihe River, Tianjin		16	56.8~173.2	22
Tonghui River, Beijing	April,2002	16	193~2 651	23
Yellow River	June,2004	15	179~369	24
Gaoping River, Taiwan	1999 /2000	16	10~9 400	25
Tianjin rivers, Tianjin	April,2004	16	1 765~35 210	11
Minjiang River Estuary, Sichuan	November,1999	16	9 890~474 000	26
Hangzhou rivers, Zhejiang	December,2002	10	989~9 663	27
Daliao River, Liaoning	August,2005	18	946.1~13 448.5	28
Kuaize River	January,2007	13	275.5	This study
Drinking water of 18 cities in Henan	June,2004	14	0.35~99.3	29
Well water of Xuanwei and Fuyuan	January,2007	13	58.0~144.1	This study

Fig.3 shows the composition patterns of PAHs in tested soil samples. Four-ring PAHs were the most abundant PAHs, accounting for 43.4% and 34.9% of total PAHs on average in Xuanwei and Fuyuan, respectively. Five-ring PAHs were the second most abundant PAHs, accounting for 31.2% and 32.8% of total PAHs. Six- and three-ring PAHs made up only 13.8%, 18.9% and 11.6%, 13.4%, respectively. These results indicated that the four-, five- and six-ring PAHs, as the most carcinogenic, mutagenic and teratogenic PAHs, occupied a significant percentage in total PAHs although they were at low concentrations.

Fig. 4 also shows the differences of total PAHs at 21 sampling sites. Total PAHs varied greatly from site to site ranging from 135.8 ng/g to 1 911 ng/g with a mean value of 520.9 ng/g. The maximum value occurred in Dalishucun where a coal-burning power plant is located about 500 meters away. The minimum value was found at one of the reference sites, Diandong. Other two reference sites were also found at low levels of PAHs, 158.2 ng/g and 164.9 ng/g, respectively.

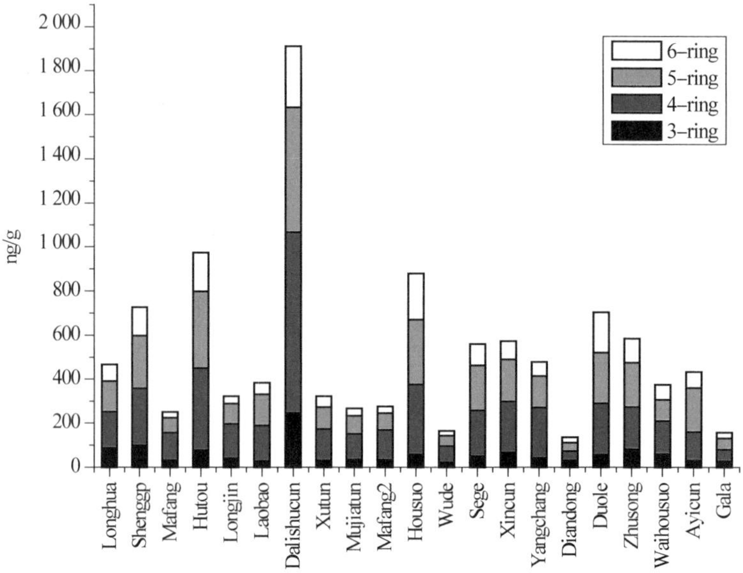

Fig. 3 Composition patterns of PAHs in 21 soil samples.

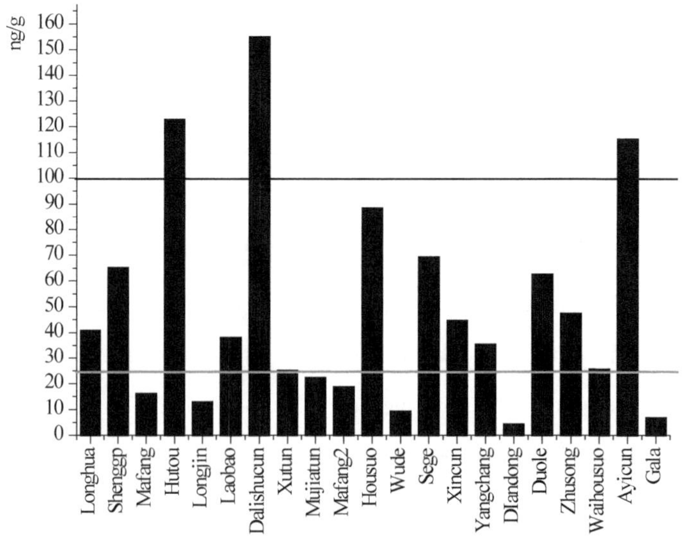

Fig.4 BaP concentrations of soils

Liu et al. reported that the total PAHs concentrations in the wetlands of Lhasa ranged from 0 to 195 ng/g with a mean value of 82 ng/g. Hu et al. revealed that the total PAHs concentrations in urban and suburban areas of Guiyang, capital city of Guizhou Province, ranged from 61 to 1 560 ng/g with a mean value of 567 ng/g. The mean value of total PAHs in this study was much higher than that in Lhasa but slightly lower than that in Guiyang. There are a few recommendations or guidelines for PAHs in soil worldwide. As seen in Fig. 4, the concentrations of Bap at 3 sites among the 21 sites exceeded the guidelines in Canada for agricultural soil (the black line, 100 ng/g), and the BaP concentrations of 14 sites out of 21 sites exceeded the limits in Netherland (the gray line, 25ng/g). Maliszewska-Kordybach proposed a classification of soil contamination as non-contaminated soil (＜200 ng/g), weakly contaminated soil (200～600 ng/g), contaminated soil (600～1 000 ng/g), and heavily contaminated soil (＞1 000 ng/g). Based on the classification, only three reference sites might be classified as non-contaminated ones. The soils of Hutou, Housuo, Duole, and Shenggp with the total PAHs levels of 974.1 ng/g, 878.5 ng/g, 704.5 ng/g, and 726.2 ng/g respectively, would be classified at least as contaminated soil. The PAHs mainly came from the coal combustion of daily life. The soil in Dalishucun (1 911 ng/g) was classified as heavily contaminated soil, with main source from coking plants nearby. The soils of rest sites were weakly contaminated.

3.3 Source of PAHs in soil

Recoveries of Nap (33.3%, RSD 3.1%), Acpy (34.4%, RSD 2.8%), and Acp (53.2%, RSD 3.1%) in soil samples were relatively low but stable, and the data of these three compounds in soil were only used in the description of source identification. Principal component analysis (PCA) was used to identify the sources of PAHs in the contaminated soils (Table 3). For 18 contaminated soil samples, two principal components (PC1 and PC2) accounted for 74.2% and 12.7%, respectively and totally accounted for 86.9% of the total variance. For PC1, loadings of representative of pyrogenic sources, Bbf, Bkf, BaP, Ind, Dba, and Bghip, were all higher than 0.8. PC1 was also found to have lower loadings with the LMW-PAHs (most loadings less than 0.8), which was a proof of relationship to high temperature combustions. On the contrary, for PC2, loadings of Nap, Acpy, Acpy were all positive and high, while loadings of the 5～6 ring PAHs were all negative. It was therefore concluded that PC2 was mostly associated with the 2～4 ring PAHs and could be classified as representative of natural sources according to local environment.

Table 3 PCA of soil samples

PAHs	PC1	PC2
Nap	0.59	0.60
Acpy	0.78	0.52
Acp	−0.01	0.84
Flu	0.88	0.37
Pa	0.92	0.17
Ant	0.96	0.10
Fl	0.98	0.10
Pyr	0.90	−0.06
Baa	0.92	−0.15
Chr	0.97	0.10
Bbf	0.97	−0.10
Bkf	0.93	−0.08
BaP	0.81	−0.35
Dba	0.86	−0.34
Ind	0.89	−0.33
Bghip	0.90	−0.33

The indicative ratios of Ant/(Pa + Ant) and Fl/(Fl + Pyr) are used here to further elucidate the possible sources of PAHs in the examined soils (Fig. 5). If the ratio of Ant/(Pa + Ant) is less than 0.1, it is the indicator of petroleum, and if it is higher than 0.1, it is the indicator of combustion. The ratio of Fl/(Fl + Pyr) ＜0.4 implies petroleum combustion, 0.4～0.5 implies petroleum (liquid fossil fuel, vehicle and crude oil) combustion, and ＞0.5 implies combustion of coal, grass and wood. In this study, the ratios of Ant/(Pa + Ant) and Fl/(Fl + Pyr) of 14 sites were higher than 0.1 and 0.5, respectively. As shown in Figure 6, when these two ratios were plotted together, ratios for 10 out of the 18 contaminated sites had the characteristic of combustion, suggesting that PAHs at most sites mainly originated from combustion of wood, grass or coal. The PCA and the diagnostic ratios further confirmed that the PAHs in soil came from deposition of atmospheric PAHs generated by smoky coal combustion in Xuanwei and Fuyuan.

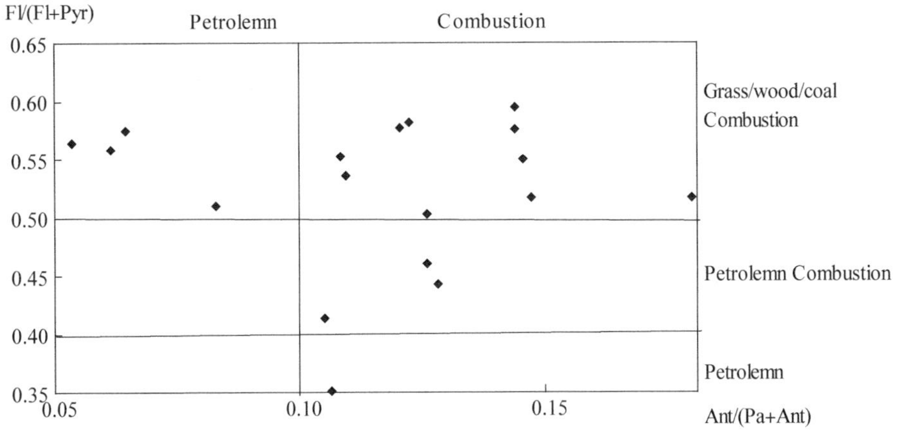

Fig.5　The ratios of Ant/(Pa + Ant) and Fl/(Fl + Pyr) in soil samples

4　Conclusions

20 water and 21 soil samples from Xuanwei and Fuyuan were examined for PAHs. For all 19 well water samples, the total PAHs concentrations, ranging from 58.0 ng/L to 144.1 ng/L, were slightly higher than those monitored at other sites of China. The BaP concentrations were lower than the maximum permission level for drinking water in China and the criteria of WHO and U.S. EPA. Total PAHs varied greatly in 21 soil samples ranging from 135.8 ng/g to 1 911 ng/g with an average of 520.9 ng/g. According to the classification published before, at least 18 sites were contaminated. PCA and diagnostic ratios analysis suggested that soil pollution was mainly caused by the deposition of air PAHs produced by burning smoky coals. Our results revealed that the pollution in air might cause fairly serious pollution to soil and subsequently pose a threat to the local environment and health of residents.

References

[1] IARC. Monographs on the Evaluation of the Carcinogenic Risk of Chemicals to Humans: Polynuclear Aromatic Hydrocarbons, vol. 32. WHO, Lyon, France, 1983.

[2] Kavouras I G, Koutrakis P, Tsapakis M, et al. Source apportionment of urban particulate aliphatic and polynuclear aromatic hydrocarbons (PAHs) using multivariate methods. Environ Sci Technol, 2001, 35:2288-2294.

[3] Wilcke W. Global patterns of polycyclic aromatic hydrocarbons (PAHs) in soil. Geoderma, 2007, 141: 157-166.

[4] Zhu L Z, Chen B L, Wang J, et al. Pollution survey of polycyclic aromatic hydrocarbons in surface water of Hangzhou, China. Chemosphere, 2004, 56:1085-1095.

[5] Manoli E, Samara C. Polycyclic aromatic hydrocarbons in natural waters: sources, occurrence and analysis. Trends Anal Chem, 1999, 18:417-428.

[6] Moore S W, Ramamoorthy S. Organic chemicals in natural water. In: Applied Monitoring and Impact Assessment. New York, Springer, 1984.

[7] Yu X Z, Gao Y, Wu S C, et al. Distribution of polycyclic aromatic hydrocarbons in soils at Guiyu area of China, affected by recycling of electronic waste using primitive technologies. Chemosphere, 2006, 65:1500-1509.

[8] Chung M K, Hu R, Cheung K C, et al. Pollutants in Hong Kong soils: Polycyclic aromatic hydrocarbons. Chemosphere, 2007, 67:464-473.

[9] Aichner B, Glaser B, Zech W. Polycyclic aromatic hydrocarbons and polychlorinated biphenyls in urban soils from Kathmandu, Nepal. Org Geochem, 2007, 38:700-715.

[10] Ping L F, Luo Y M, Zhang H B, et al. Distribution of polycyclic aromatic hydrocarbons in thirty typical soil profiles in the Yangtze River Delta region, east China. Environ Pollut, 2007, 147:358-365.

[11] Cao Z H, Wang Y Q, Ma Y M, et al. Occurrence and distribution of polycyclic aromatic hydrocarbons in reclaimed water and surface water of Tianjin, China. J Hazard Mater, 2005, 122:51-59.

[12] Mumford J L, Harris D B, Williams K. Indoor air sampling and mutagenicity studies of emissions from unvented coal combustion. Environ Sci Technol, 1987, 21:308-311.

[13] He X Z, Yang R D. Lung Cancer and Indoor Air Pollution from Coal Burning (in Chinese). Kunming: Yunnan Science and Technology Press,1994.

[14] Lan Q, Chapman R S, Schreinemachers D M, et al. Household Stove Improvement and Risk of Lung Cancer in Xuanwei, China. J Natl Cancer I, 2002, 94:826-835.

[15] Tian L W. Coal Combustion Emissions and Lung Cancer in Xuan Wei, China. Dissertation of doctor of philosophy in environmental health sciences, University of California, Berkeley, 2005:4.

[16] Cai Q Y, Mo C H, Wu, Q T, et al. The status of soil contamination by semivolatile organic chemicals (SVOCs) in China: A review. Sci Total Environ, 2008, 389:209-224.

[17] He X Z, Chen W, Liu Z Y, et al. An epidemiological study of lung cancer in Xuanwei county, China: current progress. Case- control study on lung cancer and cocking fuel. Environ Health Perspect, 1991, 94: 9-13.

[18] Mumford J L, He X Z, Chapman R S. Lung cancer and indoor air pollution in Xuanwei, China. Science, 1987, 235:217-220.

[19] Shen M, Rothman N, Berndt SI. Polymorphisms in folate metabolic genes and lung cancer risk in Xuan Wei, China. Lung Cancer, 2005, 49:299-309.

[20] Lu H Z, Ding Z H, Li J H. Data analysis of lung cancer incidence in Fuyuan (in Chinese). Lit&Inf Prev Med, 2003, 9:88-90.

[21] Sun F S, Littlejohn D, Gibson M D. Ultrasonication extraction and solid phase extraction clean-up for determination of US EPA 16 priority pollutant polycyclic aromatic hydrocarbons in soils by reversed-phase liquid chromatography with ultraviolet absorption detection. Anal Chima Acta, 1998, 364:1-11.

[22] Shi Z, Tao S, Pan B, et al. Contamination of rivers in Tianjin, China by polycyclic aromatic hydrocarbons. Environ Pollut, 2005, 134:97-111.

[23] Zhang Z, Huang J, Yu G, et al. Occurrence of PAHs, PCBs and organochlorine pesticides in the Tonghui River of Beijing, China, Environ Pollut, 2004, 130:249-261.

[24] Li G C, Xia X H, Yang Z F, et al. Distribution and sources of polycyclic aromatic hydrocarbons in the middle and lower reaches of the Yellow River, China. Environ Pollut, 2006, 144:985-993.

[25] Doong R A, Lin Y T. Characterization and distribution of polycyclic aromatic hydrocarbon contaminations in surface sediment and water from Gao-ping River, Taiwan. Water Res, 2004, 38: 1733-1744.

[26] Zhang Z L, Hong, H S, Zhou J L, et al. Phase association of polycyclic aromatic hydrocarbons in the Minjiang River Estuary, China. Sci Total Environ, 2004, 323:71–86.

[27] Chen B, Xuan X, Zhu L, et al. Distributions of polycyclic aromatic hydrocarbons in surface waters, sediments and soils of Hangzhou City, China. Water Res, 2004, 38:3558-3568.

[28] Guo W, He M C, Yang Z F, et al. Contamination characters of Polycyclic Aromatic Hydrocarbons in Daliao River system of China (in Chinese). Chin J Appl Ecol, 2007, 18: 1534-1538.

[29] Peng H, Li M, Wang L L, et al. Study on the contamination of Polycyclic Aromatic Hydrocarbons in Henan source water (in Chinese). Environ Monit Chin, 2004, 20:17-19.

[30] GB 5749—85. Standard of Drinking-Water Quality. China, 1985.

[31] WHO. Polynuclear Aromatic Hydrocarbons. Guidelines for Drinking-Water Quality, second ed., addendum to vol. 2, Health Criteria and Other Supporting Information, World Health Organization, Geneva, 1998:123-152.

[32] Wilcke W. Polycyclic aromatic hydrocarbons (PAHs) in soil-a review. J Soil Sci Plant Nutr, 2000, 163:229-248.

[33] Liu J, Qi S, Zhang G, et al. Polycyclic aromatic hydrocarbons in Lalu wetland of Lhasa city and their sources (in Chinese). Geohys Geochem Explor, 2003, 7:490-492.

[34] Hu J, Zhang G, Liu C Q. Pilot study of polycyclic aromatic h ydrocarbons in surface soils of Guiyang city, People's Republic of China. Bull Environ Contam Toxicol, 2006, 76: 80-89.

[35] Maliszewska-Kordybach B. Polycyclic aromatic hydrocarbons in agricultural soils in Poland: preliminary proposals for criteria to evaluate the level of soil contamination. Appl Geochem, 1996, 11:121-128.

[36] Budzinski H, Jones I, Bellocq J, et al. Evaluation of sediment contamination by polycyclic aromatic hydrocarbons in the Gironde estuary. Mar Chem, 1997, 58:85-97.

[37] Yunker M B, Macdonald R W, Vingarzan R, et al. PAHs in the Fraser River basin: a critical appraisal of PAH ratios as indicators of PAH source and composition. Org Geochem, 2002, 33: 489-515.

Investigations on Boron Levels in Drinking Water Sources in China

1 Introduction

Boron (B) is a ubiquitous chemical element in nature and has a high affinity for oxygen (Neal *et al.*1998；Wyness *et al.* 2003). So far, over 150 boro nminerals have been found all over the world, but only about ten of them have industrial value. Skarn boron deposit (distributing in Fengcheng, Kuandian, Yingkou counties of Liaodong peninsula)and continental salt lake boron deposit (distributing in salt lakes of Tibetan Plateau) are the two typical types of boron mines in China (Zhu and Wang 2007). Both natural and anthropogenic factors can lead to the release of boron into air,water, or soil (Neal *et al.* 1998), resulting in boron contamination in ambient environment. Because of the wide application of borate and boric acid in industrial and other related fields, boron may also be discharged into the riverine environment with the drainage and leachate from mining industry (Akar 2007；Wyness *et al.* 2003；Adriano *et al.* 1980). The majority of the Earth's boron occurs in the oceans, with an average concentration of 4.5 mg/L, but varies widely in fresh water (Weast *et al.* 1985；Coughlin 1998). In Germany, the researchers found that the populations in large cities were exposed to high levels of boron from drinking water (ECETOC 1996；Howe 1998), inducing the potential risks to human health.

Previous studies indicated that over 90% of boric acid and borax administrated could be absorbed through the gastrointestinal and respiratory tracts of the experimental animals (Hunt 1989；Bai and Hunt 1996；Litovitz *et al.* 1988). Although low levels of boron may be beneficial to the bone, excessive uptake of boron can cause symptoms such as coarse hair coats, scaly tails, swollen

注：原文刊载于 *Environmental Monitoring and Assessment* 2010 年第 165 期，作者许人骥、邢小茹、周群芳、江桂斌、魏复盛。

and desquamated pads of the paws, bloody eye discharge, body weight loss and shrunken scrotum (Weir and Fisher 1972; Heindel *et al.* 1992; Price *et al.* 1996). Based on the shortand long-term oral exposures to boric acid or borax, it was demonstrated that the male reproductive tract was a consistent target of boron toxicity in laboratory animals (WHO 1998). A recent investigation on boron workers showed that boron exposure might cause the spouses of male workers had a delay in pregnancy and a decrease in live births (Liu *et al.* 2005). Sexual chromosomes test (FISH test) showed that the chromosome ratio of Y : X significantly decreased due to boron exposure (Robbins et al. 2008). In view of the accurate assessment of human health under long-term exposure of boron, the investigation on the ambient boron levels is much of significance.

In general, food and water are the main approaches of boron exposure to human. The mean daily intake of boron in the diet was reported to be near 1.2 mg/d for the normal population according to the previous survey (Anderson *et al.* 1984). Depending on the sources, concentrations of boron in drinking water vary in wide ranges, wherein most of them are between 0.1 mg/L and 0.3 mg/L (WHO 1998). Bottled water containing high levels of boron may cause significant more boron exposure to those who drink this kind of water (Abke *et al.* 1997; Allen *et al.* 1989; Graffmann *et al.* 1974). The World Health Organization (WHO) suggested the limit value of boron in water be 0.5 mg/L (WHO 1998). EU also added element boron to its drinking water standard (1 mg/L) (Directive 98/83/EC).

Tap (from public drinking water sources) water and bottled water are the two main sources of drinking water. Lots of data were reported on boron levels in different water sources in many countries over past decades (Coughlin 1998; Gianni and Marina 1988; Butterwick *et al.* 1989; Murray 1995; Dyer and Caprara 1997; Coughlin 1998; Sayli 1998; NAQUADAT 1986; Barr *et al.* 1993; Wyness *et al.* 2003). Besides, the U.S. has done some health risk assessment of boron in its drinking water (Murray 1995). In China, limited data showed that boron concentrations in drinking water from boron industrial area were higher than those from other areas (Xing *et al.* 2007). In 2005, public drinking water sources served over 650 million people living in counties and cities (Zheng *et al.* 2007). In addition, sales of bottled water have been increasing continuously in recent years. Statistic data from the international committee for bottled water show that the annual sales volume of bottled water in China was up to 5.5 billion liters in 2000, this data increased to 8.1 billion liters in 2002 (Yang 2004). However, to the best of the authors' knowledge, few data is available on boron concentrations in these different water sources in China. Therefore, a comprehensive study on boron contamination in water is very necessary in view of the possible effect on human health of boron exposure through drinking water. Regarding the common drinking water types, this investigation is performed on boron levels in surface and ground public drinking water sources from 49 cities in China, 45 brands of bottled water from supermarkets, and 58 water samples from a boron industrial area to offer more information on boron levels in public drinking water in China.

2 Materials and methods

2.1 Sample collection

Drinking water sources A total of 98 water samples including 76 surface water and 22 ground water samples were collected from the local public drinking water sources in 49 main cities of China during January–July, 2007. These cities included 30 provincial capitals and 19 other main cities in China, covering most regions of China. There are 31 cities of the 49 cities located along the valleys of Yang tze river, Haihe rirer/Luanhe, Huaihe, Yellow River rirer, Songhuajiang/Liaohe, and Pearl River. A total of 55 surface water samples were collected from these cities.

Bottled water samples A total of 45 brands of bottled water were purchased randomly from supermarkets in Beijing, Wuhan, Shenyang, Tianjin, and Kunming. The bottled water samples included 21 homemade mineral water, 21 homemade pure water samples, two mineral water imported from France, and one from America.

Water samples from boron industrial area Drainage and leachate containing boron from mining industries are the main anthropogenic sources of boron. The typical boron industrial area studied here is Kuandian County, Liaoning Province. Boron mineral reserves there are up to 30 million tons, 15 million tons of the total reserves have commercial value, which account for 40% and 60% of the gross reserves and recovery of the whole country, respectively. A total of 70% borax and boron acid products in China are from this region. There are two main rivers in this region：Aihe River goes through the south boundary of Kuandian region；and Pushi River flows through the west of Kuandian city. A total of 20 surface water samples and 38 ground water samples were collected from boron mining, processing plant and vicinity area (named by exposure sites), and the ambient areas relatively far away from boron industry (named by ambient sites) during April, 2002 to September, 2004. Among these 20 surface water samples, six samples were collected respectively from the upper, middle, and lower reaches of Aihe River and Pushi River.

2.2 Reagent

Boron standard solution (100 mg/L) and internal standard solution (Rh, 10 ppm) were obtained from National Research Center for Geoanalysis and diluted to desired concentrations. All the standard solutions contained 1% HNO_3 and were stored in polyethylene bottles. Milli-Q water was used through the test process. Nitric acid used in this work was obtained by sub-boiling distillation of guaranteed grade nitric acid.

2.3 Instrument

The quantification analysis of boron was performed on an inductively coupled plasma-mass spectrometry (ICP-MS；Agilent 7 500 a series), and 1% HNO_3 was used as the blank. Parameters of ICP-MS were listed in Table 1.

2.4 Chemical analysis

Both total and dissolved boron contents were measured in water samples from

Table 1　Optimized parameters of ICP-MS

Parameters	Optimized values
RF power/W	1 360
RF matching /V	1.55
Sample depth /mm	7.7
Torch-H/mm	0.2
Torch-V/mm	0
Carrier gas/ (L/min)	1.14
Peripump1/rps	0.3
S/C temp/℃	2
Extract1	−103
Extract2	−13
AMU gain	126
AMU offset	127
Axis gain	0.991
Axis offset	0.01
QP bias	2

public drinking water sources. Each sample was divided into two duplicates of 50 ml. One was acidified to 1% HNO_3 directly for the measurement of total boron concentration and the other was filtered with 0.45 μm micro-pore filter, and then acidified to 1% HNO_3 for the analysis of dissolved boron concentration. For fresh water and wastewater samples from boron exposure sites and ambient sites of Kuandian County and bottled water samples, only total boron concentrations were tested after being acidified to 1% HNO_3. The internal standard of Rh (1 μg/ml) was loaded online by the pump in the introducing system of ICP-MS during analysis.

3　Results and discussion

3.1　Evaluation of the analytical method

As a popular elemental analysis instrument, ICPMS is widely used in the measurement of various inorganic elements in environmental samples because of its high sensitivity and wide linear range (from several nanograms per liter to hundreds of milligrams per liter). Based on this analytical system, the spiked recoveries of boron in the environmental samples are in the range of 103% ~ 105% with the RSD of 3.6%. The correlation coefficient of calibration curve was 0.999 9 and the detected limit of boron was 0.000 2 mg/L, which ensured the analysis of trace levels of boron in environment samples. Boron levels in the drinking water were all successfully analyzed by ICP-MS herein.

Table 2 Boron concentrations in public drinking water sources (mg/L)

	Status	Number	Range	Mean	GM	10% percentile	50% percentile	90% percentile
Water source	Total	98	0.003 ~ 0.337	0.046	0.026	0.007	0.024	0.097
	Dissolved	98	0.002 ~ 0.333	0.045	0.026	0.007	0.024	0.103
Surface water source	Total	76	0.003 ~ 0.246	0.040	0.023	0.006	0.023	0.089
	Dissolved	76	0.002 ~ 0.240	0.039	0.022	0.006	0.022	0.089
Ground water source	Total	22	0.007 ~ 0.337	0.068	0.043	0.02	0.046	0.143
	Dissolved	22	0.007 ~ 0.333	0.068	0.042	0.016	0.046	0.13

3.2 Boron concentrations in drinking water sources

Generally, boron cannot be removed during water treatment, so boron levels in drinking water sources may directly reflect human exposure to boron through drinking water. Total and the dissolved boron concentrations in 98 water samples from the public drinking water sources of 49 cities in China were determined and the results are summarized in Table 2. It can be found that boron concentrations range from 0.003 mg/L to 0.337 mg/L with the mean level of 0.046 mg/L. The highest total boron concentrations in surface water (0.246 mg/L) and ground water (0.337 mg/L) were from Jinan, Shandong province and Beihai, Guangxi province, respectively. The wide use of boron fertilizer and boron-containing commoditiesmay cause high boron in water sources in these two regions. There is no significant difference between total boron concentrations and the dissolved ones, indicating that boron mainly exists in dissolved status. Ground water has relatively higher boron concentration (mean level = 0.068 mg/L) than surface water (mean level = 0.040 mg/L). Geological factors such as rock weathering and soil leaching may cause high boron level in ground water. Generally, boron concentrations in all tested water samples are below boron standard for public drinking water source (0.5 mg/L) and hygiene standard of drinking water (0.5 mg/L) of China, which confirms the safety of these drinking water sources for human health in view of boron.

Based on the comparison of the mean boron concentrations in surface drinking water sources of cities along six valleys, it can be found that boron levels are in the order of the Yellow River > Huaihe river > Haihe river/Luanhe river > Yang tze river > Songhuajiang/Liaohe > Zhujiang (Table 3). Citiesalong Huanghe valley have the highest boron concentration in their drinking water sources with the highest concentration up to 0.246 mg/L, and the second is Huaihe valley. The lowest boron concentration of drinking water sources occurs in cities along Zhujiang valley. In nature, boron levels in surface water mainly depend on the process of rock weathering and soil leaching. There are similar decreasing trends for boron concentrations in soils from west to east and from north to south in China, which is consistent with boron concentration alterations in public drinking water sources along six valleys described above.

Table 3　Boron concentrations in cities along different valleys (mg/L)

Valley	Number	Min	Max.	Mean	10% percentile	50% percentile	90% percentile
Yang tze river	12	0.010	0.194	0.043	0.011	0.029	0.054
Haihe river/ Luanhe river	23	0.003	0.239	0.043	0.017	0.035	0.050
Huaihe river	1	0.091	0.091	0.091	0.091	0.091	0.091
Huanghe river	5	0.007	0.246	0.143	0.007	0.145	0.246
Songhuajiang/ Liaohe	5	0.009	0.024	0.017	0.009	0.016	0.024
Pearl River	9	0.006	0.046	0.017	0.006	0.014	0.046

Globally, boron concentrations in both surface water and ground water can vary substantially depending on different geographic regions (Table 4). Most of boron concentrations in fresh water are less than 0.1 mg/L ; however, in areas with boronrich soils, boron concentration in surface water is up to 26 mg/L (WHO 1998). In 1987, US National Inorganics and Radionuclides Survey (NIRS) reported the mean boron level in 989 public water supplies was 0.15 mg/L, with the 90th percentile at approximately 0.4 mg/L (Coughlin 1998). The study on boron in 76 raw water samples from rivers in US from 1984 to 1993 showed that the median value was 0.10 mg/L (Dyer and Caprara 1997). Barbara and Milby summarized the results of boron contents in ground water from the Southeastern Sacramento valley aquifer, California, and found that the range of boron concentration of 31 water samples was 0.012～1.1 mg/L, with a median of 0.042 mg/L (Barbara and Milby 2001). The highest boron concentrations of samples from Europe, Canada, and Chile all exceeded 1 mg/L (Naquadat 1986; Ecetoc 1996; Abke *et al.* 1997; Wyness *et al.* 2003; Diaconu *et al.* 2008). Boron levels in surface water have been investigated in detail in different countries of Europe (Wyness *et al.* 2003). Comparison of boron concentrations in surface water sources from different countries including Asia, Africa, America, and Europe shows that Portugal has the highest mean of boron levels in surface water and Argentina has the highest mean of boron concentrations in ground water. But in the drying areas of Chile, boron concentrations in both surface water and ground water are much higher than those in other regions (Yamasaki and Hata 2000). Results obtained herein indicate that boron levels in public water sources of main cities in China are generally at the same level as or slightly lower than those in most of other countries in the world.

3.3 Boron concentrations in bottled water of China

As another important drinking water source, bottled water is becoming more and more popular in the daily life. Trace elements in bottled water especially for mineral water are thought to be beneficial for human health. However, the guild regulations are still not normative for the levels of most of the trace elements including boron. It is thus of much significance to investigate boron levels in bottled water. The results listed in Table 4 shows that boron concentrations in homemade bottled water are in the range of 0.000 2~0.705 mg/L, which is lower than those previously reported in other countries (Abke *et al.* 1997; Graffmann *et al.* 1974; Allen *et al.* 1989; Misund *et al.* 1999; Güler 2007). Boron concentrations in bottled water imported from France and U.S. range from 0.009 to 0.037 mg/L, which are at the same level as those made in China. In addition, boron levels in mineral water are slightly higher than those in pure water. For 42 brands of bottled water produced in China, only one exceed the boron standard of drinking water (0.5 mg/L). Generally, the bottled water is safe for human health based on the boron levels determined herein.

Table 4　Boron concentrations in bottled water samples produced in different countries (mg/L)

	Number	Min	Max	Mean ± SD	10% percentile	Median	90% percentile	References
Mineral water	21	0.000 2	0.705	0.052±0.151	0.000 2	0.012	0.062	This work
Pure water	21	0.000 2	0.242	0.028±0.056	0.000 2	0.007	0.050	
Germany			2.1	0.36				Abke *et al.* (1997)
Germany		0.02	3.23	0.5				Graffmann *et al.* (1974)
America		<0.005	4.35	0.75				Allen *et al.* (1989)
Europe	56	<0.005	10.1			0.092		Misund *et al.* (1999)
Turkish	60	0.004	10.0	0.137±0.203				Güler (2007)

3.4　Boron contamination status in water of boron

Industrial area Boron intakes through drinking water in populations residing in boron industrial areas were generally much higher than those in other areas (Cöl and Cöl 2003). Boron concentrations in surface and ground water samples from the industrial area in Kuandian County, Liaoning Province were measured in this work. The results shown in Table 5 indicate that the means of boron concentrations in surface and ground water from exposure sites are 1.28 mg/L and 18.3 mg/L, respectively, which are 32.0 and 269 times higher than those in public drinking water sources described above. The overall mean of boron concentration in surface and ground water samples from exposure sites is 15.0 mg/L, which is at the same level as those in Turkey (Cöl and Cöl 2003; Sayli 1998). Obviously, boron levels in ground water are much higher than those in the surface water. Eight ground water and two surface water samples have boron concentrations exceeding 1.0 mg/L. The highest value is 140 mg/L, which is 46.7 times higher than boron standard for agricultural irrigation of China (3 mg/L). Total 14 (53.8%) water samples from the exposure sites have boron concentrations over 0.5 mg/L, indicating the possible risk may be induced to human health by boron exposure through drinking water in this area. For the ambient sites, it can be found that the mean boron levels are 0.123 and 0.008 mg/L for surface water and ground water, respectively. They are clearly lower than those from exposure sites and equal to the values in public drinking sources of other cities described above and the ambient area in Turkey (Sayli 1998). However, two samples contain boron concentrations were detected slightly higher than boron standard for drinking water, which should be paid attention for our future research.

Table 5 Boron concentrations in water samples from boron industrial area (mg/L)

		Sample sources	Number	Range	Mean±SD	GM	Median	References
China	Surface water	Exposure sites	5	0.007～3.8	1.28±1.79	0.124	0.039	This work
		Ambient sites	15	0.005～0.67	0.123±0.228	0.024	0.009	
	Ground water	Exposure sites	21	0.015～140	18.3±39.7	1.17	0.570	
		Ambient sites	17	0.002～0.027	0.008±0.007	0.007	0.006	

续表

		Sample sources	Number	Range	Mean±SD	GM	Median	References
Turkey	Drinking water	Ambient sites	—	0.05～0.45				Sayli (1998)
		Exposure sites	—	0.7～29				
	Ambient water	Surface,ground and fountain water	—	2.05～29	10.2±4.08			Cöl and Cöl (2003)
China	Drainage water		8	0.99～928	144±320	21.9	15.7	This work
Turkey	Drainage water		3	16～390				Okay *et al.* (1985)

The monthly monitoring results of boron concentrations in the drinking water well located in a boron processing plant during June to September, 2004 were 4.21 mg/L, 115 mg/L, 140 mg/L, and 69.5 mg/L, respectively. As we all know, the period from July to September is the raining season in this region (Xing *et al.* 2007), and the studied well is only about 5 m away from the waste ore. The rain leachate containing high levels of boron may pollute the well water, leading to the obvious alterations in boron levels, whereas boron concentration in the mountain spring collected in the back of the same boron processing plant is as low as 0.1 mg/L, indicating boron contamination in some locations origins from point sources.

The comparisons of boron levels in upper, middle, and lower reaches of Aihe River and Pushi River show the increasing boron levels from the upper streams to middle and lower reaches of these rivers (Table 6). The boron industrialactivities may contribute to boron contamination therein. Similar results were obtained in the study on Simav River, a main river receiving discharge from boron mines in Turkey, wherein boron concentrations in the river were 0~0.5 mg/L before entering the boron mining region and increased to 4 mg/L after receiving boron discharge (Okay *et al.* 1985). These findings indicate that landfill leaching and waste water discharge from human activities may cause high boron in water and should be of concern.

Table 6 Boron concentrations in Aihe River and Pushi River in Kuandian County (mg/L)

River	Upper reaches	Middle reaches	Lower reaches
Aihe river	0.008	0.51	0.50
Pushi River	0.022	3.8	2.56

Boron discharge regulations in wastewater can seldom be found in most countries in the world. The direct discharge of wastewater containing high levels of boron may seriously pollute the ambient environment, which should draw much attention. Boron concentrations in wastewater from boron mining and processing plants determined herein range from 0.99 to 928 mg/L with an average of 144 mg/L, which is at the same level as those in Turkey (Table 5; Okay *et al.* 1985). Only three of eight samples have boron concentrations lower than the standard for boron discharge in wastewater (10 mg/L) enacted by Japan in 2001. Particularly, boron levels in two samples even exceed 100 mg/L, which may offer a great threat to the environment through direct discharge. The minimum value of 0.99 mg/L is detected in a sample from bath discharge, which is the only one satisfying the boron standard for agricultural irrigation (3.0 mg/L). Discharge of this kind of wastewater can definitely cause boron pollution in surface and ground water in this area.

3.5 Risk assessment of boron exposure through drinking water

Based on the comparison of the studied drinking water sources herein, it is clear that similar boron levels are found in the public drinking water sources of main cities, bottled water and the ambient sites in boron industrial area in China (Fig. 1). These values are generally below boron standard in drinking water (0.5 mg/L), which is concluded that boron in China general drinking water sources would not be expected to have any health risk to the public. However, based on the results obtained in water sources of boron mining, processing plants and vicinity area, it shows the obviously high boron pollution there. The limit value for daily boron intake suggested by WHO is 13 mg/d (WHO 1998). If the individual daily drinking water volume is presumed to be 2 L, boron concentration in the drinking water should be lower than 6.5 mg/L. Six of 26 samples from boron exposure sites in this work have boron concentrations exceeding this value, which may induce potential hazards to human health through drinking this kind of water. Previous studies confirmed that male workers in this area have relatively higher probabilities of female offspring (Robbins *et al.* 2008). In conclusion, although most of drinking water in China is safe for human health, boron levels in some local water systems in boron industrial areas should still be cared about.

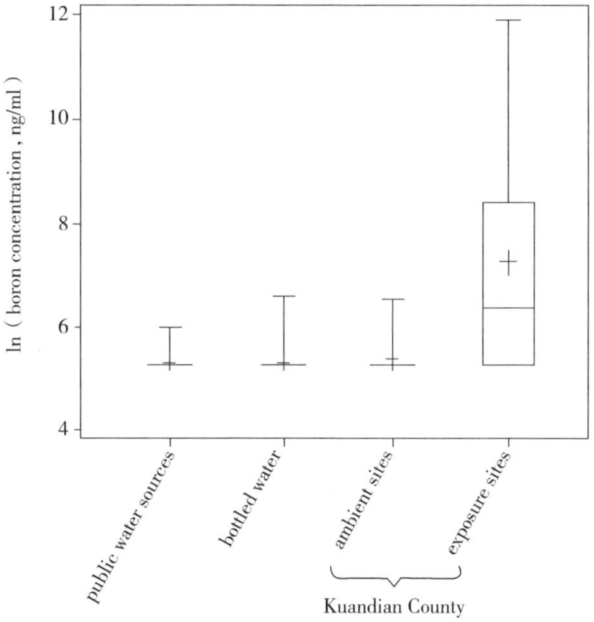

Fig.1 Comparison of boron concentrations in different kinds of water in China

4 Conclusions

Based on the investigation on boron levels in public drinking water sources and bottled water in China and the contamination status of boron in water from boron industrial area, we can find universal occurrence of this element. In drinking water sources, boron mainly exists in dissolved form and its concentration is at the same level as those in other countries. Boron concentrations in 42 brands of bottled water from China are at the same level as those from public drinking water sources but lower than those in bottled water reported in America and Europe. Accordingly, levels of boron public drinking water sources and bottled water are safe to human health. However, in boron industrial area, boron levels in surface and ground water are much higher than those in the ambient area and exceed the limit value of relevant standards. Therefore, measures should be taken to improve the drinking water quality of this area. As wastewater boron concentrations exceed boron limit value for agricultural irrigation and may contribute to boron pollution in drinking water sources of this region, some related regulations are necessary to control the wastewater discharge.

Table 7 Comparison of boron concentrations in water from different countries (mg/L)

Country		Water sources	Sample numbers	Range	Mean	90th percentile	References
America	U.S.	Rivers	76	0.01～2	0.10 (median)	0.40	Dyer and Caprara (1997)
		Surface water	14		0.056 (median)	0.50	US EPA Report (2002)
		Ground water	34		0.12 (median)	0.27	
		Public water supplies	989	0.005～2.0	0.15	0.4	Coughlin (1998)
	Canada	Surface water		2.9(max.)	0.16		NAQUADAT (1986)
	Argentina	Surface water	8	0.25～0.32	0.29		Galindo *et al.* (2007)
		Ground water	10	0.35～1.64	0.72		
Europe	Austria	Surface water	30[a]	＜LOD[b]～0.69	0.044 (0.018[c])	0.080(95th percentile)	Wyness *et al.* (2003)
	Belgium		651[a]	0.025～2.029	0.239 (0.160[c])	0.410(95th percentile)	
	Finland		463[a]	＜1～0.046	0.003 (0.002[c])	0.044(95th percentile)	

续表

Country		Water sources	Sample numbers	Range	Mean	90th percentile	References
Europe	France		25[a]	＜LOD[b]～2.67	0.146 (0.098[c])	0.261(95th percentile)	
	Ireland		185[a]	＜LOD[b]～1.63	0.026 (0.008[c])	0.101(95th percentile)	
	Italy		64[a]	＜LOD[b]～0.894	0.114 (0.083[c])	0.084(95th percentile)	
	Netherlands		9[a]	0.038～0.878	0.111 (0.088[c])	0.218(95th percentile)	
	Portugal		8[a]	0.030～3.86	0.367 (0.147[c])	0.534(95th percentile)	
	Spain		328[a]	＜LOD[b]～7.490	0.137 (0.048[c])	0.288(95th percentile)	
	UK		147[a]	＜LOD[b]～1.12	0.010～0.065 (0.007～0.023[c])	0.017～0.095 (95th percentile)	
	Germany		197[a]	＜LOD[b]～1.3	0.197 (0.090[c])	0.632(95th percentile)	
	Mediterranean	Ground water	6 400	30% above 0.3mg/L,23%above 0.5mg/L,14% above 1mg/L			Kloppmann *et al*. (2005)
	Germany	Ground water			0.07	0.3(97.5^{th} percentile)	Abke *et al*. (1997)
	Chile	Drinking water		0.31～15.2	Notes：soil boron concentration was 900mg/kg		Barr *et al*. (1993)
		Ground water		11.9～27.3			Yamasaki and Hata (2000)
		Surface water		10.7～16.8			
	USSR	Public water supplies		＜LOD[b]～6.0			WHO (1996)
	Romania	Ground water from rural	60	0.02～1.55	0.16～0.65	0.08～0.77	Diaconu *et al*. (2008)

续表

Country		Water sources	Sample numbers	Range	Mean	90th percentile	References
Africa	Egypt	Lake water		0.249～1.14			Youssef (2003)
Asia	Kashmir	Drinking water	24	0.054～0.250	0.16		Akram *et al.* (2004)
	China	Surface water	76	0.003～0.246	0.040	0.089	This work
		Ground water	22	0.007～0.337	0.068	0.143	
		Overall	98	0.003～0.337	0.046	0.097	

[a]The number of the monitoring sites.

[b]LOD limit of detection.

[c]Geometric mean.

References

[1] Abke, W., Engel, M., & Post, B. (1997). Contamination of ground and surface water in Germany with boron.Vom Wasser, 88, 257-271.

[2] Adriano, D. C., Page, A. L., Elseewi, A. A., Chang, A. C.,& Straughan, I. (1980). Utilization and disposal of fly ash and other coal residues in terrestrial ecosystems, areview. Journal of Environmental Quality, 9, 333-344.

[3] Akar,D. (2007). Potential boron pollution in surface water, crop, and soil in the Lower Buyuk Menderes Basin. Environmental Engineering Science, 24(9), 1273-1279.doi：10.1089/ees.2006.0218.

[4] Akram, M., Khattak, N., Qureshi, A., Iqbal, A., Ullah, K.,& Qureshi, I. (2004). Neutron induced radiography in the determination of boron in drinking water. Journal of Radioanalytical and Nuclear Chemistry, 261(2),429-435.

[5] Allen, H. E., Halley-Hendeerson, M. A., & Hass, C. N.(1989). Chemical composition of bottled mineral water. Archives of Environmental Health, 44(2), 102-116.

[6] Anderson, D. L., Cunningham, W. C., & Lindstrom, T. R.(1984). Concentrations and intakes of H, B, S, K, Na, Cl and NaCl in foods. Journal of Food Composition and Analysis, 7(1-2), 59-82.

[7] Bai, Y., & Hunt, C. D. (1996). Absorption and distribution of boron in rats following a single oral administration of boron. In Proceedings of the North Dakota academy of science (Vol. 50, p. 53).

[8] Barbara, J., & Milby, D. (2001). Ground-water quality in the southeastern Sacramento Valley Aquifer, California 1996.U.S. Geological Survey, Water-Resources Investigations Report 01-4125, Sacramento, California.

[9] Barr, R. D., Clarke, W. B., Clarke, R. M., Venturelli, J., Norman, G. R., Downing, R. G., *et al*. (1993). Regulation of lithium and boron levels in normal human blood, environmental and genetic considerations. The Journal of Laboratory and Clinical Medicine, 121(4),614-619.

[10] Butterwick, L., de Oude, N., & Raymond, K. (1989). Safety assessment of boron in aquatic and terrestrial environments.Ecotoxicology and Environmental Safety,17(3), 339-371. doi：10.1016/0147-6513(89)90055-9.

[11] Cöl, M., & Cöl, C. (2003). Environmental boron contamination in waters of Hisarcik area in the Kutahya Province of Turkey. Food and ChemicalToxicology, 41(10), 1417-1420. doi：10.1016/S0278-6915(03)00160-1.

[12] Coughlin, J. R. (1998). Source of human exposure overview of water supplies as sources of boron. Biological Trace Element Research, 66(1-3), 87-100.doi：10.1007/BF02783129.

[13] Diaconu, D., Nastase, V., Ñañau, M., Nechifor, O., &Nechifor, E. (2008). Estimation of boron concentration in some drinking water samples of rural areas. Journal of Preventive Medicine, 16(1-2), 77-84.

[14] Dyer, S. D., & Caprara, R. J. (1997). A method for evaluating consumer product ingredient contributions to surface and drinking water：Boron as a test case. Environmental Toxicology and Chemistry, 16(10), 2070–2081. doi：10.1897/1551-5028(1997)016＜2070：AMFECP＞2.3.CO；2.

[15] ECETOC (1996). Ecotoxicology of some inorganic borates. ECETOC Special Report No. 11. Brussels, European Centre for Ecotoxicology and Toxicology of Chemicals.

[16] Galindo, G., Sainato, C., Dapeña, C., Fernández-Turiel, J. L., Gimeno, D., Pomposiello, M. C., et al. (2007). Surface and groundwater quality in the northeastern region of Buenos Aires Province, Argentina. Journal of South American Earth Sciences, 23(4), 336-345.doi：10.1016/

j.jsames.2007.02.001.

[17] Gianni, T., &Marina, C. (1988). Boron content in freshwaters of Northern Italy. Water, Air, and Soil Pollution, 38(3-4), 409-417. doi：10.1007/BF00280769.

[18] Graffmann, G., Kuzel, P., & Noslter, H. (1974). The determination of boron traces in surface and drinking water：A comprehensive investigation in the Federal Republic of West Germany. Chemiker Zeiungt, 98, 499-504.

[19] Güler, C. (2007). Characterization of Turkish bottled waters using pattern recognition methods. Chemometrics and Intelligent Laboratory Systems, 86(1), 86-94. doi：10.1016/j.chemolab.2006.08.009.

[20] Heindel, J. J., Price, C. J., & Field, E. A. (1992). Developmental toxicity of boric acid in mice and rats. Fundamental and Applied Toxicology, 18(2), 266-277.doi：10.1016/0272-0590(92)90055-M.

[21] Howe, P. D. (1998). A review of boron effects in the environment. Biological Trace Element Research, 66(1-3),153-166. doi：10.1007/BF02783135.

[22] Hunt, C. D. (1989). Dietary boron modified the effects of magnesium and molybdenum on mineral metabolism in the cholecalciferol-deficient chick. Biological Trace Element Research, 22(2), 201–220.doi：10.1007/BF02916650.

[23]Kloppmann, W., Bianchini, G., Charalambides, A., Dotsika, E., Guerrot, C., Klose, P., *et al.* (2005). Boron contamination of Mediterranean groundwaterresources：Extent, sources and pathways elucidated by environmental isotopes. Geophysical Research Abstracts, 7, 10162. http：//www.cosis.net/abstracts/EGU05/10162/EGU05-J-10162.pdf. Accessed 16 January 2009.

[24] Litovitz, T. L., Klein-Schwartz, W., Oderda, G. M., & Schmitz, B. F. (1988). Clinical manifestation of toxicity in a series of 784 boric acid ingestions. The American Journal of Emergency Medicine, 6(3), 209-213. doi：10.1016/0735-6757(88)90001-0.

[25] Liu, P.,Wang, C. L.,Hu, J. F.,Xun, L.,Robbins,W.A., Wu, G. P., *et al.* (2005). Preliminary study on pregnancy outcome of spouses of boron workers. Chinese Journal of Public Health (Chinese), 21(5), 567-568.

[26] Misund, A., Frengstad, B., Siewers, U., & Reimann, C.(1999). Variation of 66 elements in European bottled mineral waters. The Science of the Total Environment, 243-244, 21-41. doi：10.1016/S0048-9697(99)00307-1.

[27] Murray, F. J. (1995). A human health risk assessment of boron (boric acid and borax) in drinking water. Regulatory Toxicology and Pharmacology, 22(3), 221-230. doi：10.1006/rtph.1995.0004.

[28] National Water Quality Data Bank (NAQUADAT) (1986). Environment Canada, inland waters directorate. Water Quality Branch, Ottawa.

[29] Neal, C., Foxb, K. K., & Harrowa, M. L. (1998). Boron in the major UK rivers entering the North Sea. The Science of the Total Environment, 210-211, 41-51.doi：10.1016/S0048-9697(98)00043-6.

[30] Okay, O., Güçlü, H., Soner, E., & Balka¸S, T. (1985). Boron pollution in the Simav River, Turkey and various methods of boron removal. Water Research, 19(7),857-862. doi：10.1016/0043-1354(85)90143-5.

[31] Price, C. J., Marr, M. C., Myeos, C. B., Seely, J. C., Heindel, J. J., & Schwetz, B. A. (1996). The developmental toxicity of boric acid in rabbits. Fundamental and Applied Toxicology, 34(2), 176–187.doi：10.1006/faat.1996.0188.

[32] Robbins, W. A., Wei, F. S., Elashoff, D. A., Wu, G. P., Xun, L., & Jia, J. (2008). Y∶X sperm ratio in boronexposed men. Journal of Andrology, 29(1), 115-121.doi：10.2164/jandrol.107.003541.

[33] Sayli, B. S. (1998). An assessment of fertility in boronexposed Turkish subpopulations：2. Evidence that boron has no effect on human reproduction. Biological Trace Element Research, 66(1-3), 409-22.doi：10.1007/BF02783152.

[34] US EPA Report (2002). Community water system survey 2000. Volume II：Detailed tables and survey methodology.US EPA 815-R-02-005B.

[35]Weast, R. C., Astle, M. J., & Beyer, W. H. (1985). CRC handbook of chemistry and physics (69th ed., pp. B-77, B-129). Boca Raton：CRC.

[36] Weir, R. J., & Fisher, R. S. (1972). Toxicologic studies on borax and boric acid. Toxicology and Applied Pharmacology, 23(3), 351–364. doi：10.1016/ 0041-008X(72)90037-3.

[37] WHO (1996). Guidelines for drinking-water quality (2nd ed., Vol. 2). Health criteria and other supporting information. Inorganic constituents and physical parameters. http：//www.who.int/entity/water_sanitation_health/dwq/2edvol2p2b.pdf. Accessed 18 January 2009.

[38] WHO (1998). Environmental health criteria 204：Boron. http：//www.inchem.org/documents/

ehc/ehc/ehc204.htm.Accessed 18 January 2009.

[39] Wyness, A. J., Parkmana, R. H., & Nealb, C. (2003). A summary of boron surface water quality data throughout the European union. The Science of the Total Environment, 314-316, 255-269. doi：10.1016/S0048-9697(03)00106-2.

[40] Xing, X. R., Wu, G. P., Wei, F. S., Wang, C. L., Wei, C.,& Jiang, X. (2007). Daily intake of boron through food and drinking water for people living in different environments. Journal of Environment and Health (Chinese), 24(3), 125-127.

[41] Yamasaki, Y., & Hata, Y. (2000). Groundwater contamination by arsenic in the world, changes and their factors of concentrations of arsenic and boron in the process of groundwater recharge in the Lower Lluta River Basin, Chile. Journal of Groundwater Hydrology,42(4), 341-353.

[42] Yang, C. G. (2004). China sugar & liquor yearbook 2004—industry. Beijing：Economic Times Press.

[43] Youssef, D. H. (2003). Distribution of boron in some Egyptian aquatic environments. Journal of Oceanography, 59(5), 537-544. doi：10.1023/B：JOCE.0000009584.42526.16.

[44] Zheng, B. H., Fu, Q., & Liu, Y. (2007). Environmental problems and solutions for public drinking water sources in China. Environmental Protection (Chinese), 381(19), 59-61.

[45] Zhu, E. J., & Wang, E. D. (2007). Boron environmental geochemistry and its environmental response (pp. 383-391). Netherlands：Springer.

人体硼暴露生物标志物的筛选研究

1 前言

随着现代工业的发展，外源硼输入环境的量越来越多，硼矿开采和加工厂周围地区的水和土壤均受到硼的污染，这些地区生长的某些农作物中硼的含量比正常值高，作物产量也受到了不同程度的影响（王春利等，2003；姜林升等，1995）。生活和工作在该地区人群的日硼暴露量明显高于环境背景区的人群，有些人的日硼暴露量已超过世界卫生组织规定的硼摄入安全上限值 13 mg/d（邢小茹等，2005；WHO *et al.*，1996）。硼是人体所必需的微量元素，不足和过量均对健康不利。Dweight 等（1994）曾经研究了硼砂和硼酸生产的成品车间中包装和搬运工人的空气日硼暴露及与其尿硼和血清硼的关系，发现尿硼和血清硼均与空气硼暴露显著相关，他们建议将尿硼作为硼暴露的生物标志物，但这项研究对受试者工人的饮食进行了控制，工人只能食用研究人员提供的食品和饮水（包括饮料），从而不能反映其真实的硼暴露总量。国内也曾经报道了人体硼暴露剂量及其代谢情况（邢小茹等，2005），发现硼作业工人的班后尿液硼浓度与其日硼暴露剂量关系密切，利用不同途径的日硼暴露剂量与班后尿硼的多元回归方程可预测班后尿硼的浓度，但是，能否用尿硼水平来反映人体对硼的外暴露水平及其在人体血液和精液中的水平，能否将尿硼作为硼暴露的生物标志物，还需要做进一步的研究，因此，笔者在 2003 年和 2004 年分别选择了硼矿开采和加工厂的工人、受硼污染地区从事其他工作的人群以及对照地区（硼环境背景区）的人群共 113 人，对这些人所处空气中的颗粒物、食物饮水样品以及尿液、血液和精液的生物样品进行了采集和分析，确立了尿硼与日硼摄入量及血清、精液硼浓度的关系，以确定硼的生物标志物，为环境卫生标准的制定及安全风险评价提供科学依据。

注：原文刊载于《环境科学学报》2006 年第 26 卷第 2 期，作者邢小茹、魏复盛、吴国平、胡伟、王春利。

2 样品采集及分析

2.1 研究对象的选择及样品采集

2.1.1 受试者的选择

选择硼矿开采和加工厂的工人 75 人作为硼暴露组；在硼矿加工地区附近生活和工作的非硼作业工人 15 人作为社区对照组；远离硼矿开采和加工厂的环境背景地区生活的 23 人作为背景对照组。暴露组 75 人中有 44 人为硼矿原料处理工段的工人（包括采矿、焙烧、鳄破、球磨、配料工种的工人），其接触的空气颗粒物中的硼主要以硼矿石形式存在；31 人为硼酸或硼砂生产成品工段的工人（包括碳解、板框过滤、离心工种的工人），其接触的空气颗粒物中的硼主要以硼砂或硼酸的形式存在. 所有人群均为成年健康男性，调查之前已获得所有受试者的知情同意，各组人群的年龄和体质指数（BMI）如表 1 所示。

表 1 调查人群的年龄及体质指数统计结果

项目	暴露组（75 人）		社区对照组（15 人）		背景对照组（23 人）	
	年龄	体质指数	年龄	体质指数	年龄	体质指数
范围值	26～38	18.0～31.6	21～41	18.3～22.5	21～38	18.8～30.5
算术均值	31.8	22.1	30.2	20.9	33.5	23.5
中位值	32	21.7	30	21.3	34	22.8

2.1.2 采样安排

本研究的采样分 2 个阶段，分别在 2003 年 7—8 月和 2004 年 8 月进行，采样的项目为外暴露测试（食物、饮水和空气颗粒物）以及内暴露测试生物样本的采集（尿液、血液和精液）。

2003 年采集了暴露组 60 人和背景对照组 9 人的 24 h 等同等量的食物、饮水样品（即副盘法）和上班 8 h 的空气颗粒物样品以及下班时的尿液、血液样品和精液样品（精液样品不一定在班后）。其中暴露组的所有样品采集了 2 次，取其平均值，对照组样品只采集一次。

2004 年采集了暴露组、社区对照组各 15 人以及对照组 14 人的 24 h 等同等量的食物、饮水样品（即副盘法）和上班 8 h 的空气颗粒物样品以及下班时的尿液、血液样品和精液样品（精液样品不一定在下班时采集）。所有样品只采集一次。

2.1.3　*采样方法*

空气颗粒物：重量法，采样前，先将 MCE 滤膜（直径 25 mm，孔径 0.8 μm）装入 SKC 个体粉尘采样器的滤膜盒，放入天平室恒温恒湿 24 h 后，用万分之一天平称重，保存，采样时将 SKC 滤膜盒、个体粉尘采样器（美国 SKC 公司）以及采样泵流速校准器带到采样现场，连接好采样头和采样泵，用校准器将 SKC 采样器的抽气流速调至约 2 L/min，待受试者上班时，为其戴上预先调好流速（约为 2 L/min）的 SKC 个人采样器，记录采样开始时间，并记录其上班期间的活动。下班时摘下采样器，记录采样结束时间，测试采样器的流速，取下采样头保存。回到实验室后，将采样头恒温恒湿 24 h，再称重，采样前后采样头的质量之差即为颗粒物的质量，硼含量用 ICP-AES 测试。

食物样品：副盘法采集，即受试者在每次就餐时，备出一份与自己食用的食物种类和数量完全一致的食物样品。受试者一日 3 餐及其余时间食用的食物各备相同的 2 份，其中一份食用，一份装入聚乙烯塑料袋中，称重受试者 24 h 内的所有食物样品，记录总质量 W_0（g）；将 24 h 内的所有食物样品充分混合，取适量放入食品粉碎机中打碎混匀，分取打碎混匀后的食物样品 50～100 g 至铝盒中，记录质量 W_1（g），置于 100～105℃恒温烘箱中，干燥（同时开启鼓风机）；冷却后称重（称准至 0.1 g），再重复干燥 1 h，冷却称重，两次的偏差≤0.01 g，记录质量为 W_2（g）。将干燥后的食品样品放入干燥的另一台食品粉碎机中打成粉末，然后装入密封袋中，4℃冷藏保存。

饮水样品：在采样期间的 24 h 内，受试者每喝一次水（包括白水、茶水、啤酒、饮料），都取相同量的水于提供的 1 000 ml 塑料瓶中，样品采集完成之后，充分混合测量体积，并分取 50 ml 于小塑料瓶中，4℃冷藏保存。

尿液样品：受试人员下班到浴室洗浴后，在采样人员确认采样过程不会受到受试人员身体携带的含硼粉尘污染时，方可进行采样操作。用一个干净的 500 ml 接尿瓶收集尿样，并测量其体积，然后分取约 20 ml 尿样 2 份于 2 个 50 ml 塑料样品瓶中。一份供作硼分析，一份供作肌酐测定。

血液样品：血液样品采集由当地医院的医生协助完成。受试者在采样时需将胳臂洗干净，防止灰尘落入样品。样品采集完成之后，在 30～60 min 内，查看血液是否已凝结，将血液样品管（美国 Fisher Scentific 公司）均匀摆放在离心机转盘上，在 3 200 r/min 的转速下离心 10 min。一般情况下，凝胶会将血清和凝块分开，用 1 000 μl 的聚丙烯移液管（美国 Fisher Scentific 公司）分取 1.5 ml 血清于 1.8 ml 塑料小瓶（美国 Fisher Scentific 公司）中，保存在 -20℃的冰箱中。

精液样品：精液的采集是请参加者在单独的房间内，洗手后，自己用手动方法将精液释放于干净的灭菌广口塑料样品瓶中，采样过程中要避免任何粉尘（来自工作服和手）落入样品，样品取完后，将瓶盖向下拧紧并放入保温盒中，1 h 之内将样品送到实验室. 待精液液化之后用 1 000 μl 的聚丙烯移液管分取 100 μl 于 1.8 ml 的塑料小瓶（美国 Fisher Scentific 公司）中，再加入 1 ml 超纯水［Milli-Q 装置纯化（＞18 MΩ/cm)］，摇匀，于液氮中保存。

采样期间食品粉碎机、塑料瓶、尿瓶的清洗均使用高纯去离子水，采血管、采精瓶、样品储存瓶均为一次性使用。

2.2 样品分析

2.2.1 样品前处理

空气颗粒物：将滤膜及其吸附的颗粒物全部移入聚四氟乙烯高压密封坩埚中，加入 0.5 ml HF、0.5 ml H_3PO_4 和 2.0 ml HNO_3，加盖密封，于 190℃烘箱中消解样品约 18 h；待样品完全消解之后，从烘箱中取出坩埚，冷却，开盖，置于电热板上加热（170～180℃）至白烟冒尽，再加入 0.5 ml 超纯硝酸，加热至白烟冒尽，如此重复 2 次。冷却后，加入 2 ml 1∶1 的硝酸溶液加热使盐类溶解，用超纯水定容至 10 ml 待分析。

食物：准确称取 0.100 0 g 烘干的样品，放入聚四氟乙烯密封坩埚中，加入 0.5ml HF、0.5 ml $HClO_4$、0.5 ml H_3PO_4 和 2.0 ml HNO_3，加盖密封，放入 190℃的烘箱中消解样品约 18 h；后续步骤与颗粒物样品的处理相同。

水样：水样无需处理，直接进行分析。

尿样：向 10 ml 小塑料瓶加入 2 滴超纯硝酸，然后取尿样 0.1 ml 于小瓶中，定容至 10 ml 待分析。

血液、精液样品：将样品从冰箱中取出，解冻后充分摇匀，向 10 ml 小塑料瓶加入 2 滴超纯硝酸，0.5 ml H_2O_2（30%），取 0.5ml 血液（精液）样品，加入小瓶中，定容至 10 ml 摇匀，静置 1 d 后分析。

2.2.2 样品分析

空气颗粒物、食物用 ICP-AES 仪（IRIS Advantages 型，TJA Solutions 公司）测试；血液和精液样品用 ICP-MS（PQ-Excell 型，美国 TJA Solutions 公司）仪测试；饮水和尿液样品硼浓度达到 10^{-6} 时，用 ICP-AES 测试，浓度较低（10^{-9}）时用 ICP-MS 测试。仪器的测试条件和各种样品的检出限如表 2 和表 3 所示。

尿液肌酐测定由当地医院协助完成，测定方法为常规测定方法。

表 2 分析仪器的测试条件

ICP-AES		ICP-MS	
项目	参数	项目	参数
波长范围 /nm	175～1 050	总采集时间 /s	18
RF 发生器功率 /W	1 350	功率 /W	1 350
氩辅助气流量 /（L/min）	0.5	辅助气流量 /（L/min）	0.70
载气压力 /psi	27	停留时间 /ms	10
CID 积分时间 /s	30	分析元素	^{10}B
样品清洗时间 /s	30		

表 3 各种样品分析的检出限

项目	分析仪器	检出限 / (μg/g)	精密度
空气颗粒物	ICP-AES	0.01	5.01%
食物	ICP-AES	0.006 3	0.63%
饮水、尿液	ICP-AES	0.007 2*	0.60%
	ICP-MS	0.057**	1.25%
血液、精液	ICP-MS	0.06**	3.05%

注：* 单位为 μg/ml；** 单位为 ng/ml。

2.2.3 暴露量及摄入量的计算及单位

根据测定的空气颗粒物样品滤膜上硼的绝对量，以及采样体积可计算出空气颗粒物中硼的浓度，其他样品直接测定硼浓度。

经空气颗粒物的日硼暴露量：

$$D_d=C_b\times 15\times \frac{8}{24}\times 10^{-3} \qquad (1)$$

式中：D_d——经空气颗粒物的日硼暴露量，mg/d；

C_b——空气颗粒物中硼的质量浓度，$\mu g/m^3$；

15——人体平均日呼吸量，m^3/d；

8——1 天的上班时间，h；

24——1 天的小时数，h。

由于经空气颗粒物暴露的硼主要来自工作期间的暴露，因此，本研究以上班 8 h 的暴露来代替全天经空气颗粒物的暴露，8 h 以外非工作时间的呼吸暴露忽略不计。

经食物的日硼暴露量：

$$D_f=C_f\times \frac{W_2}{W_1}\times W_0\times 10^{-3} \qquad (2)$$

式中：D_f——经食物的日硼暴露量，mg/d；

C_f——饭菜样品的干基硼浓度，mg/kg；

W_0——受试者 24 h 所食用的食物总质量，g/d；

W_1——放入铝盒中的样品干燥前的质量，g；

W_2——放入铝盒中的样品干燥后的质量，g。

经饮水的日硼暴露量：

$$D_w=C_w \times V \times 10^{-3} \quad (3)$$

式中：D_w——经饮水的日硼暴露量，mg/d；

C_w——饮水中的硼浓度，mg/L；

V——受试者 24 h 的饮水体积，ml/d。

日硼摄入量的计算：

人体对经消化道和经呼吸道暴露的硼的吸收率不同，有研究表明，对经消化道暴露的硼的吸收率在 90% 以上（Jansen *et al.*，1984），因此，本文在分析时假设消化道硼的吸收率为 100%。目前，人体对经呼吸暴露的硼的吸收率尚未见文献报道，本研究发现人体对经呼吸暴露硼的吸收随硼附存形式的变化而变化，对于空气中以硼酸或硼砂形式存在硼的吸收率约为 46.7 %，而对于硼矿石形式存在的硼基本不吸收（关于人体对空气颗粒物中硼的吸收率研究，将有另文报道）。因此，对于暴露组成品工段的作业工人，日硼摄入量为：

$$D=D_d \times 0.467+D_f+D_w \quad (4)$$

式中：D——日硼摄入量，mg/d;

D_d——经空气颗粒物的日硼暴露量，mg/d;

D_f——经食物的日硼暴露量，mg/d;

D_w——经饮水的日硼暴露量，mg/d;

0.467——人体对经空气颗粒物暴露的硼的吸收率。

对于暴露组原料工段的工人，日硼摄入量为：

$$D=D_f+D_w \quad (5)$$

对于社区对照组和背景对照组人群，由于其通过空气的日硼暴露量仅为 0.01 mg/d，因此，这 2 组人群日硼摄入量的计算与暴露组原料工段工人日硼摄入量的计算相同。

另外，为消除尿液浓淡的影响，用尿液肌酐浓度（肌酐浓度由当地医院常规方法测定）对分析所得的尿硼浓度（mg/L）进行校正，以“mg/g”作为尿硼的肌酐校正浓度。血液和精液的硼浓度为“ng/ml”。

2.3 数据分析

数据分析使用SAS（Statistic Analysis System）统计软件的PROC

MEANS 过程进行描述性统计，用 PROC REG 过程进行线性回归，用 PROC GPLOT 过程进行图形分析，为了避免数据取对数后出现负值，事先对分析数据的自变量和因变量都加 1。

3 结果

3.1 不同人群硼的外暴露剂量及其生物样本的硼浓度

不同受试者人群的日硼暴露水平及生物样本的硼浓度统计结果见表 4。由于 2003 年测量结果发现背景对照组（9 人）经空气颗粒物暴露的硼远小于其经食物和饮水暴露的硼，因此，在 2004 年未采集背景对照组的空气颗粒物样品，背景对照组的“经空气颗粒物的日硼暴露量”为 2003 年 9 位受试者的统计数据。

表 4 不同人群的日硼外暴露量及生物样本的硼浓度

暴露组（n=75）							
项目	经空气颗粒物的日硼暴露量 /（mg/d）	经食物的日硼暴露量 /（mg/d）	经饮水的日硼暴露量 /(mg/d)	日硼摄入量 /(mg/d)	班后尿硼肌酐校正浓度 /（mg/g）	血清硼浓度 /（ng/ml）	精硼浓度 /（ng/ml）
范围值	0.10～42.0	1.47～220	0.02～297	1.60～469	1.46～117	22.8～2 482	59.7～4 087
算术均值	3.44	21.5	9.51	31.3	14.7	252	592
中位值	1.95	3.94	1.43	6.21	4.70	82.7	311
社区对照组（n = 15）							
项目	经空气颗粒物的日硼暴露量 /（mg/d）	经食物的日硼暴露量 /（mg/d）	经饮水的日硼暴露量 /（mg/d）	日硼摄入量 /（mg/d）	班后尿硼肌酐校正浓度 /（mg/d）	血清硼浓度 /（ng/ml）	精硼浓度 /（ng/ml）
范围值	0.005～0.07	0.61～8.16	0.02～5.79	0.68～13.9	1.19～15.7	3.29～348	98.8～1 111
算术均值	0.01	3.37	0.88	4.25	4.49	114	281
中位值	0.01	3.15	0.32	3.69	3.23	107	207

续表

背景对照组（n =23）							
项目	经空气颗粒物的日硼暴露量/（mg/d）*	经食物的日硼暴露量/（mg/d）	经饮水的日硼暴露量/（mg/d）	日硼摄入量/(mg/d)	班后尿硼肌酐校正浓度/（mg/d）	血清硼浓度/（ng/d）	精硼浓度/（ng/d）
范围值	0.003～0.02	0.29～3.60	0.001～0.44	0.42～3.60	0.66～3.02	8.20～72.1	11.0～411
算术均值	0.01	1.33	0.07	1.40	1.58	39.1	146
中位值	0.01	1.27	0.02	1.28	1.51	43.0	108

*：n=9。

由表 4 可见，除经空气颗粒物的日硼暴露量外，其余各项由高到低的顺序均为暴露组、社区对照组、背景对照组，暴露组经空气颗粒物的日硼暴露量平均为 3.44 mg/d；社区对照组和背景对照组经空气颗粒物的日硼暴露量均为 0.01 mg/d，在日硼摄入量中的比例不足 1%。

3.2 尿硼与日硼摄入量的相关性分析

由于班后尿硼浓度与 24 h 尿硼代谢量呈显著的相关关系，因此，可以用班后尿硼浓度来代替 24 h 尿硼代谢量（邢小茹等，2005）。式（6）是班后尿硼浓度与日硼摄入量的对数直线回归方程，对应的对数直线回归图如图 1 所示。

$$\ln(y+1)-0.347+0.728\times\ln(x+1)$$

$$(n=113，R^2=0.856，p<0.001) \quad (6)$$

式中：y——班后尿硼肌酐校正浓度，mg/g；

x——日硼摄入量，mg/d。

可以看出，随着日硼摄入量的增加，班后尿硼浓度也随之升高，二者呈线性关系，式（6）的可决系数为 0.856，且达到显著性水平，说明班后尿硼浓度可以反映日硼摄入量。

3.3 血清硼、精硼浓度与日硼摄入量的关系分析

图 2 是日硼摄入量与血清硼（a）和精硼（b）浓度之间的对数线性回归图．其回归方程分别为式（7）和式（8）。

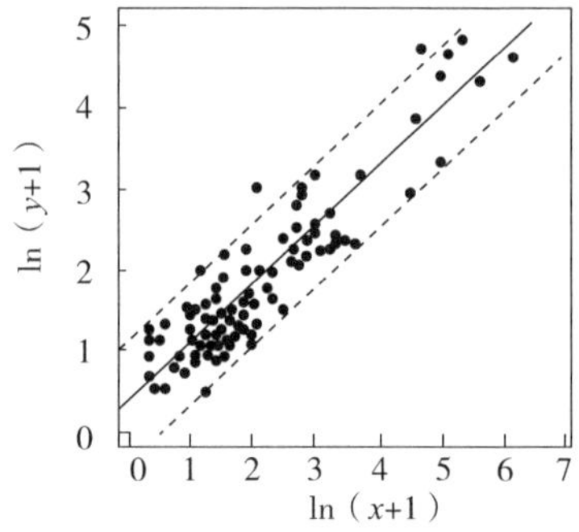

图 1　日硼摄入量与班后尿硼浓度的关系

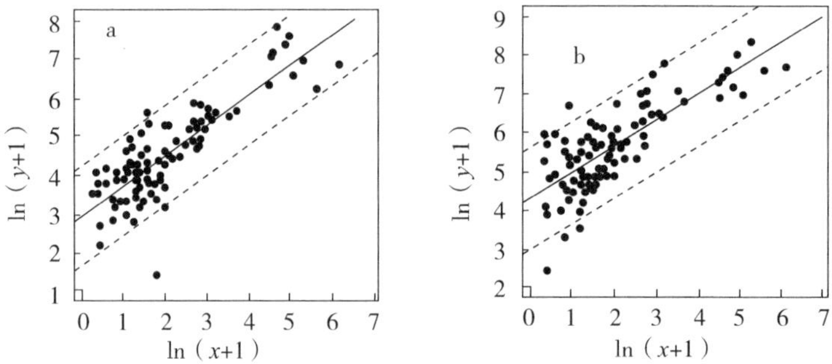

图 2　日硼暴露剂量与血清硼、精硼的关系（a. 血清；b. 精液）

$$\ln(y+1) = 2.932 + 0.773\ln(x+1) \quad (n=113，R^2=0.702，p<0.001) \tag{7}$$

式中：y——血清硼浓度，ng/ml；

x——日硼摄入量，mg/d。

$$\ln(y+1) = 4.28 + 0.662\ln(x+1) \quad (n=113，R^2=0.610，p<0.001) \tag{8}$$

式中：y——精硼浓度，ng/ml；

x——日硼摄入量，mg/d。

式（7）和式（8）的可决系数分别为 0.702 和 0.610，且具有显著性，说明血清硼与精硼浓度也可以反映日硼摄入量。

3.4　尿硼、血清硼和精硼浓度之间的定量关系

尿硼、血清硼和精硼浓度为反映人体内暴露水平的生物指标，其浓度

水平能够直接反映进入人体不同部位的硼水平，但实际上，由于采样难易程度的差异，要同时采集这 3 种样品较困难，如果能用其中一个指标表达另外 2 种指标的水平，则可以简化工作，图 3 是尿硼与血清硼（a）、尿硼与精硼（b）、血清硼与精硼（c）之间的对数线性回归图，其回归方程分别为式（9）、式（10）、式（11）。

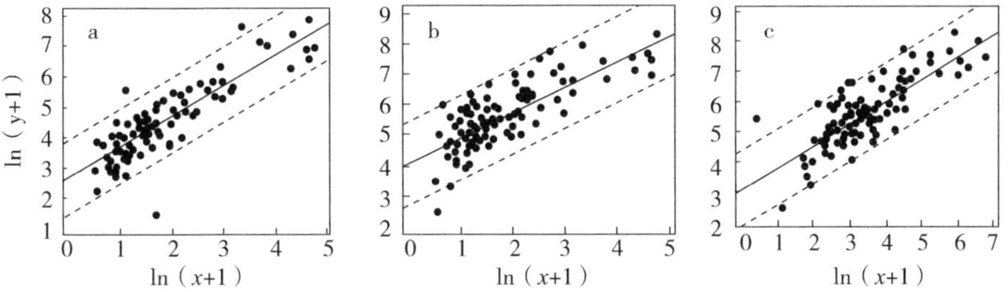

图 3　班后尿硼浓度与血清硼、精硼的关系

（a—尿硼 - 血清硼；b—尿硼 - 精硼；c—血清硼 - 精硼）

由图 3 可见，尿硼和血清硼之间的关系最好，其次是血清硼与精硼，尿硼与精硼之间的关系与其他两对相比稍差，但仍呈显著对数线性关系。综合起来，用尿硼来反映血清硼和精硼的内暴露水平是合适的，由于尿液采样最为方便，因而尿硼可以作为人体体液硼水平的代表。

$$\ln(y+1) = 2.659 + 1.01\ln(x+1) \quad (n=113,\ R^2=0.738,\ p<0.001) \tag{9}$$

式中：y——血清硼浓度，ng/ml；

x——尿硼肌酐校正浓度，mg/g。

$$\ln(y+1)=4.09 + 0.835\ln(x+1) \quad (n=113,\ R^2=0.600,\ p<0.001) \tag{10}$$

式中：y——精硼浓度，ng/ml；

x——尿硼肌酐校正浓度，mg/g。

$$\ln(y+1) = 2.32 + 0.732\ln(x+1) \quad (n=113,\ R^2=0.635,\ p<0.001) \tag{11}$$

式中：y——精硼浓度，ng/ml；

x——血清硼浓度，ng/ml。

4 讨论

4.1 不同人群的内、外硼暴露水平分析

本研究中硼暴露组的日硼摄入量为 31.4 mg/d，分别是社区对照组和背景对照组的 7.39 倍和 22.4 倍，背景对照组的日硼摄入量为 1.40 mg/d，与文献报道（Charlene *et al.*，1998；Anderson *et al.*，1994）值（1～2 mg/d）相近。暴露组中有 25 人（33.3 %）、社区对照组中有 1 人（6.67%）的日硼摄入量超过了世界卫生组织规定的日硼摄入量的高限 13 mg/d（WHO *et al.*，1996），说明硼作业工人暴露硼的危险度远高于其他人群。

硼暴露组工人的班后尿硼、血清硼和精硼浓度分别为社区对照组的 3.27 倍、2.21 倍和 2.11 倍，是背景对照组的 9.31 倍、6.45 倍和 4.05 倍。有文献报道（Dweight *et al.*，1994），一般人群的尿硼浓度为 0.70～1.80 mg/L，若按照 1 L 尿液中通常含有 1 g 肌酐计算，则单位质量肌酐中的硼浓度为 0.70～1.80 mg/g，一般人群的血清硼浓度为 20～100 ng/ml，与本研究背景对照组人群的结果一致，本研究的精硼浓度数据为首次报道，可以看出，各组人群的精硼浓度均高于相应的血清硼浓度，其原因有待进一步分析。

4.2 日硼摄入量与生物样本硼浓度的关系比较

Dweight 研究的结果显示，对尿硼和血清硼浓度与可吸入颗粒物的日硼暴露量进行回归分析，可决系数分别为 0.85 和 0.77；与日总颗粒物硼暴露量进行回归分析，可决系数均为 0.49；与总颗粒物硼暴露量和饮食硼暴露量之和进行回归分析，其可决系数均为 0.52. 本研究的日硼摄入量为总尘硼暴露量乘以吸收率再与食物和饮水硼暴露剂量相加，对班后尿硼浓度、血清硼浓度和精硼浓度与日硼摄入量进行回归分析，可决系数分别为 0.857、0.702 和 0.610。与 Dweight 的研究结果比较，可以看出，本研究的结果更好，另外，这 2 项研究的研究对象不同，Dweight 的研究只针对硼砂厂的硼砂包装和搬运工人，而本研究涉及的人群范围要大得多，包括硼作业工人、社区人群和背景对照人群，且硼作业工人的工种涵盖了硼加工的各个阶段，日硼暴露为受试者空气颗粒物、食物和饮水硼暴露的实际暴露水平，没有人为进行控制，因此应用范围更广。

4.3　人体硼暴露生物标志物的确定

对尿硼、血清硼和精硼浓度与日硼摄入量进行相关分析。日硼摄入量、班后尿硼浓度、血清硼浓度均呈非正态分布和非对数正态分布，精硼浓度呈对数正态分布（p =0.340 5），因此采用 Spearman 相关系数，结果见表 5。

表 5　日硼摄入量与各生物指标的 Spearman 对数线性相关系数

	日硼摄入量	班后尿硼 浓度	血清硼浓度	精硼浓度
日硼摄入量	1.000	0.853	0.724	0.701
班后尿硼浓度		1.000	0.801	0.726
血清硼浓度			1.000	0.727
精硼浓度				1.000

由表 5 的分析结果可知，尿液、血清和精液 3 种生物样本的硼浓度均与人体的硼摄入量呈显著的相关关系，而且各生物样本之间也有显著的相关关系。人体摄入硼之后，硼会很快随尿液排出，其在人体内代谢的半衰期小于 24 h（Murray，1998），尿硼对于反映短期的硼暴露意义重大；而血清硼和精液硼可以反映实际能够到达机体组织和靶器官的硼，对于硼暴露的剂量—反应关系研究很有意义，可能成为硼效应的标志物，但血清硼和精硼是否能够作为硼效应的标志物，仍需要进一步研究，本研究发现班后尿硼浓度与日硼摄入量以及其他 2 种生物样本的硼浓度之间的关系是最好的，而且尿液样品容易采集、分析，样品易保存，因此，本研究最终筛选出尿硼作为硼暴露的生物标志物，反映硼的内外暴露水平。

5　结论

（1）硼暴露组工人的日硼摄入量、班后尿硼肌酐校正浓度、血清硼浓度和精液硼浓度分别为 31.3 mg/d、14.7 mg/g、252 ng/ml 和 592 ng/ml，分别是社区对照组的 7.36 倍、3.27 倍、2.21 倍和 2.11 倍；分别是背景对照组的 22.4 倍、9.31 倍、6.45 倍和 4.05 倍。

（2）班后尿硼浓度与日硼摄入量存在着显著的对数线性关系，回归方程的拟合度达 0.857。

（3）血清硼、精硼浓度与日硼摄入量之间的相关关系显著，但是没有尿硼与日硼摄入量的相关程度高。

（4）尿硼、血清硼和精硼浓度两两之间存在着显著的对数线性关系，其中尿硼-血清硼的关系最好，Spearman 相关系数为 0.801。

（5）根据生物标志物的筛选条件，筛选出班后尿硼作为硼暴露的生物标志物。

致谢：对本课题组魏春、姜欣、葛宏斌、刘平、许军等同志现场协助采样，对美国加州大学洛杉矶分校 Dr. Wendie A. Robbins 和 Dr. Lin Xun 的支持与指导，表示诚挚的谢意。

参考文献

［1］Anderson D L, Cunninggham W C, Lindstrom T R. 1994.Concentrations and intakes of H, B, S, K, Na, CI, and NaCl in foods［J］. Food Comp Anal, 7: 59-82.

［2］Charlene Rainey, Leslie Nyquist. 1998.Multicountry estimation of dietary boron intake［J］. Biological Trace Element Research, 66: 79-86.

［3］Dweight Culver B, Shen Peter T, Taylor Thomas H, et al. 1994.The relationship of blood- and urine-boron to boron exposure in borax-workers and the usefulness of urine-boron as an exposure marker［J］. Environment Health Perspectives, 102(suppl7): 133-137.

［4］Jansen J A, Schou J S, Aggerbeck B. 1984, Gastrointestinal absorption and in vitro release of boric acid from water-emulsifying ointments［J］. Fd Chem Toxicol, 22 : 49-53.

［5］Jiang L S, Ning X Y, Zhang J L, et al. 1995. Study of agriculture soilpollution in Dandong［J］. Agro-environ and Develop, 12 (2) :22-25, 43 (in Chinese).

［6］Murray F Jay. 1998. A comparative review of the pharmacokinetics ofboric acid in rodents and humans［J］. Biol Trace Element Res, 66: 331-341.

［7］Rice C D, Xiang Y. 2000.Immune function, hepatic CYPIA, andreproductive biomarker responses in gulf killifish, Fundulusgrandis, during dietary exposures to endocrine disrupters［J］. MarEnviron Res, 50(1-5) :163-168.

［8］Wang C L, Xing X R, Wu G P, et al. 2003. Analyses of borondistribution and pollution in soil and same crops in Kuandian [J]. Environmental Monitoring in China, 19(5) : 4-7(in Chinese).

[8] WHO, FAO, IAEA. 1996. Trace elements in human nutrition andhealth [R]. Geneva; World Health Organization, 175 -179.

[10] Xing X R, Wei F S, Wu G P, et al. 2005. Individual exposure dosageof boron pollution and its metabolism [J]. China EnvironmentalScience, 25(6) : 271-274 (in Chinese).

[11] 姜林升，宁晓宇，张甲利，等. 丹东地区农业土壤污染现状研究 [J]. 农业环境与发展，1995，2: 2-25，43.

[12] 王春利，邢小茹，吴国平，等. 辽宁宽甸土壤中硼的背景值及污染状况 [J]. 中国环境监测，2003，19 (5) : 4-7.

[13] 邢小茹，魏复盛，吴国平，等. 硼污染的个人暴露量及其代谢 [J]. 中国环境科学，2005，25(3) : 271-274.

硼污染的个人暴露剂量及其代谢的研究

硼以无机硼酸盐的形式广泛存在于环境中，大量工业含硼废渣、废水和颗粒物的排放，污染了当地的土壤、水和空气，生长在该地区的粮食、蔬菜也受到硼的污染，研究表明，硼对健康突出的影响表现为生殖毒性和发育毒性。急性硼中毒会引起肠胃不适、头晕、恶心等症状，研究受硼污染影响的人群的硼暴露程度及其代谢规律已日益受到人们的关注。但过去的研究主要集中在作业工人空气粉尘硼暴露和一般人群的饮食硼暴露水平上，尚无关于作业工人在日常生活和工作中从空气颗粒物和饮食中日硼暴露总量的系统研究，对尿硼与硼暴露水平的关系研究也不多。

本研究是中美合作课题“硼污染对男性生殖健康影响”的一部分，研究不同环境下人群通过不同途径的日硼暴露剂量，并讨论班后定点尿硼与24 h全尿硼的关系，在此基础上建立硼暴露剂量与班后定点尿硼浓度的定量关系，可为硼暴露的风险评价及环境质量标准的制定提供依据。

1 实验部分

1.1 受试者的选择

62名受试者选自辽宁省某市，其中包括硼矿开采和加工厂工人53人，远离硼暴露区域的对照组9人。

1.2 样品采集

用SKC个人采样器（美国SKC公司）采集受试者上班8 h内的空气颗粒物样品，采样器流速约为2 L/min。在采集空气样品的同时采集其24 h内所有等同等量的饭菜和饮水样品，并于下班时在浴室采集其班后定点尿样，另外还分次收集了暴露组中14名受试者在参试的24 h内的所有尿样（包括

注：原文刊载于《中国环境科学》2005年第25卷第3期，作者邢小茹、魏复盛、吴国平、荀琳、Wendie A Robbins、王春利、魏春、姜欣、葛宏斌。

班后定点尿样）和粪便样品，并记录排尿时间、排尿体积、排便时间和粪便重量。

1.3　样品分析

所有样品用 ICP-MS（PQ-Excell 型，美国 TJA Solutions 公司）和 ICP-AES（IRIS Advantages 型，TJA Solutions 公司）仪进行分析。测定饭菜、饮水和尿液的硼浓度，粉尘样品测定滤膜上硼的量，再除以采样体积即得到空气粉尘的硼浓度，将受试者的空气粉尘硼浓度（mg/m^3）与呼吸量（上班 8 h 为 5 m^3）的乘积作为“日空气粉尘硼暴露剂量”；将其饭菜硼浓度（干基，mg/kg）与日饭菜摄入量（干基，kg）的乘积作为其“日饭菜硼暴露剂量”，饮水硼浓度（mg/L）与日饮水量（L）的乘积作为其“日饮水硼暴露剂量”。以上 3 种暴露剂量之和为受试者总的“日硼暴露剂量”，受试者（14 人）24 h 内各次排尿硼浓度（mg/L）与相应排尿体积（L）的乘积之和作为 24 h 内的“尿硼代谢量”；24 h 内各次排便硼浓度（mg/kg，干基）与排便重量（kg，干基）的乘积之和作为 24 h 内的“粪便硼代谢量”。

为消除尿液浓淡的影响，对分析所得的尿硼浓度（mg/L）用尿液肌酐浓度进行校正（肌酐浓度由当地医院常规方法测定），以“mg/g 肌酐”作为尿硼的最终浓度。24 h 全尿中硼浓度的计算公式为：

$$C_{\mathrm{UT}}=\frac{\Sigma C_{\mathrm{U}}\times V_{\mathrm{U}}}{\Sigma C_{\mathrm{C}}\times V_{\mathrm{U}}}\times 10^6/113.1 \qquad (1)$$

式中：C_{UT}——24 h 全尿硼浓度，mg/g 肌酐；

C_{U}——各次尿样的硼浓度，mg/L；

V_{U}——各次尿样体积，L；

C_{C}——各次尿样的肌酐浓度，μmol/L。

2　结果与讨论

2.1　不同人群的日硼暴露剂量

表 1 列出了各组人群通过空气颗粒物、饭菜和饮水的日硼暴露剂量及总的暴露剂量，作业工人和对照组的饭菜和饮水的平均日摄取量分别

为 489 g（干基）、385g（干基）和 1 432.141 8 ml。范围值分别为 264～735 g、269～610 g 和 280～5 050 ml、885～2 465 ml；按人体平均呼吸量 15 m^3/d 来计算上班 8 h 的呼吸量。对照人群平均日暴露剂量为 1.52 mg/d，与文献报道的 1.11 mg/d 和 0.8～1.9 mg/d 相当。硼作业工人平均日暴露剂量为 11.8 mg/d，是对照组的 7.8 倍，日硼暴露剂量大于世界卫生组织规定硼暴露安全限值（13 mg/d）的人数为 14，占暴露组的 26.4%。通过空气粉尘的日暴露剂量为 4.33 mg/d，占总暴露剂量的 36.7%，饮食日暴露剂量为 7.51 mg/d，占总暴露剂量的 63.6%。

表 1　不同环境人群日硼暴露剂量

	暴露途径	样本数	暴露剂量 /（mg/d）	
			范围值	算术平均值
作业工人	空气粉尘	53	0.06～51.1	4.33
	饭菜		0.73～17.3	4.80
	饮水		0.005～15.4	2.71
	总暴露剂量		1.07～74.4	11.84
对照组	空气粉尘	9	0.005～0.016	0.009
	饭菜		0.34～4.18	1.40
	饮水		0.008～0.44	0.11
	总暴露剂量		0.48～4.24	1.52

对饮食硼浓度分析表明，硼作业工人饮水浓度大于 1 mg/L 的人数为 22 人，占暴露组的 41.5%，且饮水平均硼浓度是对照组（0.07 mg/L）的 27.6 倍；饭菜硼浓度为 8.56 mg/kg（干基），是对照人群 2.62 mg/kg（干基）的 3.27 倍，对受试者饮食来源的进一步分析表明，受试者主要饮用当地的水源，作业工人所在地区的地表水和地下水硼浓度（1.48 mg/L、4.46 mg/L）远高于对照组（0.005 mg/L），其食用的饭菜也主要产于当地而且是用当地的水进行烹饪，由于硼矿区硼加工区的土壤、食品和饮水已受到硼的污染，因此作业工人的饮食硼浓度高于对照组。

2.2 硼通过尿液和粪便的代谢量及所占的比例

暴露组 14 人的 24 h 尿样和粪便样共采集了 2 次，尿液和粪便的平均代谢量分别为 1 913.205 8 ml 和 215 180 g，范围值分别为 575～6 242 ml、791～4 698 ml 和 108～440 g、30～420 g。其尿硼、粪便硼的计算结果见表 2。受试者 24 h 内通过尿液代谢的硼占总代谢量的 94% 以上，说明通过尿液是人体硼代谢的主要途径，与文献报道的结果一致。

表 2 尿硼、粪便硼代谢量及所占比例

采样次数	样本数	尿液硼代谢			粪便硼代谢		
		范围值 /mg	平均值 /mg	%*	范围值 /mg	平均值 /mg	%*
第 1 次	14	3.26～30.6	8.22	94.1	0.11～0.78	0.37	5.91
第 2 次	14	2.28～17.7	5.84	94.2	0.00～0.50	0.28	5.81

注：* 表示通过某种代谢途径（尿液、粪便）代谢的硼在总代谢量（尿液 + 粪便）中的比例。

2.3 班后定点尿样与全尿的关系

14 名受试者班后定点尿样和 24 h 全尿硼浓度比较见表 3。由表 3 可见，14 人 2 次采样的班后尿硼浓度和 24 h 全尿硼浓度的平均值均比较接近，说明采样具有代表性，对照组的班后尿硼浓度只有 1.50 mg/g 肌酐，范围值为 1.07～2.28 mg/g 肌酐，比暴露组低得多。

图 1 是用一元直线回归分析得出的班后定点尿硼浓度与全尿硼代谢浓度的直线回归图，其线性相关系数达 0.952。说明班后定点尿样可以反映 24 h 全尿的代谢情况，因此在实际工作中可只采集班后定点尿样，以减少工作量。

表 3 班后尿硼浓度与 24 h 尿硼代谢浓度

项目	采样次数	样本数	范围值 /（mg/g 肌酐）	算术平均值 /（mg/g 肌酐）
班后尿硼浓度	第 1 次	14	1.96～21.67	5.91
24 h 尿硼浓度			2.35～24.07	6.31
班后尿硼浓度	第 2 次	14	1.88～12.64	4.78
24 h 尿硼浓度			2.31～13.78	5.02

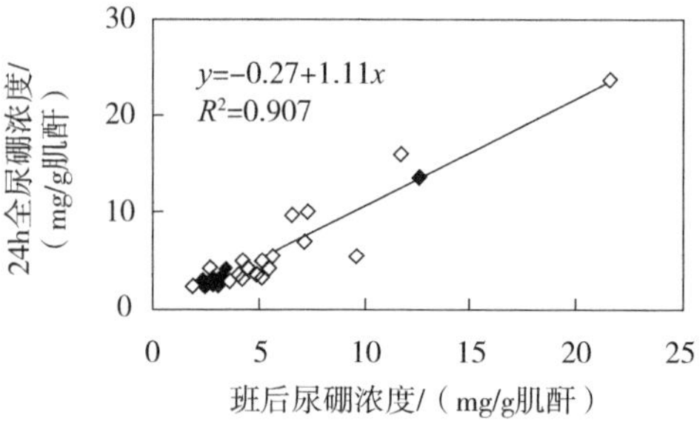

图 1 班后尿硼浓度与 24 h 全尿硼浓度的关系

2.4 班后尿硼浓度与日硼暴露剂量的一元线性关系

如果班后尿硼与日硼暴露剂量显著相关，则可说明用班后尿硼既反映硼的代谢水平，也反映硼的内外暴露总水平，而且还可建立内外暴露剂量的关系，为环境质量标准的制定提供依据，图 2 是班后尿硼与日硼暴露剂量的直线回归图，其相关系数为 0.643。

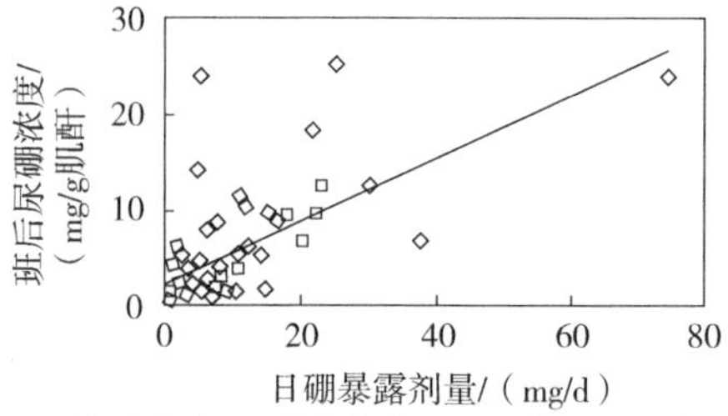

图 2 班后定点尿硼浓度与日硼暴露剂量的关系

y=2.502+0.322x(n=61，R^2=0.413)

2.5 班后尿硼浓度与日硼暴露剂量的多元线性关系

由于不同途径的暴露对尿液硼水平的贡献程度可能不同，多元回归法可以同时考虑不同自变量对因变量的贡献及影响，本研究采用的多元回归方程的形式为：

$$\hat{y} = b_0+b_1x_1+b_2x_2+b_3x_3 \qquad (2)$$

式中：$\hat{y}$——班后尿硼浓度，mg/g 肌酐；

b_0——截距项，b_1、b_2、b_3 分别为粉尘、饭菜和饮水硼日暴露剂量的偏回归系数；

x_1、x_2、x_3——分别为空气、饭菜和饮水硼的日暴露剂量，mg。

$$y=2.502+0.322x\ (n=61, R^2=0.413)$$

用多元线性回归法分析的暴露剂量与班后尿硼浓度的回归方程为：

$$[C_u]=1.79+0.32E_d+0.60E_f+0.12E_w \qquad (3)$$

式中：C_u——班后尿硼浓度；

E_d——空气硼暴露剂量；

E_f——饭菜硼暴露剂量；

E_w——饮水硼暴露剂量。

空气粉尘、饭菜和饮水的标准偏回归系数分别为0.38、0.38和0.077，说明不同途径暴露的硼对尿硼浓度的贡献是不同的，方程的拟合度为43.0%，比一元回归方程的拟合度高。

用多元回归方程预测班后尿硼浓度，与实际测量值之间的平均相对偏差为23.65，相对偏差在50%和70%以内的样本数分别约占总数的一半和2/3以上（表4）。说明班后尿硼可以反映人群在生活和工作环境中硼的内外暴露水平。

表4 班后尿硼浓度预测值与实测值相对偏差的分布

相对偏差	样本数	占总样本的百分比 /%	累计百分比 /%
＜50%	29	47.5	47.5
50%～70%	12	19.7	67.2
＜70%	20	32.8	100

3 结论

（1）硼作业工人的平均日硼暴露剂量为11.8 mg/d。其中有14人的日暴露剂量超过世界卫生组织规定的安全限值（13 mg/d），而且工作暴露和生活暴露都占很大的比重，不可忽视。

（2）经尿液代谢的硼占总代谢量的94%以上，而粪便代谢不足6%，人体暴露的硼主要以尿液的形式排出体外。

（3）班后定点尿硼与24 h全尿硼浓度极显著相关，相关系数达0.952，因此可用班后定点尿样代替全尿，减少工作量。

（4）班后定点尿硼浓度与日硼暴露剂量显著相关，相关系数为0.643，且暴露途径不同，对尿硼浓度的贡献也不同，班后尿硼水平可用于评价硼的内外暴露水平，为制定环境标准提供依据。

参考文献

[1] Murray F J. Issue in boron risk assessment: pivotal study, uncertaintyfactors, and ADIs [J] . Trace Element Exp. Med. , 1996,9:231-243.

[2] Linden C H, Hall A H, Kulig K W, et al. Acute ingestions ofboric acid [J] . Clin. Toxicol. , 1986,24(4):269-279.

[3] Charlene Rainey, Leslie Nyquist. Multicountry estimation ofdietary boron intake [J] . Biological Trace Element Research,1998,66(1-3):79-86.

[4] Anderson D L, Cunninggharn W C, Lindstrom T R.Concentrations and intakes of H, B, S, K, Na, Cl, and NaCl infoods [J] . Food Comp. Anal. , 1994,7(1-2):59-82.

[5] WHO/FAO/IAEA. Trace elements in human nutrition and health [R] . Geneva: World Health Organization, 1996:175-179.

[6] 王春利，邢小茹，吴国平，等. 宽甸土壤及部分农作物中硼的分布及污染分析 [J] . 中国环境监测，2003，10(5):4-7.

[7] Murray F J. A comparative review of the pharmacokinetics ofboric acid in rodents and humans [J]. Biol. Trace Element Res. , 1998,66(1-3):331-341.

[8] 何清波，苏炳华，钱亢. 医学统计学及其软件包 [M]. 上海：上海科学技术文献出版社，2002：124-129.

硼作业工人配偶妊娠结局的初步研究

硼是高等植物和动物所必需的一种微量元素，硼缺乏和硼过量都会产生不利的影响。到目前为止，有关硼对动植物的生物效应研究较多，而在人体健康效应方面研究较少，尤其硼对生殖健康影响方面国外仅有 3 项报道，且研究结果并不一致；硼对男性生殖健康影响尚无定论。2002 年，本课题组与美国加州大学合作，在中国辽宁省某硼矿及硼加工厂开展了“硼污染对男性生殖健康影响”研究，通过流行病学调查和实验研究观察硼暴露对男性生殖健康的影响。由于硼作业工人的精子质量与其配偶的怀孕及生育状况有很大关系，本研究调查分析了硼作业工人配偶生育状况，报告如下。

1 对象与方法

1.1 研究对象

暴露组选择辽宁省某硼矿或硼加工厂从事硼采矿及硼加工作业男性工人 957 人；对照组选择生活条件或工作强度与硼暴露人群相近，无硼暴露史男性共 251 人。

1.2 调查内容

对研究对象进行标准问卷调查。问卷涉及人口统计学、生活方式、作业岗位污染状况、一般健康状况及生殖健康等共计 265 个问题。问卷调查采用面对面的个别访谈方式，并通过现场监督员、平行样调查（每进行 10 个访谈者，2 位调查员同时调查一位访谈者，一个按正常程序调查，另一个不发问，仅对听到的内容做相应记录）等对问卷进行质量控制。问卷回收率为 99.84%。对数据资料进行逻辑检查和范围检查，剔除不合格问卷 14 份，

注：原文刊载于《中国公共卫生》2005 年第 21 卷第 5 期，作者刘平、王春利、胡俊峰、Lin Xun、Wendie A. Robbins、吴国平、魏复盛。

暴露组和对照组分别获得有效问卷 945 份和 249 份，有效率各占 98.75%，99.20%。

1.3 指标计算

（1）自然流产率：指自然流产数占总怀孕次数的比例。考虑人工流产对自然流产的影响，用下列校正公式估计自然流产率。

自然流产率 = 自然流产数 /（自然流产数 + 分娩数 + 人工流产数 /2）

其中：分娩数 = 死产数 + 活产数。

（2）不能顺利怀孕率：指努力 1 年或 1 年以上而未成功受孕比例。

（3）病症率：指不能顺利怀孕者在结婚 1 年以上人员中（因不知离婚人员已往婚史，统计中未包括离婚人员）的比例。

1.4 分析方法

通过列联表计算暴露组和对照组工人配偶自然流产、不能顺利怀孕的发生率，并采用 X^2 检验法比较 2 组的差异，得出粗比数比。为控制混杂因子的影响，采用多元非条件 Logistic 回归模型对硼暴露、吸烟、饮酒、农药暴露、疾病、X 射线、年龄、民族、教育程度、宗教信仰及工作时间戴面罩等进行逐步回归筛选。结果发现，硼暴露、年龄和农药暴露为危险因子，因此在 Logistic 回归模型中，将年龄和农药暴露作为控制的混杂因子。所有数据统计分析采用 SAS 软件。

2 结果与分析

2.1 自然流产率

从表 1 可以看出，暴露组的自然流产率高于对照组，且 2 组的自然流产率差异有统计学意义。

在控制年龄、接触有毒化学品等混杂因子后，调整后的 OR 值 95% Cl 为 0.88～3.13。表明硼暴露对男性硼作业工人配偶的自然流产可能产生轻度有害影响（OR=1.660），即硼暴露可能有增加自然流产的发生趋势。

表 1 硼暴露对自然流产的影响

组别	妊娠总数	自然流产率 /%	OR			
			未调整值	未调整值 95%Cl	调整值	调整值 95%Cl
暴露组	1 390.5	5.75*	1.79	1.00～3.19	1.66	0.88～3.13
对照组	423.5	3.31				

注：* $P<0.05$。

2.2 不能顺利怀孕率

从表 2 可见，暴露组和对照组的不能顺利怀孕率差异无统计学意义。控制混杂因素调整后 OR 值无实质性的改变。

表 2 硼暴露对不能顺利怀孕的影响

组别	样本数	病症率	OR			
			未调整值	未调整值 95% Cl	调整值	调整值 95% Cl
暴露组	809	5.07	1.69	0.75～3.81	1.69	0.75～3.84
对照组	228	3.07				

2.3 宫外孕或异位孕及子女先天发育不良

暴露组有 3 名工人的配偶发生宫外孕或异位孕；有 2 人子女先天发育不良或由于先天发育不良而后期死亡。对照组工人的配偶中无宫外孕异位孕及子女先天发育不良。由于样本量较少，未做此项指标的显著性检验。

2.4 子女性别比

对照组所生子女共 326 人，性别比（男∶女）为 118.79；暴露组所生子女共 1 043 人，性别比（男∶女）109.44；我国第五次人口普查中，全国和辽宁省出生婴儿性别比（男∶女）分别为 116.9 和 112.8；全国城镇和乡村出生婴儿性别比分别为 116.51 和 118.08；辽宁分别为 114.92 和 114.24，可以看出，对照组子女性别比接近于全国和省内水平，暴露组子女性别比低于对照组（差异无统计学意义）以及全国和辽宁省出生婴儿性别比。

3 讨论

1994年，Whorton等对美国Mojave沙漠硼砂矿中从事硼矿和硼砂作业的542名工人进行问卷调查。在对标准生育率（SBRs）和以往的数据进行修正后，结果显示，与标准生育率相比，硼及硼化物对生育能力没有明显的影响，但他们的后代中女多于男。1998年，Sayli和Tuccar对土耳其居住在硼化物高暴露区（硼矿、处理硼砂的工厂、在矿区工作的人群）和低暴露区的人群进行有关怀孕、早产死亡婴儿、先天畸形儿、死胎和自然流产等问卷调查，并对全部完成问卷的人继续询问有关家庭的生育史。在对选样和污染浓度的误差进行修正后，也发现后代中女多于男，但后代的生育能力以及发育都没有受到明显的影响。

从本研究可以看出，尽管2组妊娠指标差异无统计学意义，但暴露组的自然流产率和不能顺利怀孕率均高于对照组，并且宫外孕或异位孕及子女先天发育不良仅在暴露组发现，对照组子女性别比接近于全国和辽宁省水平，而暴露组子女性别比低于对照组（差异无统计学意义）以及全国和辽宁省出生婴儿性别比，提示硼暴露可能对硼作业工人妻子的妊娠结局有影响。

参考文献

[1] 刘平，胡伟，吴国平，等. 硼的生物效应及健康影响研究进展［J］. 世界科技研究与发展，2003，25(6)：6- 9.

[2] Tarasenko NY,Kaspatov AA,Strongina OM.Effect of boric acid onthe generative function in males［J］.Gig Tr Prof Zabol,1972,11:13-16.

[3] Donald Whorton,Jenifer Haas,Lisa Trent.Reproductive effects of in-organic borates on male employees:birth rate assessment［J］.Environ Health Perspect,1994,102(Supp17):129-131.

[4] Sayli BS,Tuccar E,Elhan AH.An assessment of fertility in boron-exposed Turkish subpopulations［J］.Reprod Toxicol,1998,12(6):673- 674.

[5] Sayli BS.An assessment of fertlity in boron- exposed Turkish sub-population:evidence that boron has no effect on human reproduction［J］.Biol Trace Elem Res,1998 Winter,66(1- 3):409-422.

[6] 顾世光，高尔生，赵鹏飞. 生殖健康［M］. 北京：人民卫生出版社，2000：72-74.

[7] 连志浩. 流行病学［M］. 北京：人民卫生出版社，1996：77-80.

硼暴露对男性精液质量的影响

动物实验表明，连续处于中、高浓度硼暴露下的雄性大鼠的各生理过程的精子活力都会降低，精子产生受到抑制，并最终产生睾丸的萎缩。硼对男性生殖健康的影响，国外已有相关报道，但研究结果并不一致，硼对男性生殖健康的影响尚无定论。目前，国内尚未开展过此方面的研究。

中国环境监测总站同美国加州大学合作，在中国辽宁省某县开展了“硼污染对男性生殖健康影响”研究。该项研究在进行现场流行病学调查和环境采样的基础上，采集和分析了研究对象的精液、血液和尿液等生物样本，力求从多角度研究硼对男性生殖健康的定性和定量影响。本文报告了研究设计分组、日硼摄入量、肌酐校正后的班后尿硼浓度对精子指标的影响，为环境硼卫生标准的制定提供依据。

1 对象与方法

1.1 对象

根据2002—2003年的初步研究，分别选取暴露组、社区对照组和背景对照组3组样本。暴露组为从事硼采矿、硼加工作业且高职业硼暴露男性工人；社区对照组为在硼矿开采和加工地区生活和工作，工作强度与暴露组相似，但没有职业硼暴露的男性；背景对照组为远离硼矿、生活条件或工作强度与硼暴露人群相近，没有职业硼暴露史，且其饮食硼含量为正常背景水平的男性，研究对象年龄18～40岁，未患有隐睾等生殖系统疾病等。最终选定暴露组75人；社区对照组63人；背景对照组70人，共计208人（其中暴露组有9人、社区对照组有2人、背景对照组有2人因故退出，未完成全部采样）。完成全部采样的研究对象共计195人，采样完成率93.75%。因故

注：原文刊载于《中国环境科学》2006年第26卷第1期，作者刘平、胡伟、许军、Wendie A Robbins、Xun Lin、吴国平、魏复盛。

退出的 13 个样本没有参与统计分析。

1.2 采样与实验室分析

对研究对象进行农药暴露问卷调查和体格检查（包括外生殖器检查），对精液、班后尿液进行了采集和分析。研究对象每隔 20～40 d 采集 1 次精液（采集前至少禁欲 2 d 以上）和班后定点尿液，共采集 3 次（即每名研究对象都有 3 次精液样品和 3 次尿液样品）。精液被采集至干净广口带盖聚乙烯样品瓶后，放置在避光保温筒内，5 min 内送至现场实验室。采集前要求研究对象清洁双手及外生殖器。暴露组研究对象的班后定点尿样于下班时在浴室采集。

在现场实验室进行精液常规分析，分析采用美国 Hamilton Thorne Biosciences 公司生产的综合光学可视精子分析仪（IVOS），在精液采集后的 1 h 内完成。精液、尿液样品的硼浓度用 ICP-MS（PQ-Excell 型，美国 TJA Solutions 公司）和 ICP-AES（IRIS Advantages 型，TJA Solutions 公司）仪进行分析。为消除尿液浓淡的影响，所测得的尿硼浓度（mg/L）用尿液肌酐浓度进行校正，以“mg/g 肌酐”作为尿硼的最终浓度，所有分析严格按照操作规程进行。

1.3 质量保证与质量控制

严格执行样品采集和分析过程的质量控制措施。采集现场全程空白和制备 10% 样品平行样；每天精子分析仪分析精液前测定 1 个高密度标样，每周测定 1 个低密度标样，保证仪器分析稳定；尿硼、精硼浓度测试过程中跟随样品 5% 的分析空白和标准样品；尿液样品分析空白硼浓度均在检出限以下，精液样品分析空白平均为 15.1 ng/ml，远小于样品浓度。平行样结果间的相关系数平均为 0.98，标准样品测定结果与真值的相对误差在 10% 以内。

1.4 统计分析方法

1.4.1 分组原则

采用 3 种分组方法研究硼暴露与精子指标之间的关系。

按研究设计中研究对象选取原则，即暴露组、社区对照组和背景对照组分组，研究组间精液质量是否有显著性差异。

通过人体实验和动物实验所得的数据，WHO 推荐成人日硼摄入的安全范围为 1 ～ 13 mg。由于已有的动物实验没有发现硼摄入低时产生生殖毒性，所以将研究对象按安全范围上限 13 mg/d 进行分组，分析组间精液质量的差别是否有统计学意义。

由于尿硼数据比日硼摄入数据测量误差小，且能更真实反映人体平均硼暴露水平，所以将研究对象按尿硼浓度高低分组，研究了尿硼与精液质量的关系。尿硼呈非正态分布，按 $<P_{25}$（第 25 百分位数）、P_{25}~P_{75}（第 75 百分位数）和 $>P_{75}$ 分为 3 组，分别为低尿硼组、中尿硼组和高尿硼组。

按上述 3 种原则分组，对各组研究对象的年龄、工龄、吸烟、喝酒状况及身体指数等进行统计检验，组间差异没有统计学意义。

因精子密度和精子总数呈非正态分布，所以在分析前需对精子密度和精子总数取对数，指标变换后呈近似正态分布。

1.4.2 统计模型

根据精液质量数据是重复性实验的特点，运用混合模型进行分析。混合模型将观测变量分为固定效应和随机效应两部分，是目前分析重复性实验数据较前沿的方法，统计分析处理采用 SAS 8.1 软件。

2 结果与讨论

2.1 研究设计各组研究对象精液质量状况

研究设计各组研究对象的精液质量初步统计结果如表 1 所示。可以看出，不同组间各精子指标基本一致，经检验，组间差异没有统计学意义（$P>0.05$）。其中，前向运动精子百分率的不达标率最高，精子密度和精子总数不达标率最低，这说明在精液常规分析指标中，前向运动精子百分率可能最为敏感。

表 1 研究设计各组研究对象精液质量统计结果

组别	指标	N	算术均值	几何均值	中位值	最小值	最大值	n	%
暴露组	精子密度 /（$\times10^6$ 个 /ml）	66	69.5	58.9	62.8	3.1	236	2	3.0
	前向运动精子百分率 /%	66	39.9	36.8	40.7	7.0	69.0	51	77.3
	a 级精子 /%	66	34.9	31.9	35.8	7.0	61.3	14	21.2
	精子总数 /$\times10^6$ 个	66	218	177	192	11.2	600	3	4.6
社区对照组	精子密度 /（$\times10^6$ 个 /ml）	61	65.0	55.8	57.2	9.3	241	4	6.6
	前向运动精子百分率 /%	61	39.3	26.4	42.7	0.0	68.7	44	72.1
	a 级精子 /%	61	34.6	23.1	37.7	0.0	61.3	15	24.6
	精子总数 /$\times10^6$ 个	61	202	165	174	11.3	486	3	4.9
背景对照组	精子密度 /（$\times10^6$ 个 /ml）	68	70.8	59.4	58.2	11.9	179	2	2.9
	前向运动精子百分率 /%	68	38.0	20.7	37.5	0.0	72.0	50.	73.5
	a 级精子 /%	68	33.2	17.9	31.3	0.0	65.0	21	30.9
	精子总数 /$\times10^6$ 个	68	219	180	211	18.7	672	2	2.9

注：n 为根据 WHO 标准（精子密度 $\geqslant 20\times10^6$ 个 /ml，前向运动精子百分率 $\geqslant$ 50%，a 级精子 $\geqslant$ 25%，精子总数 $\geqslant 40\times10^6$ 个），各项指标不达标人数；% 为不达标人数占总人数的比例。

2.2 研究设计分组对精液质量的影响

模型中混杂因子控制结果见表 2。假定因子的其中一个组别为比较标准（系数为 0），表 3 中的调整均值和 P 值即为表中所列组别与标准组别比较的结果。

表 2 模型中混杂因子控制结果

因子	精子密度		前向运动精子百分率		a 级精子		精子总数	
	系数	P	系数	P	系数	P	系数	P
年龄	0.000 2	n	−0.15	n	−0.16	n	−0.01	n
月均食用干果量	−0.07	*						
月均食用豆类量			−0.41	*	−0.37	*		
禁欲时间（＞d）	0.25	*					0.21	*
农药接触（有）	−0.12	n	−2.47	n	−2.26	n	−0.05	n
左睾丸大小	0.02	*	0.48	*	0.43	*	0.03	*

注：禁欲时间（＞7d）以禁欲时间≤7d 为比较标准；农药接触（有）以不接触农药为比较标准；表中空白格表示不需要调整的因子（逐步回归粗选时筛除的因子）；* 表示 $P<0.05$；n 表示 $P>0.05$；表中系数为正，表示对相应精子指标有正贡献，反之为负贡献。

对混杂因子控制过程中发现，每月平均食用干果量对精子密度有显著负影响，每月平均食用豆类量对前向运动精子百分率和 a 级精子有显著负面影响。并且随着每月平均食用干果量的增加，精子密度显著降低，随着每月平均食用豆类量的增加，前向运动精子百分率和 a 级精子显著降低。由于干果和豆类都是含硼较高的食物，所以考虑可能是因为含硼高所致。但在混合模型分析过程中，每月食用干果和豆类量与组别的交互效应项并不显著，且它们与尿硼浓度线性相关也不显著，提示食用干果和豆类对精液质量产生影响并不是由于含硼高所致。每月平均食用豆类和干果量对精子质量产生负面影响可能与这些物质中含有具有生物活性的植物性雌激素有关。具体原因还有待进一步查明。从表 2 还可以看出，接触农药组的精子密度、精子总数、前向运动精子百分率和 a 级精子较不接触农药组均有下降趋势，但没有统计学意义。

表 3　硼暴露对精子指标调整均值的影响

组别 调整均值*		精子密度 /（×10^6 个 /ml）		前向运动精子百分率 /%		a 级精子 /%		精子总数 /（×10^6 个）	
		P	调整均值	*P*	调整均值	*P*	调整均值*	*P*	调整均值
研究设计分组	暴露组	57.8	0.88	40.4	0.94	35.5	0.96	105.8	0.98
	社区对照组	56.2	0.68	41.5	0.79	36.7	0.70	102.4	0.52
	背景对照组	58.8		40.7		35.7		114.9	
日暴露量分组	＞13mg/d	61.5	0.38	43.6	0.34	37.3	0.39	115.2	0.11
	≤13mg/d	55.8		40.9		35.1		101.6	
尿硼浓度分组	高尿硼组	60.8	0.42	43.3	0.59	37.1	0.70	180	0.12
	中尿硼组	56.0	0.83	40.6	0.74	34.9	0.68	150	0.65
	低尿硼组	54.8		41.5		35.9		142	

注：分别以背景对照组、日硼摄入量≤13 mg/d 和低尿硼组作为比较标准；* 为调整后的几何均值；低尿硼组为参照组。

对混杂因子进行控制后，组间各精子指标的比较结果见表 3。结果表明，在本研究硼摄入量范围内，未发现研究设计组间的常规精液分析指标差别有统计学意义。在已有的动物生殖毒性研究中，对动物产生生殖毒性的最低硼暴露量是 23.7 mg/(kg 体重 • d)，最高为 350 mg/(kg 体重 • d)。如果推算至人，假设研究对象体重为 60 kg，安全系数为 60，则出现生殖毒性的日硼摄入量至少应在 23 mg/d 以上，而本试验研究对象的日硼摄入量最高仅为 430 mg，其中有 23 人日硼摄入量超过 23 mg/d，有 15 人超过 50 mg/d，仅有 10 人在 100 mg/d 以上，即高暴露的样本量较少，并且人体暴露与动物染毒方式不一致，吸收率较低。对超过 50 mg/d 和 100 mg/d 的研究对象的精液质量进行分析表明，高暴露研究对象的精液质量与各种分组原则下的精液质量差别没有统计学意义。上述分析可能是在现有研究条件下尚未发现硼对男性精子指标产生显著影响的原因之一。当然，人与实验动物的剂量-效应不可能完全相同，此问题有待进一步研究。

此外，根据 WHO 推荐日摄入硼量安全上限值 13 mg/d 对研究对象进行分组，各组研究对象精液质量初步统计结果与研究设计各组精液质量统计结果差别没有统计学意义；控制混杂因子后日硼摄入量对精液质量的影响与研究设计分组情况一致。

按尿硼浓度高低进行分组，精液质量初步统计结果与其他分组差别没有统计学意义；控制混杂因子后的结果也与其他分组情况一致（表 3）。

3 结论

（1）在本课题研究摄入量范围内，研究对象分别以研究设计分组、WHO 推荐日硼摄入量安全上限 13 mg/d 分组和肌酐校正尿硼浓度分组，组间精子密度、前向运动精子百分率、a 级精子和精子总数差别没有显著意义。提示在人体日硼摄入量 13～430 mg/d 条件下，未发现硼对男性精子密度、前向运动精子百分率、a 级精子和精子总数产生负面影响。

（2）随着每月平均食用干果量的增加，精子密度显著降低，随着每月平均食用豆类量的增加，前向运动精子百分率和 a 级精子显著降低。原因还有待进一步研究。

（3）接触农药组的精子密度、前向运动精子百分率和 a 级精子较不接触农药组有下降趋势，但没有统计学意义。

参考文献

[1] Robert E Chapin, Warren W Ku. The reproductive toxicity of boron acid [J]. Environ. Health Perspect, 1994,102(7):87-91.

[2] Kimberley A Treinen, Robert E Chapin. Development of testicular lesions in F334 rats after treatment with boric acid [J]. Toxicology and Applied Pharmacology, 1991,107:325-335.

[3] Ralph E Linder, Littian F Strader, Georgia L Rehnberg. Effect of acute exposure to boric acid on the male reproductive system of the rat [J]. Journal of Toxicology and Environmental Health, 1990,31:133-146.

[4] Seal B S, Weeth H J. Effect of boron in drinking water on the male laboratory rat [J]. Bull. Environ. Contam. Toxicol., 1980,25(5):782-789.

[5] Tarasenko N Y, Kaspatov A A, Strongina O M. Effect of boric acid on the generative function in males [J]. Gig. Tr. Prof. Zabol., 1972,11:13-16.

[6] Donald Whorton, Jenifer Haas, Lisa Trent. Reproductive effects of inorganic borates on male employees: birth rate assessment [J]. Environ. Health Perspect, 1994,102(Suppl.7):129-131.

[7] Sayli B S, Tuccar E, Elhan A H. An assessment of fertility in boron-exposed Turkish subpopulations [J]. Reproductive Toxicology, 1998,12(6):673-674.

[8] Sayli B S. An assessment of fertility in boron-exposed Turkish subpopulation: 2. evidence that boron has no effect on human reproduction [J]. Biol. Trace Elem. Res., 1998,66(1-3):409-422.

[9] 刘平，胡伟，吴国平，等. 硼的生物效应及健康影响研究进展 [J]. 世界科技研究与发展，2003，25(6):6-9.

[10] 邢小茹，魏复盛，吴国平，等. 硼污染的个人暴露剂量及其代谢 [J]. 中国环境科学，2005，25(3):271-274.

[11] WHO/FAO/IAEA. Trace elements in human nutrition and health [M]. Geneva: World Health Organization, 1996:175-179.

[12] 刘先利，刘彬，邓南圣. 环境内分泌干扰物研究进展 [J]. 上海环境科学，2003，22(1):57-61.

环境对健康的影响及保护

1 健康及其影响因素

1948年世界卫生组织（WHO）首次提出三维健康定义：“健康是指身体、精神和社会生活方面的完好状态，而不仅仅是没有病痛。”通常认为影响健康与疾病的各因素中，生活方式的影响占50%，而环境因素占20%，遗传因素占20%，医疗条件等因素占10%，环境无疑是对健康起作用的重要一环。

2 人类的生存环境及变化

人类生存在地壳表面，其生存环境可以简单概括为大气圈、水圈、土壤岩石圈和生物圈（植物、微生物和动物）四个圈层。人类生存必须有阳光、空气、水和食物，而空气、水和食物质量是影响人体健康的物质基础，阳光是使水循环、动植物生长的能源。

人类在长期的进化过程中，通过饮水、食物、空气吸入、皮肤接触等方式与地球发生物质和能量交换，已达到一个动态平衡。人体血液中几十种元素与地壳元素的平均值（丰度）有很好的相关性即是证明（见图1）。人体摄入某因子的剂量在正常范围内是健康的；超过此剂量就成为亚健康状态，可通过代偿来修复；若剂量再增加，就达到中毒，成为病态，直至死亡（见图2）。

组成人体的元素可分为宏量元素和微量元素两类，宏量元素包括碳、氢、氧、氮、硫、氯、钾、钠、钙、镁等；而微量元素则可分为：必需的，有生物学功能的，如铁、铜、锌、氟、碘、硒、钼、铬、磷、钴、硅等；可能是必需的，如锰、镍、硼、钒等；有潜在毒性的：如砷、镉、汞、铅、铝、锡、锂等。

注：根据魏复盛院士讲稿整理。

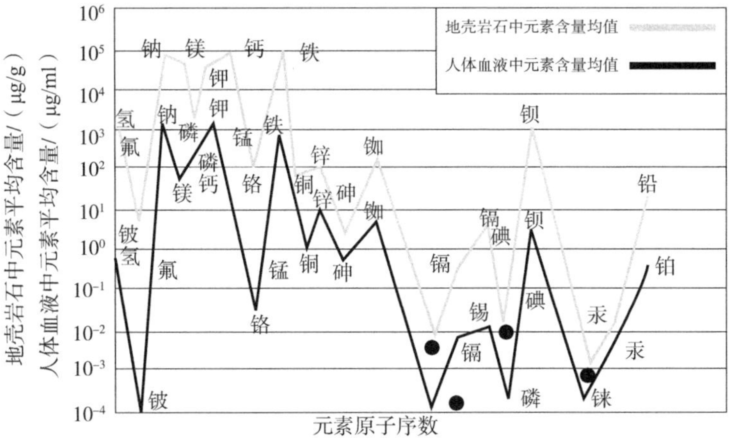

图 1 人体血液和地壳中元素含量的相关性

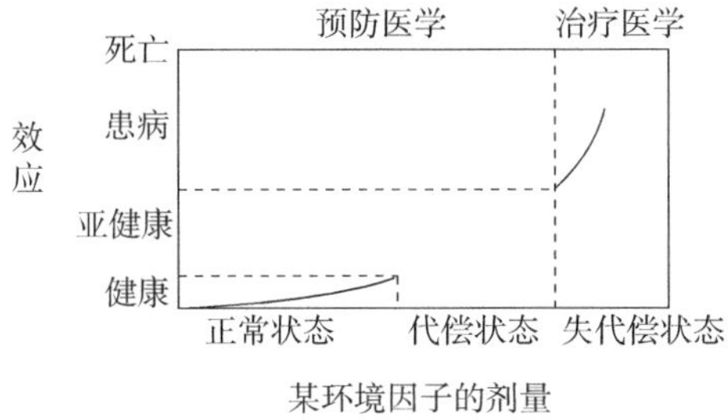

图 2 人体对环境因素剂量 - 反应关系

人体对外界环境元素的反应性，随着“量变”过渡到“质变”：有害因素要达到一定的剂量才能产生有害；即使是有益的必需元素超过允许摄入量也会变成有害。因此我们不能以“有无”论是非，而要以“量的多少”论长短。在工业化之后，许多深埋在地下的重金属、类金属元素被挖掘出来，并被广泛使用，造成环境污染，破坏了人体元素与外界环境平衡，从而引发健康问题。工业化及现代社会合成生产了地球上本来就不存在的化学品，进入环境，并通过环境暴露而进入人体，如 DDT 和六氯环己烷（六六六）在人体脂肪组织中就存在，甚至扩散迁移到地球南极的企鹅和北极熊体内。

3 有机污染的危害，以多环芳烃、二噁英污染为例

3.1 BaP 污染对癌症发病率的影响

2013 年 10 月 17 日，国际癌症研究机构（IARC）宣布室外空气污染可

导致癌症，并正式划为一类致癌物质。2013 年 10 月 24 日，IARC 发布 109 号文件称有充分证据表明，空气污染可以导致肺癌，也会增加膀胱癌的风险，空气污染是最广泛传播的环境致癌物。目前，空气中致癌物已确认的有：苯并［*a*］芘、苯、甲醛、二噁英、重金属砷、镉、六价铬等，下面重点介绍多环芳烃与肺癌。

这一类的化合物，可能大家不太熟悉。毒性最大的是苯并［*a*］芘是一个致癌物。我们可以看一下中国肺癌发病率上升的趋势，乌鲁木齐 1979 年的肺癌发病率为 10 万分之 4，1992 年就达到 10 万分之 15，差不多增加了 3 倍；上海 1960 年为 10 万分之 5，到了 20 世纪 90 年代就达到了 10 万分之 56，30 年的时间肺癌发病率增长了 10 倍；北京的石景山是肺癌发病率比较高的地区，20 世纪 80 年代 10 万分之 15，20 世纪 90 年代 10 万分之 20，到了 20 世纪 90 年代末达到 10 万分之 42。为什么会上升得这么快？一是我们的化石燃料，燃煤、汽油、柴油的大量消耗，已是 10 倍以上的增长，空气污染严重，城区空气中苯并［*a*］芘浓度多是超标的，尤其在冬季更为突出；二是吸烟的人数和吸烟的数量，都呈增长的趋势，这些都是一些比较主要的原因。

我们再跟世界对比一下，孟买男性肺癌是 10 万分之 14，女性 10 万分之 3.7，印度是男性 10 万分之 15.9，女性 10 万分之 6.3，加拿大、美国、英国、芬兰，他们男性的肺癌在 10 万分之五十几到六十几，而女性肺癌在 10 万分之 8 到 10 万分之三十几。这个数据说明了一个问题，男性肺癌比女性肺癌的发病率要高 2 ～ 3 倍，其中的主要原因之一，就是因为男性吸烟比例高很多。

第二个反映出来的是发展中国家肺癌的发生率比较低，而发达国家发病率比较高，一般高 1 ～ 2 倍。这是因为发展中国家在开始工业化，大量地使用化石能源，污染时间比较短；发达国家现在虽然空气质量比我们好，但是他们肺癌仍然发病率高，这是因为它在几十年前，受到的污染危害比我们大，特别是在儿童的时候，受到的污染危害，对他以后发生肺癌会埋下一个祸根。

但是我们要科学分析一下，在环境中和食品中都存在苯并［*a*］芘污染，每个人每天都有暴露，根据世界卫生组织报道，正常人日平均摄入 0.16～1.4 μg，若摄入量低于 3 μg 是可承受的，焦化工人的暴露剂量是超标的，抽烟的人、餐厨人员、长时间接触油炸烧烤食品的人群，有可能摄入超标，我们应从减少环境暴露、减少食品吸入、减少吸烟危害这三方面入手，来降低苯并［*a*］芘的摄入量，以减少患肺癌的风险。

3.2　二噁英污染与危害

二噁英指多氯二苯并二噁英（Dioxine，PCDDs）和多氯二苯并呋喃（PCDFs）两类化合物。多氯二苯并二噁英有75个同系物，其中2,3,7,8-四氯二苯并二噁英（TCDD）毒性最强，其他同系物也有毒，均以TCDD为标准，换算成TCDD当量毒性1-TEQ。

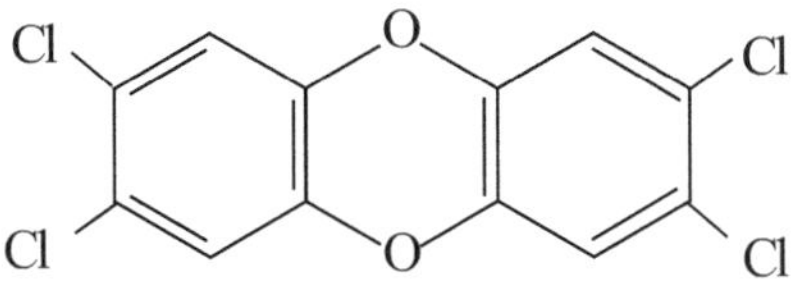

2,3,7,8-四氯二苯并二噁英

多氯代二苯并呋喃（PCDFs）：有135个同系物，其中以2,3,7,8-四氯苯并呋喃毒性最大，仅次于TCDD。PCDDs+PCDFs统称为二噁英，共210个同系物，均以TCDD当量毒性进行评价。

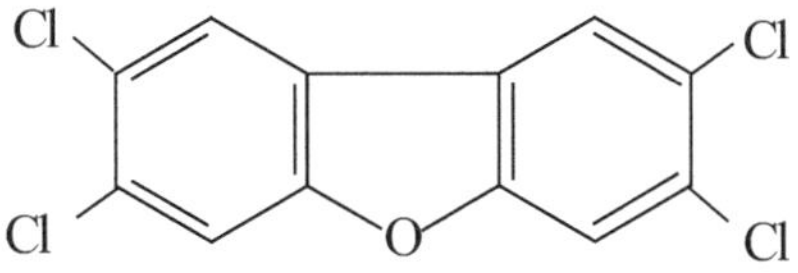

2,3,7,8-四氯苯并呋喃

二噁英是人类无意生产的，是工业生产燃料燃烧过程产生的副产物。主要产生二噁英的生产过程包括：再生有色金属、炼钢、废物焚烧、铁矿石焙烧、炼焦、遗体火化、铸铁生产、水泥生产、制浆造纸、聚氯乙烯生产、镁生产、2,4-滴类产品生产、氯苯生产、热浸镀锌钢生产、黄铜青铜生产、四氯苯醌生产等。

二噁英是一级致癌物，毒性最大。

美国越战用落叶剂“橙剂”，引致二噁英污染，当地人癌症高发，畸胎、怪胎生育毒性显现，美国越战老兵妻子流产上升，子女先天性缺陷增加30%，为此赔偿损失1.8亿美元；1999年比利时饲料受到二噁英污染，使畜牧业损失 1.5 亿欧元；1976 年意大利一工厂爆炸引起二噁英污染扩散，180 人中毒，2 000 多人受到不良影响，事隔多年后，当地居民畸形儿出生率增加；受到污染的动物精子数量减少，睾丸畸形，子代异常。

二噁英污染引起人们的恐慌，是可以理解的，但是现代科技发展和进步是能够解决它的污染和危害。我们要理性看待这一问题，由于污染在环境和食品中普遍存在超痕量二噁英，因此每个人每天都有摄入，但在允许标准以下是安全的。加拿大、法国、日本、美国研究表明，一个成年人日摄入二噁英为 65～175 pg（1 pg=1.0×10^{-12}g），成人日耐受量（1-TEQ）：700～2 590 pg，日允许摄入量为 70～280 pg。美国人日摄入量（1-TEQ）来源包括：猪肉 12 pg、牛肉 37 pg、家禽蛋 17 pg、牛奶 18 pg、奶酪黄油 24 pg、鱼 7.8 pg、空气 2.2 pg、环境 3.0 pg，合计 121 pg，在允许摄入量以下，不必要惊慌，是安全的。

3.3 重金属污染的危害，以铅、镉为例

重金属矿采、选、冶及制造加工，引发环境污染——尾矿、污水、污泥、烟尘沉降进入土壤，使土壤受到污染，土壤酸化（特别在南方）、有机质下降，使重金属活性增加，危害性增大。

儿童血铅超标影响儿童心脑肾和智力的发育：污染越重，儿童血铅越高，危害越大。

表 1 某铅蓄电池厂附近铅污染及影响（10 μg/dl=100 μg/L）

距厂距离 / m		50	300	500	1 000	5 000
大气铅 /（mg/m^3）		1.12	0.95	0.86	0.74	0.5
血铅 /（μg/dl）		35.9	41.3	24.9	19.9	17.9
小学生成绩 /%	好	8.3	14.3		23	25
	中	35.4	32.7		63.5	65
	差	56.3	53.1		13.5	10

最近几年，四川、陕西、湖南、河南等地重金属冶炼厂、熔炼厂附近发生多起铅中毒事件，中毒者血铅达 200～500 μg/L，如湖南省浏阳市官桥乡冶炼粗铅，废气铅尘污染致小学生、居民铅中毒，学校距企业 1 000 m，

129 名学生检查，112 人血铅超标，其中中毒 75 人，最高 1 129 μg/L；企业职工 151 人，符合轻度中毒标准 16 人；陕西宝鸡凤翔铅污染，239 名儿童监测 138 名血铅超标；河南济源市豫光金铅三个铅冶炼厂铅污染事件，1 km 范围内 3 000 名儿童查血，有 1 008 人血铅超标，住院排铅，营养干预，学生转移，住户搬迁。

镉污染的事件包括：世界八大公害事件之一的铅锌冶炼污染日本神通川，河水至下游稻田，稻米镉严重超标 0.35～4.17 mg/kg，稻田土壤镉 1.0～7.5 mg/kg，超出土壤临界值（1.0 mg/kg），镉进入人体难以排出，可置换骨中钙，使人全身疼痛，骨质疏松，骨折而死，也就是痛痛病；中国广西龙江河镉污染事件，广东韶关北江镉污染事件，湖南镉大米事件等。

人体摄入镉允许标准（气、水、食品）：日本推荐成人日摄入 300 μg/dB，欧盟成人日摄入 100 μg/dB，联合国粮农组织和世界卫生组织推荐每周 400～500 μg/dB，即每天为 57.1～71.4 μg/dB，约相当于 1 μg/kg 体重，其风险度 1×10^{-5}～10×10^{-5}，是可接受的。饮水镉标准 0.005 mg/L，风险 $R=6.3\times10^{-5}$；空气标准 0.005 μg/L，风险 $R=5.7\times10^{-7}$；谷物镉标准：国际 0.20 mg/kg，0.4 mg/kg；中国采用 0.2 mg/kg。

某学者对广东城市、农村居民日膳食摄入镉进行了调查评价，日摄入水平均值：城市 63.48 μg，农村 65.42 μg，若按 65 kg 体重计为 1 μg/（kg · d），尚在许可水平。

抽检食品中镉含量：大米 0.040～0.403 mg/kg、面粉 0.005～0.052 mg/kg、猪肾 0.087～9.64 mg/kg、蔬菜 0.001～0.210 mg/kg，均值 0.036 mg/kg、水果 0.000～0.220 mg/kg，均值 0.014 mg/kg。胃肠对镉化合物吸收率 5%～7%，乳酸益生菌可阻止镉吸收。呼吸中从烟尘吸收氧化镉，约 11% 滞留在肺组织中，可进入血液，从尿中排出，余下的累积在肾。

解决镉污染危害途径应从以下 4 个方面考虑：从源头控制污染：有色金属采、选、冶及制造的废水、废渣、烟尘控制；土壤污染防治与修复措施：提高 pH，加固定化 / 稳定化药剂，增施有机肥，降低土壤镉的活性（毒性）；调整种植结构：如水改旱，更换作物品种（粮菜的品种，经济作物），改种花卉，或变更为生态用地；保证食物的多样性。

4 我国人民的健康状况如何

对比新中国成立前，我国人均预期寿命从1949年的35岁提高到2010年的73岁，孕产妇死亡率从1949年的1 500/10万降低到2010年的30/10万，而婴儿死亡率从1949年的200‰降低到2010年的13.1‰，这说明新中国的生活条件、医疗条件改善起了很大作用。

表2 中国与世界相关国家死因构成比较

国别	总死亡率（$1/10^5$）	病因1*		慢病**		损害、中毒***	
		$1/10^5$	所占百分比	$1/10^5$	所占百分比	$1/10^5$	所占百分比
全世界	916.1	294.4	32	538.8	58.85	83.0	9.06
中国	601.5	41.2	6.23	544.4	82.3	61.8	8.37
美国	543.5	36.2	6.65	464.4	84.73	46.8	8.62
印度	1291.5	425.1	32.9	749.8	58.05	116.7	9.04
泰国	856.4	223.9	26.15	558.8	65.25	93.6	6.60

病因1*：指传染病、营养不良、产妇婴儿死亡；慢病**：恶性肿瘤、心脑血管病、心脏病、呼吸系统、消化系统病等；损害、中毒***：指意外灾害、自杀、中毒事件死亡。

表3 中国3种疾病死亡率与部分国家比较

国家	总死亡率	脑血管	恶性肿瘤	心脏病
中国	661.5	49.4	139.5	100.1
美国	543.5	41.9	134.4	122.5
日本	364.3	45.6	119.2	38.2
印度	1291.5	122.0	108.7	261.2
泰国	856.4	65.0	129.2	87.5

表4 中国与世界有关国家癌症标化死亡率比较

国家	男	女
全世界	137.7	92.1
发达国家	169.6	105.0
发展中国家	119.2	83.1
中国	160.4	85.2
日本	154.3	82.2
美国	152.6	111.9
泰国	119.7	79.3
埃及	87.7	64.9

现阶段我国居民健康面临新的挑战，人体营养不良状况虽大幅下降，但仍然在少数人中存在，如儿童生长迟缓男女分别为14.8%和13.8%；低体重男女分别为7.8%和7.8%；消瘦男女分别为2.6%和2.2%；成人营养不良男女分别为7.6%和7.1%；贫血男女分别为15.8%和23.3%；儿童维生素A缺乏男女分别为9.6%和9.1%。人体营养失衡，引发的健康问题上升，需要认真应对。如图3、图4、图5所示，1997—2012年成年居民超重肥胖率已由25.1%上升至39.8%，高血压患病率从1958年的8.26%上升至2014年的33.88%。

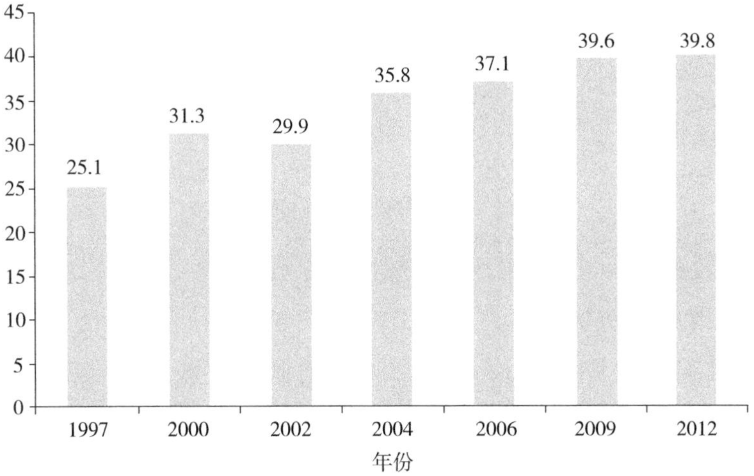

图3　我国成人超重、肥胖率变化

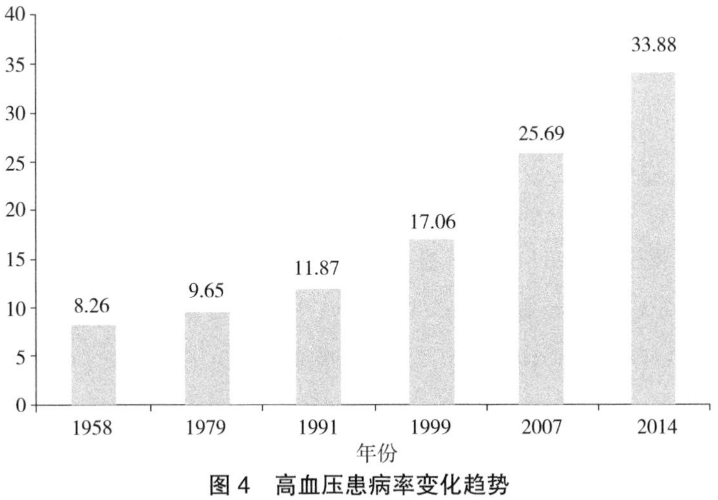

图4　高血压患病率变化趋势

我国糖尿病患病率20世纪80年代为0.67%，1994年为2.5%，而2010年则达到了11.6%，约有1.139亿糖尿病患者和4.9亿糖尿病前期的高危个体，居全球第一。

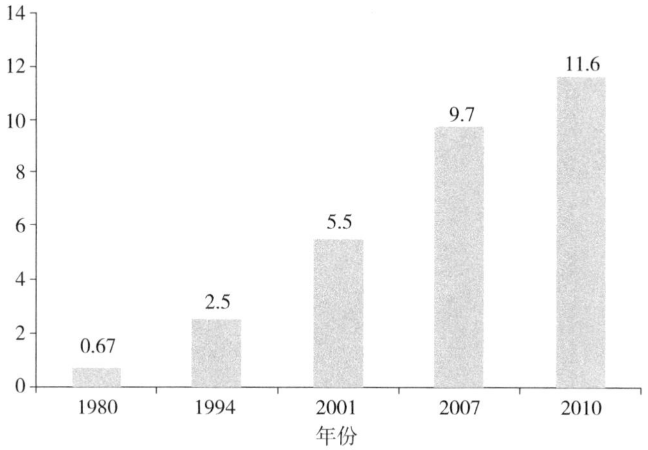

图5　我国糖尿病患病率变化趋势

以上数据表明，中国人预期寿命增长，贫穷性疾病死亡率明显下降，已从新中国成立前贫穷性疾病死亡率占全部死因的1/3，下降至现在的6.23%，已和发达国家接近。而慢性病（脑血管、心脏病、癌症、糖尿病等）死亡率上升与发达国家接近，既说明了我们取得的成就，又说明现代社会发展出现了新的问题，这与营养失衡、生活方式改变、环境污染密切相关。自然灾害、生产事故、中毒等意外伤害死亡率所占比例和美国相近。随着医疗诊断技术的提高，死因确证能力提升，如癌症死亡确诊准确度上升，还与人均寿命提高有关。

5　几点看法

（1）对我们接触的各种环境污染物，不要以有无论是非，而要以暴露剂量多少和暴露时间长短，有多大风险做决定，要辩证地、一分为二地看问题，不能绝对化。环境污染是工业化、城镇化发展阶段的问题。如果没有国家的正确政策和各方面的努力，环境和经济、人体健康不会有今天这样好，这是客观事实，但也出现了新问题，营养失衡和环境污染。

（2）人们生活在现代社会中，自然会暴露在各种化学物质（如二噁英、BaP、重金属等）中，其暴露剂量在允许标准以下是安全的，不必惊慌，超过标准，不要不在乎，一定要重视它的长远危害，一定要采取科学合理的措施去预防。

（3）环境与健康是一个永恒的话题。不同时期有不同的问题，原始人生态环境不错，但极贫，健康很差。现代社会人富，生态环境变化大了，出现许多新问题，生活富裕，富贵病高发（营养素摄入失衡，生活消费方式不够科学合理）。因此环境污染要预防，生活方式要科学合理，营养要均衡。

1992年世界卫生组织在加拿大维多利亚召开的国际心脏健康会议上发表了著名的《维多利亚宣言》中提出健康的四大基石：合理膳食，适量运动，戒烟限酒，心理平衡。祝愿大家愉快健康！

第五篇

注重环境保护与经济协调发展

经济发展战略转型与节能减排

我国正处在一个高速发展的时期，但这也是一个野蛮发展的时期，伴随着经济增长，带来的是高能耗和高污染，经济发展的战略转型首先就要从节能减排开始。

1 经济快速发展，综合国力显著增强

改革开放30多年，全国GDP增长约70倍（以当年价统计），特别近5年发展更好更快，人均GDP 2003年为1 000美元，2006年升至2 000美元，而2008年达到3 266美元，经济总量居世界第三，但我国人均GDP仍是中等偏低水平。美国、德国人均GDP从1 000美元发展到3 000美元用了15年，中国仅用了5年。

我国经济总量由2004年的占世界4%上升至2008年的6.4%，仅次于美国、日本；进出口贸易由1978年世界排名第29位，跃升至2008年第3位，仅次于美国、德国；外汇储备2008年达1.94万亿美元，2009年6月达2.13万亿美元，居世界第一；钢、煤、水泥、粮食生产世界第一；汽车生产世界第一（多于日本、美国）；发电量世界第二（仅次于美国）。

预测在下一个10年，也就是2010—2020年，我国工业化、城市化进程将双加速，年均GDP增长8.5%，人均GDP达5 000美元，城市化55%，基本上实现工业化，达到全面小康，环境质量明显改善；再下一个10年，也就是2020—2030年，我国城市化进程加速，年均GDP增长6.5%，人均GDP 10 500美元，城市化63%，完成工业化，环境质量全面改善；而从2030—2050年，我国的工业、城市发展进入双稳定期，GDP增长4.2%，人均GDP 27 000美元（若按1∶5.1汇率计，为41 000美元），达到发达国家中等水平，届时美国人均GDP为87 600美元、日本为79 500美元，我国环境质量为良好水平。

注：根据中国工程院工程管理科学论坛上的报告稿整理。

但我们要有清醒的认识，尽管我们的经济社会平稳较快发展，在世界上影响明显增强，中国责任论和威胁论不断翻新，但是我国仍处在社会主义初级阶段（这一阶段至少上百年时间）；我国仍是世界上中低收入的发展中国家（按 2007 年世行标准：低收入 905 美元，中低收入 905～3 595 美元，中上收入 3 596～11 115 美元，高收入 10 000～40 000 美元）；我们发展中“五化”（工业化、城市化、市场化、国际化、信息化）特点突出，但生产力不发达、资源消耗多，环境污染重；在我们面前挑战与机遇并存，金融危机、经济发展转型、低碳经济、能源革命、科技创新，建成创新型国家。如果能抓住这个时机，努力建设，我们的国家就能实现跨越式发展。

2 发展成就巨大，付出代价不小

如果以不变价计经济增长 10 倍，我们的资源能源消费增长了 40 倍，在发展中我们付出了过大的资源消耗和环境污染代价。凭借大量外贸出口拉动经济增长，但出口的是资源和环境，留在国内的是资源消耗和污染。环境污染物排放总量超过了环境的承载力，已不可持续发展。因此，必须实施环境—经济发展的战略转型，转变粗放型经济增长方式，节能减排，构建资源节约型和环境友好型和谐社会。

环境—经济战略转型 5 条标准：科技含量高、经济效益好、资源消耗低、环境污染少、人力资源优势得到充分发挥。

3 经济发展与环境面临的问题

3.1 我国资源相对不足

统计数据显示，我国人口占世界的 20%，可耕地只占 7%，淡水资源占 6%，木材占 2.5%，煤炭占 11%，石油占 2%，天然气占 0.8%。说明我国人口众多，资源相对不足。我们不是“地大物博”，而是“地大物薄”。

3.2 资源消耗大，经济效益低

2006 年我国消耗煤 24.6 亿 t，占世界的 1/3；钢铁 3.88 亿 t，占世界的

36%；水泥 12 亿 t，占世界的 54%，但 GDP 只占世界的 5.5%。与国际先进水平相比，我国吨钢能耗高 15%，火电供电能耗高 20%，水泥综合能耗高 23.6%，机动车百公里耗油比欧洲高 25%，比日本高 20%，矿产资源采收率 30%，比世界低 20%，煤炭采收率 35%（中小煤矿仅 15%），比世界低 20%～35%。

3.3　某些资源对外依存度大

2003 年，我国资源对外依存度分别是：铁矿石 47.3%，锰矿石 65%，铬矿石 99.9%，铜 68%，铝 36.8%，镍 49%，钾盐 84%，磷矿 8%，石油 40%。这样两头在外，大进大出，能耗、污染留在国内，如铬盐生产，数百万吨铬渣无害化处理或填埋需数十亿元资金、输出环境，进口污染问题突出。

3.4　人地矛盾突出，农业面源污染严重

高强度农业，主要靠化肥农药过量使用，据统计世界平均每公顷化肥 131 kg，农药 7 kg，而我国每公顷化肥 464 kg，农药 15 kg，长江下游化肥每公顷 661 kg，是世界上限值 225 kg 的 2.94 倍，是平均水平的 5.05 倍，因此应减少化肥用量，增施有机肥，其潜力很大。农业面源对水体污染贡献大，调查显示，在四川和三峡地区，面源污染 COD 占 40%～50%，总磷、总氮占 70%，导致湖库富营养化，水华污染频繁发生。本次全国污染调查结果表明，农业面源污染对水环境 COD 贡献占 43.6%，总氮贡献占 57.2%，总磷贡献占 67.4%，中国耕地占世界 7%，氮肥施用量占世界 30%。

3.5　污染物排放量居高不下

工业废水、城镇生活污水量及污染物排放量不断攀升，COD 占世界第一；主要污染物 COD、氨氮、总氮、总磷已超过环境承载力，使江河湖库水质变坏；工业烟尘、粉尘、SO_2、总汞排放量世界第一，CO_2 排放量世界第二；空气颗粒物，SO_2 污染制约着空气质量改善，若按美国 PM_{10} 50 μg/m^3 标准（我国标准值 100 μg/m^3），我国 91.5% 城市空气质量不达标，灰霾天气增加，能见度下降，对人体健康不利；生活垃圾、固体废物和危险废物排量不断增加，逐年处理率上升，但库存有增无减。

3.6 中国经济发展比较粗放，尤其西部地区更为粗放

单位 GDP 资源消耗、排污强度大，三峡地区主要行业排污强度比东部地区大，其万元产值废水、COD、氨氮排放量是东部地区 1 倍多至 6 倍。中小企业万元 GDP 耗水量、COD、氨氮排放量是大型相应企业的 1 倍以上至 5～6 倍。

三峡库区水污染防治的关键在源头控制

1　前言

长江三峡工程即将顺利完工，实现了中国人的百年梦想，其防洪、发电、通航三大效益显著，但与此同时也存在移民问题、泥沙问题、环境与生态问题三大隐患，尤其是环境与生态问题逐渐显现，引起国内外的广泛关注。我国政府对此十分重视，已经并正在采取一系列积极有效的政策措施防治环境污染和生态可能受到的不利影响。笔者在综合分析了三峡地区的经济、社会和环境的现状及发展趋势后认为，三峡库区的水文条件突变，河流变湖库后的环境容量、自净能力大幅下降，虽然目前三峡库区长江水质基本保持稳定，但库湾和支流已多次出现水华，水环境的隐患是客观存在的。如何防患兴利、预防为主，保护好三峡这盆清水对长江沿线及东西线南水北调沿线数亿人民的生产、生活、饮水安全具有重要的战略意义，也是我们共同的历史责任。

水环境污染防治的关键在于控制污染的源头，有效削减污染物产生量和排放量。源在哪里？有哪些源？如何控制与削减才能保护好三峡这盆清水是一个庞大复杂的系统工程，需要中央和地方政府各部门、上中下游各省市、各个行业、各个企业、工业、农业和城镇以及千家万户的民众齐心协力，同防同治，才能取得成功。在此将重点讨论三峡地区经济、社会发展与水环境保护的几个主要问题。

2　经济增长方式的战略转变

三峡地区涉及的五省市（重庆、湖北、四川、贵州、云南），近年经济发展提速，单位GDP的能耗、水耗高、排污强度大，是很明显的粗放型经

注：原文刊载于《中国工程科学》2009年第2期，作者魏复盛、张建辉、何立环、王鑫、吴国平、丁中元。

济发展方式。因此，实施经济发展模式的战略转型已迫在眉睫。

2.1 经济发展提速

近年来，五省市均以超常速度发展经济，GDP年均增长速度达11.0%～15.6%，高于全国的平均水平（见表1）。由于历史原因，这五省市的经济发展滞后于东部地区，当地党政领导和群众追赶东部发展的意愿是强烈的和必然的。经济快速发展是好事，值得庆贺，但如果发展以规模扩大、消耗资源和污染环境为代价，这就必须深入研究和解决如何科学发展的问题了。

表1 三峡地区五省市与全国经济发展速度（GDP年增速度）比较

地区	2004年	2005年	2006年	2007年
全国	10.1	10.4	10.7	11.4
重庆	12.2	11.5	12.2	15.6
四川	12.7	12.6	13.3	14.2
湖北	11.2	11.4	13.2	14.5
贵州	11.4	11.5	11.6	13.7
云南	11.3	9.0	11.9	12.3

2.2 经济发展的物耗高、排污强度大

图1显示了我国各地区单位GDP的能耗、水耗和单位工业增加值COD和SO_2的排放强度，说明我国西部地区经济发展能耗、水耗高，排污强度大，经济发展方式相当粗放。这种发展所付出的资源和环境代价过大，是实现可持续发展的主要障碍，也是保护环境的重要瓶颈。另外，与东部地区相比，三峡地区节能降耗、减排污染物的潜力还很大。

2.3 重点污染行业的排污强度

三峡地区的造纸、化工、纺织、农副产品加工和饮料制造是位居前五位的重污染行业，其万元产值的废水、COD和NH_3-N的排放量明显高于东部地区相同行业的水平，是东部地区的1～5倍（见图1）。这5个行业COD排放量累计占该地区工业COD排放量的57.0%，而经济贡献率只占24.0%。

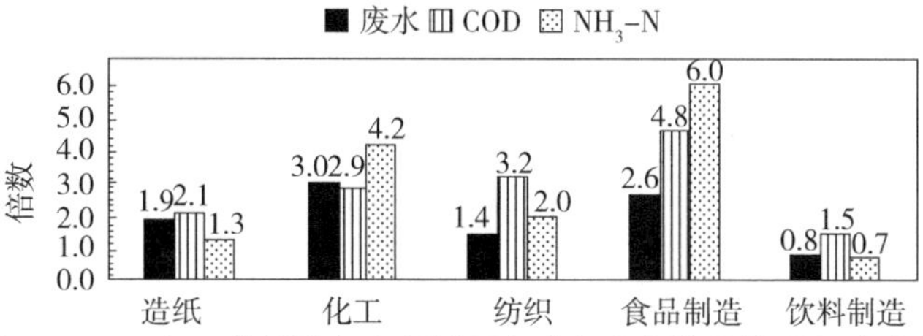

图 1　2007 年三峡地区与东部地区部分行业污染物排放强度比值

2.4　大中小型企业耗水量与排污强度

表 2 显示了三峡地区大中小型企业万元产值新鲜水用量、废水、COD 和 NH_3-N 排放强度以及中小企业与大型企业耗水、排污强度的比值。很显然，中小型企业特别是小型企业万元产值的耗水量和排污量要比大型企业高 1.5～6.0 倍。三峡地区小型企业 COD 排放量占工业总排放量的 50.0%，而对工业总产值的贡献率仅占 21.2%；大型企业 COD 排放量占工业总排放量的 20.9%，对工业总产值贡献率达到 49.9%。因此，关小扶大扶强，淘汰落后产能，整合改造提升现有产业的工艺技术水平，既可大幅度节约资源，保护环境，又可以提高企业在市场上的竞争力。

表 2　2007 年三峡地区不同规模企业万元产值排污强度

企业规模	新鲜水		废水		COD		NH_3-N	
	用量 /t	*K* 值	排放量 /t	*K* 值	排放置 /kg	*K* 值	排放量 /kg	*K* 值
大型	17.4	1.00	10.9	1.00	1.8	1.00	0.1	1.00
中型	23.9	1.37	18.6	1.71	3.7	2.05	0.3	3.00
小型	44.2	2.54	35.0	3.21	10.0	5.56	0.7	7.00

注：*K* 值为中小型排放（用）量 / 大型企业排放（用）量。

3　城镇生活污染负荷已超过工业污染

20 世纪 80 年代中期，水污染负荷主要来自工业废水排放，其污染负荷占工业和城镇生活污染总负荷的 70%～80%。经过 20 世纪 90 年代后经济的快速发展，而且工业污染治理取得了重要进展，相对于城镇污水和生活垃圾污染，工业污染负荷所占比例明显下降。三峡地区五省市过去城镇化率低于全国平均水平，更低于东部发达地区，但近几年来城镇化率增长速率明显高于全国平均水平（14.86%），2002—2007年重庆、四川、云南城镇化增长速率分别为21.05%、26.24%和21.54%（见表3）。

表3 三峡地区五省市与全国城镇化率比较 单位：%

地区	2002年	2005年	2007年	2007年比2002年增长
全国	39.09	42.9	44.9	14.86
重庆	39.9	45.2	48.3	21.05
四川	28.2	43.0	35.6	26.24
湖北	41.7	43.2	44.3	6.23
贵州	25.0	26.9	28.2	12.80
云南	26.0	29.5	31.6	21.54

随着城镇人口增加和生活水平的提高，垃圾的产生与排放，用水量和污水排放量（如由原农村的旱厕改用城镇冲水厕所）均随之大量增加。但生活垃圾的收集与处理、城镇生活污水的收集与有效处理等基础设施和运行机制严重滞后于城镇化发展速度。三峡地区城镇生活污染已超过工业废水及主要污染物COD和NH_3-N的排放量，成为重要的污染源头（见图2）。必须要加速城镇生活垃圾和污水收集、处理系统的基础设施建设，并要着力解决长期有效运行机制，削减污染物排放量。

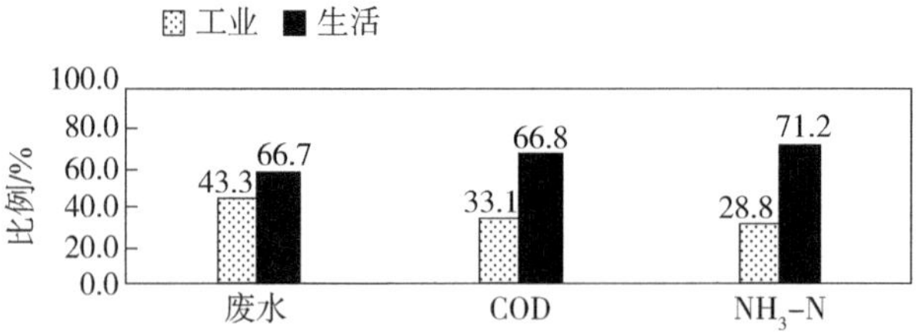

图2 2007年三峡地区工业和城镇生活废水污染物排放对比

4 库区、影响区和上游区的污染

三峡地区包括库区、影响区和上游区，涉及重庆、四川、湖北、贵州、云南五省市的319个区县市，总面积79万km^2，总人口1.6亿多。三峡水库年均汇集的水量包括库区的643亿m^3来水，以及影响区和上游区的3 941亿m^3来水（宜宾至重庆的长江干流和金沙江、岷江、沱江、嘉陵江、乌江、赤水河等），后者在三峡大坝 4 543 亿 m^3 来水总量中所占比重高达 86%。

影响区和上游区人口众多，大中小城市林立，工农牧商各业齐全发达，是库区的最重要污染源头，其 COD、NH_3-N 排放量已占三峡地区排放总量的 77%～89%（见图 3）。如果只注重库区周边污染而轻视了影响区和上游区的污染贡献量是无法保护好三峡这盆清水的。因此，国务院在“十五”期间就将三峡库区水污染防治范围扩展到影响区和上游区。从“十五”到“十一五”，国家和地方逐步加大对三峡地区水污染防治的力度，这是很正确的。

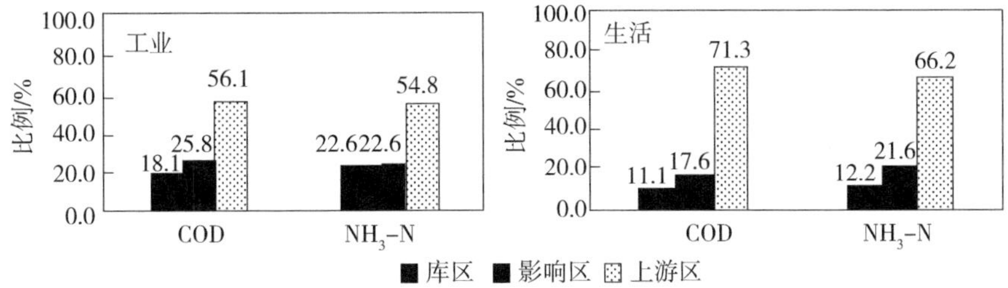

图 3　2007 年三峡地区三区工业和城镇生活废水污染物排放对比

5　更多关注农村面源污染问题

农村面源污染主要来自化肥、农药、畜禽养殖、水产养殖和水土流失等。农村面源污染物中总氮、总磷和 COD 对水体污染贡献率大，又非常分散，治理难度大。现在既缺乏农村面源管理法规、条例（无法管），又没有管理农村面源的主要责任单位（无人管），防治资金又严重不足（无钱管）。因此，各级政府和环境保护研究人员应更多关注此问题，积极开拓农村面源污染防治与控制工作。

5.1　化肥和农药污染

2005 年全国耕地面积占全球总量的 9%，而化肥施用总量为 4 766.2 万 t，占全球总量的 30%，施用强度是世界平均水平 116 kg/hm^2 的 3.3 倍。全国农药使用总量 145.99 万 t，施用强度是世界平均水平的 3 倍。2005 年三峡库区化肥用量 548.6 kg/hm^2，是世界平均水平的 4.7 倍，也高于全国平均水平。化肥中的氮、磷施用过高，除作物吸收之外，很多随地表径流进入水体。2005 年三峡库区农药使用量 3.5 kg/hm^2，其中有机磷农药约占半数，其余为有机氮和菊酯类农药。农药残余量对库区水质造成较大污染。

5.2 畜禽养殖污染

据中国农科院有关专家分析，我国水环境中来自农田和畜禽养殖粪便等的总氮、总磷比重已分别达到 43% 和 53%。三峡地区的四川、重庆，由于畜禽养殖业发达，且以散养居多，虽然近几年推广沼气工程取得显著进展，但由于目前农村青壮年劳动力多外出打工，肥料还田的壮劳力缺乏，使相当数量的粪便仍直接随雨水排入河库之中，造成总氮、总磷和粪大肠菌普遍超标。解决畜禽养殖粪便污染的有效途径是大力推广沼气化。

5.3 水产养殖污染

库区干流（含库湾）和一级、二级支流水中总氮、总磷含量已达到水体富营养化的临界条件，只要水体呈静态并有一定的透明度、温度和光照等条件，就可能发生水华。但目前一些库区支流仍存在网箱养鱼、投饵养鱼的情况，未利用的饵料（约大于 50%）和鱼类的排泄物使本已污染的水体雪上加霜。如此发展下去，在一些支流就可能存在重蹈“三湖”严重污染后难以治理的覆辙。因此，应禁止网箱养鱼，同时充分利用三峡库区得天独厚的天然饵料资源，由国家和地方政府主导增殖放流、投放鱼苗、天然养殖、适度捕捞，大力发展科学养殖和生态养殖。

5.4 农村生活污染

重庆和四川每年产生生活垃圾分别为 600 万 t 和 1 697 万 t，大部分未经处理，一些地方呈现出垃圾“围村、塞河、堵门”之势。重庆和四川农村生活污水分别超过 10 亿多 t，大多未经任何处理，直接排入江河湖库，既是农村环境脏乱差的主要原因，也是农村小溪小河水塘水库受到严重污染的重要原因之一。

根据金鉴明等的测算，农业面源（主要指非点源）污染物 COD、总氮、总磷来自化肥、畜禽养殖、水产养殖和农村生活污水的比例如表 4 所示。由表 4 可以看出，化肥与畜禽养殖占有很大比重，水产养殖和农村生活污水也占有一定比例。特别是水产养殖对养殖水域的污染与破坏十分严重，绝不可掉以轻心。三峡水库污染负荷中来自农村面源的 COD 和 NH_3-N 约占总污染负荷的 50%，总氮总磷占 70% 以上。由此可见，农村面源污染防治在水库水质保护中，特别是在防治库湾和支流发生水华方面具有特别重要的作用。

表 4　三峡地区各种农村面源污染所占比例　单位：%

污染来源	COD	总氮	总磷
化肥	—	34.9	45.0
畜禽养殖	65.2	36.3	35.3
水产养殖	16.0	15.0	11.8
农村生活污水	18.8	4.8	7.9

6　船舶流动源污染

三峡大坝蓄水后航运条件大为改善，据统计 2006 年三峡地区注册船舶 9 186 艘（含危险品运输船舶 218 艘）。2007 年过坝的货运量达到 6 057 万 t。比蓄水前年最高货运量 1 800 万 t 高出 2 倍多。船舶油污水产生量 50.93 万 t，达标排放占 84.3%，尚有 10 万 t 剩余的油污水未处理达标或未处理直接排入库中。船舶污水产生量 858 万 t，船舶垃圾产生 3.6 万 t（仅 20% 被收集），油轮、化学品、洗舱水（处理率不及 6%），大多排入库中，虽然污染物数量相对较小，但是直接污染水体，影响甚大。此外，库区多次发生沉船、翻船事故，造成石油类、硫酸、苯、氯仿、四氯化碳和甲胺磷等化学品泄漏，对水质安全，特别是饮水安全构成较大威胁。

7　结语

笔者认为三峡库区水环境保护成功的关键是要落实以下 3 个重要转变。

7.1　真正落实经济发展模式的战略转变

由大量消耗资源、污染环境的粗放型经济增长方式转变为质量型和效益型的增长方式，由又快又好的增长方式转变为又好又快的增长方式。创建科技生态工业园区，通过循环经济、清洁生产，从源头，即在生产、生活过程中节约资源，同时减少污染物的产生量和排放量，其潜力很大，这是第一位的，也是最根本的。

7.2 真正落实环保工作的历史性转变

环境与经济发展由一轻一重转变为二者并重，由一后一先转变为二者同步，由单一行政手段转变为综合应用法律、经济、技术和必要的行政办法解决环保问题。环境保护不能就环保论环保，必须与经济、社会的各个方面各个环节协调发展，才能建成资源节约型、环境友好型和谐社会。也只有如此，才能建成生态文明、环境友好的新三峡，使三峡这盆清水为数亿人的生存发展持续服务。

7.3 真正落实污染控制与治理方式的根本转变

（1）污染要从末端治理向生产生活过程的源头控制与削减转变。要坚决分期分批淘汰落后产能，改造提升现有生产工艺技术水平，既可大幅度减少污染物产生量，又节约了资源，还能提高企业在国内外市场上的竞争力。在全民中提倡节约资源，节约用水，落实绿色消费，人人参与环境保护。

（2）工农业生产、船舶运输和居民生活难以做到零排放、零污染，这就需要通过基础设施建设，对垃圾、废水、污水进行有效处理，来减少污染物排入水库。

（3）对已经受到较重污染的水体（如发生水华的一级、二级支流），应采取源头控制、强化末端治理和生态修复相结合的措施。

致谢：文章写作过程中，参考了中国工程院重大战略咨询项目（三峡库区及其上游水污染防治战略咨询）第一至第八课题组的研究报告和中国环境监测总站统计室、生态室提供的有关资料，在此一并表示感谢。

参考文献

［1］国家环境保护总局．三峡库区及其上游水污染防治规划（2001—2010 年）［R］．北京，2001.

［2］国家统计局．中国统计年鉴 2005［M］．北京：中国统计出版社，2005.

［3］国家统计局．中国统计年鉴 2006［M］．北京：中国统计出版社，2006.

［4］国家统计局．中国统计年鉴 2007［M］．北京：中国统计出版社，2007.

［5］国家统计局．国民经济和社会发展统计公报 2007［R］．

［6］国家统计局．国民经济和社会发展统计公报 2008［R］．

［7］三峡地区各省市统计局．国民经济和社会发展统计公报 2003［R］．

［8］三峡地区各省市统计局．国民经济和社会发展统计公报 2004［R］．

［9］三峡地区各省市统计局．国民经济和社会发展统计公报 2005［R］．

［10］三峡地区各省市统计局．国民经济和社会发展统计公报 2006［R］．

［11］三峡地区各省市统计局．国民经济和社会发展统计公报 2007［R］．

［12］三峡地区各省市统计局．国民经济和社会发展统计公报 2008［R］．

［13］米清奎．近年来重庆市城镇化发展情况对比分析［EB/OL］．［2008-04-02］.http: www.cqtj.gov.cn tjfx 3178.html.

［14］中国环境监测总站，重庆市统计局，湖北省农业生态环境保护站，等．长江三峡工程生态与环境监测公报 2006［R］．

［15］中国环境监测总站，重庆市统计局，湖北省农业生态环境保护站，等．长江三峡工程生态与环境监测公报 2007［R］．

［16］中国环境监测总站，重庆市统计局，湖北省农业生态环境保护站，等．长江三峡工程生态与环境监测公报 2008［R］．

［17］张文君．农药使用量过高耕地污染不容忽视［EB/OL］．［2007-04-27］. http: scitech.peolpe.com.cn GB 25509 56813 101443 101585 6216309.html.

［18］国务院发展研究中心课题组．我国农业污染的现状分析及应对建议［J］．国际技术经济研究，2006 (04)：17-21.

注重上下游同治，保护三峡水环境

三峡工程已经接近胜利，但对于环保而言，三峡工程刚刚开始，三峡库区的水质保护将是一项长期的艰巨的任务。如何尽可能地保护现有的生态环境，实现开发与保护双赢，是三峡工程在论证、决策、建设和运行过程中必须关注的问题。

所谓三峡地区是指库区、影响区和上游区，跨五省市。这5个省市包括314个区县市、79万km^2、人口16 055.66万。在大型水库周边及上游有如此多城镇、工农业、人口，在世界上都是绝无仅有的，因而生态环境问题非常突出。

1 三峡地区水环境现状

三峡库区水位抬高，水流减慢，自净能力降低。中央关停了重污染企业，加强了城市污水治理工作和一些企业的技术改造，所以目前三峡库区干流的水质基本保持在Ⅱ类、Ⅲ类，还属于良好，但并不意味着问题已经得到了解决。目前主要问题是回水区和一级支流水质较差，出现了富营养化，总氮（TN）、总磷（TP）超标，并有加重的趋势。上游的嘉陵江、沱江、岷江、乌江一些断面水质较差，多为Ⅳ类、Ⅴ类，对库区污染构成了威胁，库区城市岸边污染有加重的趋势，上游河水中的淤泥沉积在库区，缓慢氧化分解，将会形成库区内源污染，时间一长就会逐渐显示出来。

2 三峡地区水环境问题

（1）三峡地区废水中的主要污染物是COD和氨氮，其中库区的排放量占了25%，75%以上是由影响区和上游区造成的。因此，必须同时解决库区、

注：原文刊载于《中国环境报》2007年7月16日，是对魏复盛院士的专访。

影响区和上游区水质污染问题。

（2）城市工业和城镇生活污水及主要污染物排放情况。废水、工业和生活污水各 50%。其 COD、氨氮贡献率生活污水已超过了工业污水。

（3）工业和生活污水排放总量居高不下。2005 年废水排放比 2003 年增长了 53%，COD 减少 0.4%, 氨氮增加 6.9%, 这主要靠库区关停一些重污染的企业。预计到 2010 年，废水将比 2005 年增加 55.6%，COD 排放增加 55%，氨氮排放增加 56.2%。目标是减排 COD 106.7 万 t，去除率要达到 59.1%。这说明任务是非常艰巨的，因为这个减排是在 2005 年的基础上减少 10%，也就是说，新产生的要全部减掉，还要把原来产生的减掉 10%。

（4）农业面源污染贡献大。据世界银行调查结果，中国农业面源污染产生的 COD、氨氮对水体污染负荷各占 1/3。重庆调研测算，农业面源污染对库区水质污染贡献率达 60%。按四川环科院的测算，人、畜、禽、化肥等污染物入河的 COD、氨氮总量是 30%～40%。

中国工程院三峡咨询项目第三课题组利用长江、嘉陵江和乌江入库断面丰、枯水期水质检测数据，发现面源污染占 TN 和 TP 污染的 70% 以上。农业面源污染是很大的问题，如果没有得到控制，水质改善就有很大的困难，特别是 TN、TP 是导致富营养化主要污染因子，这一点值得我们特别关注。

3 原因初步分析

3.1 经济增长方式粗放，产业布局性、结构性污染严重

相对于世界来说，我们的经济发展是靠资源消耗和环境污染为代价而获得的一种发展。这是典型的粗放式发展。西部地区单位 GDP 能耗、水耗、污染物的排放量都比东部地区高 1～3 倍。

三峡地区的经济发展粗放程度比全国平均水平更加严重。三峡地区 314 个区县大部分工业建在长江、嘉陵江的两岸，累计 COD 排放量占了 60%，氨氮占了 62%，而工业总产值只占该地区的 28%，所以说是污染重、效益差。

企业偷排、超标排放很普遍。统计表明，企业排放达标 90%，而实际抽查和监督检测只有 60% 左右。检查团“一去水就清了，人一走水就浑了”的

现象普遍存在。

即使达标排放，也不能完全令人放心，因为达标排放不能解决环境恶化的问题，必须根据河流库区水质、水量来提高环境准入标准。现在很多标准太宽，全部工业达标以后，排放总量仍超过水环境容量，水质也不能得到根本改善，这个问题是值得政府加以注意的。

3.2 三峡地区产业结构、布局的调整需要项目、资金、技术、人才、政策的支持

在“九五”“十五”期间把主要资金投在库区，这是对的。但是影响区和上游区投入很少，如果单靠三峡地区本身的力量来自我发展还是有困难的，所以需要中央在项目、资金、政策上给他们扶持，既输血又造血，使这个地区经济发展上去。

3.3 市政污水处理率比较低，覆盖率也比较低

这里有一个误区，把能收集的污水算作分母，而没有把全部的污水算作分母，其处理率就高。如果按照实际统计，处理能力只有24%，实际处理率只有12.3%，还有的管网不配套、收费不到位、运行率不高，必须解决污水实际处理率和污水处理设施地区覆盖率低的问题。

3.4 农业面源污染

有人说得比较绝对一点，农业面源污染现在处于“三无”状态，即无法管、无人管、无钱管。现在有一个概念，世界平均用3～4亩地来养活一个人，中国要用1亩多地来养活一个人，靠高强度的农业提高复种指数和单位面积产量，世界平均1 hm^2 土地施用化肥131 kg，中国是464 kg。化肥流失中TN占43.9%，TP占45%。

3.5 流动源污染

三峡地区原来一年吞吐量1 000万t，现在已经提高到四五千万吨的水平。船舶的污染总量较小，但影响很大。“十五”规划中废水、垃圾处理应急能力建设都没有启动，应对危险化学品运输污染事故的能力很弱，影响库区安全。

4　对策建议

（1）保护三峡这盆清水是我们的历史责任，绝不能麻痹大意、掉以轻心。隐患和危机是存在的，必须解决，必须把温家宝总理提出的三个历史性转变落到实处，把重经济、轻环保，转变为环境保护和经济并重；把先经济、后环保，转变为环境保护和经济同步；把靠单一行政手段解决环境问题转变为以法律、经济、政策、技术综合手段来解决环境问题。

（2）上下游要同时防治。工业生产、城镇污水和农业面源要同时防控，政策、科技投入要同时推进。

（3）尽快启动农业面源污染控制。把 TN、TP 纳入总量减排目标。做好规划，加大资金投入，真正走农业循环经济之路。对畜禽养殖场应做规划环评，划出禁养区、限养区、宜养区，把畜离粪便与农牧区土地销纳相结合。

（4）工业污染防治要以源头控制和减排为抓手。关闭严重污染企业，改造传统产业，使技术换代升级，发展新兴产业和特色产业。

（5）要控制城市生活污水与垃圾排放。

（6）按优化开发、重点开发、限制开发、禁止开发划分 4 种功能区，真正落实科学发展观，建立上下游生态保护补偿机制和污染赔偿机制，实施生态保护。

（7）控制库区城镇规模建设。通过技能培训和省市对口支援来吸纳库区的青壮劳动力，使实际人口逐步下降。

（8）尽快落实流动源治理。

（9）要强化监管，特别是重点企业和污水处理厂要安装自动在线检测，依数执法、依数收费。

（10）建议就三峡地区设立重大专项科研课题进行深入的研究，为三峡地区污染防治提供科技支撑。

面临巨大环境压力，建议制订环保路线图

环境保护涉及农工军医学商，数理化天地生，绝不能孤立地就环保论环保，那是搞不好环保的，必须把环保放在国家经济、社会发展全局中去统筹考虑。当前，我国面临的环境压力非常大，针对这些问题，笔者认为，在经济社会发展过程中去制订环保工作路线图，应采用法律的、行政的、经济的、工程的和科技的综合措施方能取得良好效果。

1　我国面临的环境压力巨大

我国面临的环境压力非常大，主要包括以下 8 个方面的问题：

第一，人口增长与城市化加速。我国人口基数大，虽然增长比例在下降，但是绝对数量却在不断增长，每年都有 1 000 多万人的增长量。截至 2030 年，我国人口将达到高峰值，约 15.4 亿人。6 亿多农村人口进入城镇，这是城市化的结果。过去 30 年城镇人口已增加 3.4 亿人，按照每年 1% 的速度增长，到 2030 年，城市人口增将达到 63%～65%。城镇人口的用水量和污水排放量、垃圾排放量将大幅增加。因为一位农民每天用水量为十几到二十几升，而城镇居民每天的用水量为 100～150 L。城镇化将使废水量、垃圾量显著增加。

第二，经济快速增长，综合国力不断增强。因为综合国力增强，污染产生和排放就会增加。改革开放 30 年，全国 GDP 增长 70 倍（以当年统计）。特别是最近 5 年，人均 GDP 从 1 000 美元快速升至 3 000 美元。美国、德国人均 GDP 从 1 000 美元发展到 3 000 美元用了 15 年，而中国仅用了 5 年，预计 2010 年将超 4 000 美元。

2007—2020 年是我国工业化加速期，就是快速发展时期，GDP 预计年增长 8.5%；2020—2030 年 GDP 预计年增长 6.5%，基本上完成工业化；到 2030 年，人均 GDP 达到 10 500 美元；2030—2050 年，工业化、城市化发展进入双稳期，GDP 年增长约 4.2%；2050 年人均 GDP 达 27 000 美元，我国

将进入高收入国家，但仍比美国、日本低。

第三，能源需求增长强劲。我国能源人均消费比发达国家低很多，而且正处于重化工业大发展时期，能源需求增长快，预计从2009—2050年一次能源需求将从30亿t标准煤翻一番，达60亿t标准煤，所以届时CO_2、SO_2、NO_x的产生量仍要增加。我们国家人口多，能源需求强劲，要改善民生，老百姓提高生活质量，需要汽车、空调、采暖，工业要发展，能源绝对需求也是要增加的。到2020年，非化石燃烧要占15%，这是温家宝在全球气候大会上的承诺，非化石燃料可替代6亿吨标煤，少排放CO_2达12亿t，减少SO_2、NO_x、颗粒物的产生量和排放量。到2030年，化石燃料绝对值达到峰值，预计CO_2排放量接近90亿t，减排压力大，此后开始下降。到2050年，CO_2排放量降至70亿t/a。

第四，汽车拥有量快速增长。这对能源的消耗和大气的污染都是双重的压力。近10年汽车拥有量快速上升，2009年汽车销售增长46.2%，每百公里耗油量比欧洲高25%、比日本高20%。

这样，汽车尾气造成的大气污染问题会越来越突出。据预测，2020年家用轿车普及率为20%，2030年为30%，2050年为50%。这样的发展对中国的油气资源和环境压力是巨大的。

第五，满足发展的资源缺口大，进口污染输出环境还将继续扩大。国家发展快、人口增加快、城镇化快，资源缺口大，而且进口污染、输出环境还将继续扩大。中国是世界的加工厂，比如我国从澳大利亚进口矿石进行加工制造，将废气废渣高污染都留在国内，然后将钢铁再出口，高污染、高排放就会继续扩大，所以我们要限制“两高一资”产品的发展和出口。

中国是一个人口大国，也是人均资源小国。满足发展的资源缺口很大，煤炭我们是世界第一，占世界资源的11%，但是人口占世界的20%，一除就低于世界的平均水平了。在中国资源占世界比例是：可耕地7%，淡水资源6%，木材2.5%，煤炭11%，石油2%，天然气0.8%。所以我们的某些资源对外依存度也很大。2003年我国矿产对外的依存度是：铁矿石47.3%，锰矿石65%，铬矿石99.9%，铜68%，铝36.8%，镍49%，钾盐84%，磷矿8%，石油40%。实际上石油的进口现在超过了50%。有时候我就想这个问题，一旦世界发生战争，油资源进不来，我们整个国家的工业交通系统就可能会瘫痪。

我们要发展，资源就要依靠进口。中国是世界工厂，以制造等重化工业发展为重点，2030 年前国产石油保持 2.0 亿 t，天然气 3 000 亿 m^3，需进口 5 000 亿 m^3 天然气，进口石油超过总量的 50%，钢铁 2009 年产量达 7.0 万亿 t，出口部分钢材，进口大量矿石，消耗大量煤、焦炭，污染留在国内。能源消费趋势从总体上来讲是增长的，2009 年煤炭 + 油气等化石燃料占到 90.1%，2020 年将降到 67.8%，到 2050 年将降到 53.2%，因此要大力开发清洁能源。

第六，工业废水和城镇生活污水排量持续增长。2001—2008 年，废水排放量从 400 亿 t 增加到 600 亿 t，而现在生活污水排放量增长速度比工业废水排放量快。现在生活排污水占了废水排放的一半以上。20 世纪 80 年代初期，工业排污占了 80%，生活排污占了 20%，说明城镇化人口多了，人民生活水平高了，现在增加了 3 亿多的城镇人口，城镇化率提高，进城人员的需水量和污水排量比农村人口大很多，再有 5 亿人口进城（现在城打工户口尚在农村的 1.8 亿人未计在内），住房和污染压力非常大。

第七，农业面源污染比重大，缺乏有效防治措施。现在播种指数高，是高强度农业，存在化肥农药过量使用问题。7% 的耕地养活世界上 20% 的人口，使用世界 30% 氮肥，有效利用仅 30%～40%，大部分随地表径流和大气挥发流失，进而污染水体。畜禽养殖：临近城郊及河岸，畜禽粪便及固体废物污染水体。水产养殖：特别是投饵和网箱养鱼，大量的饵料及鱼粪沉底造成河湖污染。水土流失：不仅土壤流入江河湖库，还有总氮、总磷污染。本次全国污染普查：工农生活等污染中，面源污染对湖泊及河流水质贡献大，COD 占 43.6%，TN 占 57.2%，TP 占 67.4%。

第八，经济发展方式粗放。1980—2006 年我国能耗强度显著下降，降幅 68%，但仍比日本高 6 倍，比美国高 2.5 倍，可见我国的经济发展方式比较粗放。能源的消费弹性系数等于能源消费增长率除以同期经济增长率，在发达国家能源消费的弹性系数＜0.5，我国 1980—2002 年保持在 0.4～0.8，但 2003—2005 年＞1，能源增长比经济增长快，这说明我国经济发展方式很粗放，高能耗、高污染产业多，资源未得到充分利用，排入环境造成严重污染。

2　建议实施三条环保路线图

针对我国当前环境面临的巨大压力，笔者建议实施三条环保工作路线图。按重要性的不同，重点强调第一条路线。

2.1　第一条路线：从源头控制和削减污染是环保成败的关键

不从源头减少污染，只从末端进行治理，这边治理，那边排放，治理的速度永远赶不上排放的速度。我们常遇到这个问题，怎么解决呢？那就是转变经济发展方式，从源头控制，预防为主，预防在先，而不是先污染后治理，这是环保成败的关键。几个具体表现如下：

（1）成立环境保护部进入国务院内阁成员，就能直接参与国家经济社会发展重大决策，从源头控制高能耗、高污染、资源消耗型企业的发展和生存，如禁止兴建、控制增长、关停淘汰、遏制进出口等。环保部直接参与到国家发展建设中来，有发言权才能将意见在决策前带入，这样才能从源头解决问题。

（2）实行区域发展规划战略环评和改建、扩建项目环评。从产业结构、规模和布局上防止污染，真正做到预防为主、预防在先。

（3）创建工业生态园区，搞循环经济和清洁生产。世界上没有废物，只是你把它放错了地方，废之有害、用之为宝。举个例子，比如 1 个千万吨级钢铁联合企业：全部利用其高炉可燃气——其燃值相当于 120 万 kW 发电机组的能源，有这样一个实例，山西太原钢厂有一个劳动模范，他把钢渣进行综合利用。首先进行筛选，1 t 废渣里面可以筛出 10～20 kg 钢铁，他就可以卖废钢铁创造价值，然后再把剩下的废渣做成水泥，把原来堆放废渣的地腾出来，作为房地产开发，效益十分明显。在河北也有这样的产业，钢铁厂旁边就有一个水泥厂，全部利用其冶炼废渣作资源——可解决年产 300 万 t 水泥厂的主要原料，这就成了一个循环经济。

还有一个就是，造纸污染一直都是比较难解决的问题。建设火电厂与纸浆造纸联合企业：火电厂可解决纸浆造纸厂的废水余热可满足纸浆、造纸的需要，烟气余热可用于厂区空调制冷或采暖。现在废纸回收做纸浆，已占造纸总量的 50%，其吨造纸耗水量和 COD 排放量比制浆造纸减少 80%，生态环境效益和经济效益十分明显。

2.1.1 加大并加速淘汰落后产能

1997—1998 年，淮河流域关停小造纸、小化工、小印染、小水泥等污染严重的乡镇企业 10 000 多家，COD 排放减少 40%。2007 年淘汰落后产能：小火电 2 157 万 kW，小煤窑 11 200 处，炼钢 3 747 万 t，炼铁 4 659 万 t，水泥 8 700 万 t。

2008 年、2009 年继续淘汰落后产能：污染物 COD 减排 9.66%，SO_2 减排 13.14%，单位 GDP 能耗下降 11.4%。但是 2010 年单位 GDP 能耗不降反升，第一季上升 3.2%，国务院采取紧急措施，关闭高能耗的落后产能，最近工信部下达 18 个行业淘汰目标：炼铁 3 000 万 t，炼钢 825 万 t，水泥 9 155 万 t，电解铝 33.9 万 t，铁合金 144 万 t，铅冶炼 24.3 万 t，造纸 432 万 t，焦炭 2 127 万 t，皮革 1 200 万标张，印染 31.3 亿 m，化纤 55.8 万 t 等。

2.1.2 改造提升现有产业的工艺水平，关小扶大扶强

不同规模火电厂耗煤比较，装机容量小于 10 万 kW 的火电厂，发 1 度电要消耗 410 g 标准煤，装机容量为 30 万 kW 的，平均煤耗为 330 g，超临界机组，平均煤耗为 280 g。先进机组可节煤 30%，节能减排效果明显。如果把落后的产能淘汰，采用先进的技术代替它，可以获得很好的经济效益。

提升产业技术水平和规模，节能减排潜力大。以三峡地区大中小企业单位 GDP 耗水与排污强度为例，以大企业的耗水量、废水量、COD 排量、氨氮排量为 1，小企业耗水，排污强度比大企业高出 1～6 倍。

2.1.3 积极发展清洁再生能源

一是积极有序开发水能资源。国际水能资源开发水平：美国是 82%，法国是 80%，加拿大是 65%，中国水能储量 6.96 亿 kW，技术可开发量 5.42 亿 kW，2009 年已开发 1.97 亿 kW，截至 2020 年要开发到 3.0 亿 kW，约可替代 4 亿 t 标准煤，2030 年发展到 4.0 亿 kW。水能资源是一个清洁能源，要科学规划，有序开发，积极防治可能的不利生态环境影响。

二是积极发展核电。现有及在建的核电站就有 23 座，装机容量达到 2 540 万 kW，预计到 2020 年达到 7 000 万～8 000 万 kW，折合标准煤 1.63 亿～1.86 亿 t，2030 年达 2 亿 kW，2050 年达 4 亿 kW 以上，届时核电可提供 15% 以上的一次能源。所以现在积极大力发展核电，势在必行。

三是发展风能。现有装机 2 412 万 kW，预计到 2020 年达到 1 亿～1.5 亿 kW，折合标准煤 0.62 亿～0.93 亿 t。

四是发展生物质能。现有生物质能年折合为 3 亿 t 标准煤，大力发展生物柴油、酒精、生物质煤气、沼气。预计到 2020 年达到 1 亿～1.45 亿 t 标准煤，首先为农村提供约 50% 的清洁能源。

五是开发太阳能。我国太阳能储量 1.47×10^8 亿 kW·h/a，相当于 2.4 万亿 t 煤，是我国年耗煤 1 000 倍，但是太阳能的开发难度很大，还不能当主力能源。太阳热能利用约折合 0.3 亿 t 标准煤，光伏电池为 1 000 万～1 500 万 kW，折合标准煤 0.046 亿～0.67 亿 t，太阳能开发面临着能源转化效率低和成本高，以及储能和上网电压稳定性问题。

2.1.4　既抓重点污染行业又要抓社会生活的污染减排

重点行业的 COD 排量，造纸及制品 42%，食品饮料加工 19%，化工 9%，纺织 5%，化纤 3%。大气污染中二氧化硫的排量，火电占 43.6%，生活 14.7%，冶金 8.4%，水泥、建材 7%，化工 4.6%。所以我们抓重点污染行业很重要，但是也不能轻视社会生活污染减排。

2.1.5　大力倡导并制定节能、节水、节地、节材、节约各种资源的奖励政策

节约资源就相当于从源头节能减排。节水是因为我国的水资源缺乏，节地也很重要，现在大量的土地都用于房地产开发、修公路，这些都占了很多好地。节能、节地、环保与居住舒适度的关系密切，因此，房地产企业必须精心规划，在总体设计、单体建筑和户型功能布局上，充分考虑气候、地形等自然条件，通过有序的规划布局、人性化的细节设计、因地制宜地运用高新技术和精心的施工，实现冬暖夏凉的目的，实现建筑节能。同时要提高煤炭行业的采收率，美国的煤炭采收率是 70%，中国为 30%，一些民营小煤窑，采收率只有 15%，对资源浪费和破坏都很大。

2.1.6　主要污染物减排任务繁重

到 2015 年 COD 的减排量要达到 530 万 t，目前我们是 1 300 万 t，到 2015 年加上新增量 400 万 t 就是 1 700 万 t，要实现 530 万 t 的减排量，不仅新增量 400 万 t 得减掉，原有的 1 300 万 t 还要减少 10%。在“十二五”规划里面，氨氮的减排也作为主要目标，目前是 55 万 t，到 2015 年要增加 15

万 t 就是 70 万 t，要达到 20.5 万 t 的减排量，也是除了新增的还要减掉 10%。二氧化硫要从目前的 2 200 万 t，到 2015 年要增加 240 万 t 就是 2 440 万 t，要实现 460 万 t 的减排任务，除去新增的还要将原有的减掉 10%，任务艰巨。氮氧化物的减排要维持现状。目前是 2 000 万 t，到 2015 年新增 370 万 t，要把新增的全部减排掉才能维持现状，氮氧化物的减排面临一系列的问题，电厂脱硫脱硝的技术和装备很多都不过关，还有汽车尾气排放问题，要让汽车尾气减少氮氧化合物的排放，就要将油品质量提高，要让马路状况良好，要把发动机质量提高，这样车跑起来油耗才小，污染才少，但这些都不是一朝一夕的事情，所以说氮氧化物的减排面临着一系列问题要解决。

2.1.7 制定有利于环保的金融经济政策

制定有利于环保的金融经济政策推动技术进步，加快节能降耗减排产业发展，构建资源节约和环境友好型社会，限制“两高一资”（高能耗、高污染、资源消耗型）企业的发展。

金融信贷支持经济发展战略转型的企业，对上市公司（企业）要进行环境保护审核，促进高新技术产业和改造传统工艺，提高工艺技术水平的发展。制定出口退税和收税政策，鼓励高新技术产品、资源节约、环境友好型产品的出口，限制“两高一资”产品的出口，促使资源环境得到保护，实现可持续发展。

制定节能减排污染治理的优惠政策，以污水处理厂为例，现在污泥的处理率还不到 20%，污泥里面有 80% 的含水量，一下雨，都变成污水进入水体里面了，里面 50% 的 COD 又造成了二次污染。现在污泥处理也是问题，污泥处理是要经费支持的，1 t 污泥要进行处理差不多要 200 元，仅靠收费是无法真正解决问题的，所以就要制定排污治理的优惠政策，只有这样才能良性循环下去。

2.2 第二条路线：发展产业和改善民众生活过程中，不能做到零污染、零排放，还必须上工程措施，强化末端治理

源头污染控制不是否定末端治理，源头控污减污是第一位的，第二位要强化末端治理，生产生活中不可能做到零污染、零排放，所以要上工程措施控制，这就是强化末端治理问题。

一是提高治理水质污染工程设施的覆盖度和实际运行效率，污水治理要切实解决管网、污泥处理、收费、监管到位等配套问题。

二是烟尘、SO_2、NO_x 以及汽车尾气污染的综合防治措施进一步强化。

三是尽快启动农业面源污染的防治，如畜禽粪便、农业废物还田，实行C、N、P、K的循环利用，以提高土地的有机质和肥力。禁止网箱和投饵养鱼，减轻水质污染和湖库的富营养化。在化肥工业方面应研究缓释化肥，防止流失，造成对环境的污染。

2.3 第三条路线：未能做到预防在先，已经受到严重污染的，采取区域、流域的综合治理和生态修复

对过去认识不到或由于技术和资金的原因，而未能做到预防在先，已经受到严重污染的水体（如“三河三湖”）、大气（如 SO_2 酸雨控制区）、污染的土地和废弃的土地，现在只能采取区域、流域的综合治理和生态修复，要使其恢复到污染以前的状况，耗费的资金巨大和时间漫长，不要企图在短时间内就能见效，特别要制止边治理边污染的情况发生，一定要首先控制住污染源头。

这三条路线的保障条件是法律法规、经济金融政策、行政管理与监督、工程措施与科技支持、人才支撑（管理、科技）。

环境友好型社会是一个系统工程

观念转变，一方面要从一些部门领导的思想认识上开始，领导人和决策者的成功和失败往往对环境保护起着决定作用，可能会给资源、环境带来不可逆转的变化；另一方面要提高公众对环境友好型社会的认识，使公众参与进来。

“十一五”规划中将环境友好型社会作为一个重要的原则提出来，这符合中国国情，顺应时代要求，反映人民的心愿，指出了我国社会经济发展的出路。“环境友好”的概念是随着人类社会对环境问题的认识水平不断深化而逐步形成的。环境友好型社会意味着在社会经济发展的各个环节，遵从自然规律，节约自然资源，保护环境，以最小的环境投入达到社会经济的最大化发展，使人类社会与自然不仅能和谐共处、可持续地发展，而且还可使经济与自然相互促进，建立起人与环境良性互动的关系。对环境和人体健康无害的各种开发建设活动，循环利用资源的生产和消费方式，符合生态条件的生产力布局，少污染、低损耗的产业结构，无污染和低污染的技术、工艺和产品，环境友好型企业，绿色社区等都是环境友好型社会的具体表现形式。

20 世纪 70 年代以来，随着我国人口的迅速增长和现代工业的飞速发展，向环境中排放的有害物质大量增加，有些地区人为造成对自然环境的损害，环境质量逐步恶化。中国仅拥有世界 7% 的土地，却要养活世界 22% 的人口，人均耕地不到世界平均水平的 1/2，淡水、森林、草地资源人均占有量分别相当于世界平均的 1/4、1/6 和 1/2，石油资源人均占有量只有世界人均的 11%，天然气不足 5%，化石能源只有世界平均的 58%。然而，中国却是世界上自然资源损耗最严重的国家，我国单位 GDP 的能耗是日本的 7 倍、美国的 6 倍、印度的 2.8 倍，单位 GDP 污染排放量则是发展国家平均水平的十几倍，劳动生产率却是人家的几十分之一。近 1/3 的国土被酸雨污染，主要水系的 2/5 成为劣五类，3 亿多农村人口喝不到干净的水，大气污染最严重的世界 10 大城市中，中国占 3 座城市，1 亿多城市居民呼吸不到清洁的空

注：原文刊载于《绿叶》2005 年第 11 期。

气，1 500 万人因此患上支气管疾病和呼吸道癌症。世界银行计算，2020 年以后，我们仅为燃煤造成的疾病就将支付 3 900 亿美元的费用，占 GDP 的 13%。“三高一低”（高投入、高消耗、高污染、低效益）的粗放型发展模式是不可持续的，已使一些地区，特别是东部地区的环境容量达到极限，造成了灾难性问题。由于能源和资源的不断匮乏，以消耗资源为代价的经济增长方式已走到了尽头，到了不得不转变的时候。环境恶化目前已经是制约我国经济发展、影响社会稳定、危害公众健康的一个重要因素，成为威胁中华民族生存和发展的重大问题。

西方发达国家通过研究环境变化与发展的关系得出库兹涅茨曲线。在工业化阶段，随着经济的发展环境负荷不断上升，环境恶化程度加快，这种情况在经济发展到一定阶段出现平台期，环境负荷上升速度减缓，达到顶点后逐步下降。在高级阶段，强调人与自然协调、持续发展，高速自身发展模式和行为方式，使环境负荷继续下降，直到较低的程度。日本在人均 GDP 达 8 000 美元时出现平台期，美国在人均 GDP 达 10 000 美元时出现平台期。我国改革开放 30 多年，人均 GDP 已超过 1 000 美元，但我们的经济增长仍是“三高一低”的粗放型，在 21 世纪中叶达到美国和日本进入平台期的水平时，如果仍以目前模式发展，那么我国的环境很可能会超过生态不可逆的阈值而崩溃。但中国有这些发达国家的历史为鉴，吸取他们的经验教训。另外，我们在控制污染方面也有一些成功的实践，有些地方的环境有所好转。根据我国东部地区的一些经验，有可能我国的人均 GDP 达到 2 000～3 000 美元时便会进入库兹涅茨曲线的平台期，尔后向好的方向转化。“十一五”期间，我国应当从人口、消费以及技术、政策上进行全方位的社会变革，在经济快速发展的同时使污染物的排放实现零增长或负增长，将环境恶化的峰值降低到最小。因此，我们必须发展循环经济，要通过立法强制淘汰落后工艺和对环境有害的工艺技术路线，发展清洁工艺，变“三高一低”为“三低一高”。

建设和谐社会的提出反映了中国最高领导层理念的转变。循环经济是建设和谐社会的重要途径，建设环境友好型社会是构建和谐社会的必然选择和重要内容。要发展循环经济首先要遵从减量化原则，要求用较少的资源投入达到既定的生产目的或消费目的，在经济活动的源头和过程中节约资源和控制污染，应用和开发无污染或低污染技术、工艺和产品，鼓励对环境和人体健康无不利影响的各种开发建设活动，建立循环利用资源的生产和消费方式、符合生态条件的生产力布局以及少污染与低损耗的产业结构等，通过再使用和再循环使环境保护和经济发展相互促进，提高经济增长质量，消耗更少的资源和能源，达到无污染或少污染。因而，从这个角度来看，“资源节约型”和“环境友好型”是相辅相成、互为补充的。

环境友好型社会的建设是一个系统工程。要树立科学发展观、进行法规建设、制度建设、政策和机制建设，发展科技、文化，并且制定和实施切实可行的行动计划。建设环境友好型社会要落在实处，关键是解决人们的认识问题。传统的环境保护主要采取末端治理措施，但是末端治理不能从根本上解决环境问题，环境问题不仅没有被解决反而越来越严重，所以这个模式必须转变。首先要从末端治理向源头控制转变，其次是转变环境保护和经济发展互不相关的观念。观念的转变一方面要从一些部门领导的思想认识上开始，领导人和决策者的成功和失败往往对环境保护起着决定作用，可能会给资源、环境带来不可逆转的变化；另一方面要提高公众对环境友好型社会的认识，使公众参与进来。广大民众的理解和广泛参与是实现环境友好型社会的关键，使民众了解环境问题，参与监督，甚至参与决策和立法。再者，笔者认为健全立法体系是关键的一个方面。20 世纪 70 年代以来，我国的环境保护法律制度进展较快，制定了土地资源法、森林法、草原法、水资源法等自然保护类法规，以及大气污染防治法、水污染防治法、环境噪声污染防治法等污染防治类法律。此外还制定了环境影响评价法、清洁生产促进法、农业转基因生物安全管理条例、化学危险品安全管理条例、报废汽车回收管理办法等环保法规性文件，已形成具有中国特色的环境保护法律体系。但我国的环保法律体系存在可操作性、功能性不强的问题，在建设环境友好型社会的实践中，建议国家首先要通过立法定期地公布强制淘汰的落后生产工艺、产品及技术路线，从而在一定时期内逐步使落后的生产技术向高新技术、工艺和路线上转化。其次，国家还要给予企业相应的政策和资金支持，使这些企业有能力淘汰落后的技术工艺，进行技术升级和换代，从而实现低投入、低消耗、低排放和高效益，在保持经济快速增长的同时，减少环境的污染。实际上，在我们的经济建设中已有这样成功的实例。在行动计划的制订和实施当中，还需要建立一系列与之相配套的评价指标和评价技术方法。要很好地发挥环境监测这只环境保护的“眼睛”的作用，将环境质量、污染控制与绿色 GDP 的评价指标相结合，树立新的政绩观。

综上所述，笔者仅就建设环境友好型社会的重要性、必要性谈谈看法，并强调转变思想意识，从立法的角度看环境友好型社会的建设，但它需要全社会从各个层面共同努力。只有这样，才能将“十一五”规划建设资源节约型、环境友好型社会的宏伟发展蓝图落到实处。

空气污染的危害与协同防治

1 引言

2013 年冬季，全国出现大面积的雾霾，引起了很大轰动，一场空气污染防治战在全国展开。两年来，各个方面齐心协力，做了大量工作，并取得一些进展。

2015 年 11 月 7—9 日，辽宁省大部分地区空气质量严重污染，首要污染物 $PM_{2.5}$，省会城市沈阳全市 $PM_{2.5}$ 均值一度达到 1 155μg/m^3。11 月底—12 月初，京津冀大部分地区也多次经历重度污染天气。“空气污染”“霾”“$PM_{2.5}$”等关键词又一次在网络、电视和报纸等媒体上成为人们关注的焦点。如何正确认识我国空气污染的整体状况和发展趋势，从而提出相应的空气质量管理和空气污染治理的对策建议，也是摆在我们面前的一项重要课题。下面我就自己掌握的资料谈一些看法，和大家共同讨论。

2 空气污染的健康危害

在空气污染中，现在关于霾的概念是气象部门通过能见度来定义的：大量极细微的干尘粒等均匀地浮游在空中，使水平能见度小于 10 km 的空气污浊现象。其核心物质为细粒子，或称细颗粒物，即 $PM_{2.5}$，是 WHO 定义中可以达到人体下呼吸道的粒子。

2013 年 10 月 17 日，国际癌症研究机构（IARC）宣布室外空气污染可导致癌症，并正式划为一类致癌物质。2013 年 10 月 24 日，IARC 发布 109 号文件称有充分证据表明，空气污染可以导致肺癌，也会增加膀胱癌的风险，空气污染是最广泛传播的环境致癌物。空气中的致癌物是什么呢？已确

注：根据魏复盛院士在 2014 年中国西部环保产业高峰论坛主旨报告讲稿整理。

认的有：苯并［a］芘、苯、甲醛、二噁英、重金属砷、镉、六价铬等。在我们的研究中，空气中 $PM_{2.5}$ 浓度与儿童呼吸系统疾病发病率有明显的正相关关系，空气污染对儿童肺功能发育有不利影响。

除了对健康外，空气污染也造成能见度降低，从而影响飞机正常飞行、高速路封闭、轮船停驶、交通事故上升，安全生产风险增大。同时能见度降低会降低植物的光合作用，而颗粒物、气态污染物吸附在植物叶片上，对其呼吸、生长均产生不利影响。

3　我国空气污染发展的特点

3.1　空气污染正在经历从“点”到“面”的转变

通过最近一段时间的灰霾现象，大家可能也能感觉到，空气污染不再仅仅是一个城市的问题，而通常是几个相邻城市或几个相邻省份同时发生，且一定区域内的空气污染呈现相同的污染物特征。如京津冀地区、长三角地区、珠三角地区等，发展成一个区域性的问题。

3.2　空气污染的呈现“复合污染”的特点

现在搞“节能减排”，大气中颗粒物、SO_2 排放量都明显下降了，为何 $PM_{2.5}$、霾污染却加重了呢？其关键就在大气的复合污染。空气中，工业、机动车等不同来源的污染物同时存在，如 NO_2、O_3 等造成空气的氧化性增强，促使 SO_2、NO_x 较快氧化转化成硫酸盐、硝酸盐，与大量化肥与畜禽养殖排放的 NH_3 结合，生成硫酸铵、硝酸铵，这样就地快速产生 $PM_{2.5}$，不像过去 SO_2、NO_x 作为气体可以通过水平、垂直扩散到较远的地方。这种通过 SO_2、NO_x 快速转化作用即可认为是降低了当地气体污染物的环境容量。

4　空气污染防治对策建议

4.1　实施协同控制战略

这里既要对多种污染物进行协同控制需求，也要求地区之间、不同政府部门之间的协同控制，我们不能“单打一”，哪种污染物浓度高就治理哪一种，而是要对烟（粉）尘、SO_2、NO_x、VOCs、NH_3等污染物综合考虑。同时，鉴于空气污染的区域性传输特点，相邻地区间的协同控制已势在必然，如现在京津冀地区所进行的“联发联控”等举措就很有参考价值。目前的形势也要求政府、企业和民众协作，共同努力，打好空气污染防治这一仗。

4.2 清洁煤利用技术

我国是煤炭生产和使用的大国，不可能完全放弃煤炭资源而改为其他能源，发展清洁煤利用技术就是我们中国必须走的技术路线之一。现阶段，对燃煤电厂中的大型机组（装机容量 60 万～ 120 万 kW）实现临界、超临界发电，这样发每度电耗标准煤 270 g 到 300 多 g，提高煤的效率，节能就是减排。目前我国电厂的净化除尘、脱硫、脱硝等措施要求，已高于国际标准，达到了超低排放标准。建议淘汰中小锅炉、窑炉，或采用煤改气等技术，尤其需要关注的是散烧煤的排放问题，散烧 1 t 煤排放污染物是电厂使用 1 t 煤排放污染物的 50 倍，对于散烧煤，采用清洁型煤利用技术十分迫切。

4.3 机动车污染控制

建议优先发展公共、轨道交通，发展利用清洁能源的交通，如天然气汽车、电动汽车；利用国Ⅳ、国Ⅴ标准的汽油、柴油；加速淘汰老旧车、黄标车；要把工程机械、农用机械纳入排放监管，从而达到节能降耗和减少污染排放的目的。

4.4 把 VOCs 排放纳入监管

建议研究提出优先控制 VOCs 的名录，制订总量控制方案，促使企业清洁生产和循环回收利用 VOCs 资源。

4.5 控制农牧业面源 NH_3 的排放

1984 年以来我国化肥施用增加 225%，其单位面积粮食产量增长 56%，我国化肥施用量平均为 400 kg/hm^2，是欧美等发达国家的 4 倍，其当季利用率仅为30%，而欧美的当季利用率为60%～70%。这不仅浪费，而且还污染环境。

欧美国家从20世纪80年代开始，制定氮、磷的总量控制和减量制度，至今使用已减少31%～49%，而其粮食单产增长51%～52%。可见我国化肥、畜禽养殖NH_3排放有很大减排潜力。

4.6　积极开展生物质（秸秆）资源的综合利用，消除秸秆无序燃烧

秸秆焚烧之所以屡禁不止，主要还在于我们目前没有秸秆利用的有效途径，而采用秸秆还田的一些地区，由于生物质不能完全降解，在施行还田几年后，带来了诸如越冬害虫增加、播种受影响等问题。因此，国家和地方政府应加大投入，立专项积极开展相关研究，因地制宜，因时制宜，对秸秆资源进行综合利用，解决秸秆无序燃烧问题。

4.7　大力发展新兴环保产业

我国现在已经成为世界第二大经济体，已积累了一定的经济、科技实力，但我们还面临着相当大的困难，主要体现在以下几个方面：首先，现在我国经济发展正处于换挡期，经济增速将从GDP每年增长10%的高速发展转为7%的中高速发展；其次，现在是结构调整的阵痛期，许多地区都面临着落后、过剩产能的淘汰与转型升级问题；最后，现在也是前期政策的消化期，我国现在人均GDP为7 000多美元，到2020年预计将达到人均15 000美元，因此，将环境改善作为重要抓手，大力发展环保产业是我们保经济、促发展，实现战略转型的关键一步。

5　我国空气污染的治理前景

我国正处于工业化中后期，进入工业化、城镇化快速增长期，将面临着环境、资源、人口的巨大压力。2010年与2005年相比，我国GDP和人均GDP分别增长118.3%和151.5%，但2010年我国人均GDP仅为美国的9.08%。

发达国家目前的工业化、城镇化、农业现代化、信息化是顺序的发展，即“串联式”发展，到今天用了200多年时间，在发展中出现了许多环境污

染与健康危害事件，经过了漫长时间才逐步解决。

我国的发展是后来居上，急切要把失去的200多年时间找回来，必然决定采取“并联式”发展，即新型工业化、信息化、城镇化、农业现代化的同步快速发展。我们改革开放仅35年，传统工业的污染问题、现代工业污染问题、城镇化、农业现代化过程污染问题都同时呈现在我们面前，形成巨大的压力和严峻挑战，我们应该科学理性地看待这个问题，我们需要时间去认识，研究和正确的处理，我国的发展一定要走出一条与发达国家不同的新路来。

我们高兴地看到，我国在发展中吸取了发达国家的经验教训，十分重视环保立法、政策法规、标准，按照历史发展阶段进行比较，即我们现在情况和发达国家工业化中期相比，我们的环境质量和损害比他们轻，比他们好。但我们的环境状况和发达国家现在水平相比，我们的差距还相当大，因为他们早已完成了现代化，而我们正处于工业化中期，工业化、城镇化的双加速期，现代化远未完成，仍然是名副其实的发展中国家。

按照发展规律的库兹涅茨曲线，我们可提前进入发展平台期和转折点。

我们过去35年经济社会的高速发展，成为世界第二大经济体，成就举世瞩目，值得我们每个中国人骄傲和自豪，当然我们在发展过程中对科学发展观，对经济与环境的协调发展认识不深，处理有不足之处，今天许多的经验教训都是我们宝贵的财富。

国家对于空气污染等重大环境问题也给予了更大的关注，2012年2月我国颁布了新修订的《环境空气质量标准》（GB 3095—2012），将$PM_{2.5}$纳入了空气质量必测项目，同年4月环境保护部调整了国家环境空气质量监测网组成名单，将监测网络覆盖到我国所有地级以上城市，调整后的监测网络有338个地级以上城市的1 436个自动监测点位组成。$PM_{2.5}$减排也成为考核地方政府的重要抓手之一。“APEC蓝”“阅兵蓝”等现象也说明我们有能力治理好空气污染问题。

我们的前途是非常光明的，对此我们充满信心，同时我们还要有韧性，要坚持不懈，从源头控制、过程治理，上下协同、区域协同，人人都从我做起，预计到2030年左右，我国空气质量第一阶段的目标就能实现。

预计到 2050 年，我国将达到发达国家的中等水平，我国还要较快发展，人均 GDP 达到 4 万美元左右，此期间美国也要发展，人均 GDP 将达到 8 万美元左右，我们仅是他们的一半，到那时我国环境质量将达到发达国家现在的优良水平。

有毒、有害化学品环境污染及安全防治建议

1 引言

现在全球已合成各种化学物质 1 000 万种，每年新登记注册投放市场的约 1 000 种。我国能合成的化学品 3.7 万种。这些化学品在推动社会进步、提高生产力、消灭虫害、减少疾病、方便人民生活方面发挥了巨大作用。但是在生产、运输、使用、废弃过程中不免进入环境而引起污染。有机氯农药、有机磷农药、多氯联苯、氟氯烃类、苯系物、苯酚类、硝基苯类、苯胺类、重金属等在各种环境介质中均有检出，这是一些产品性的化学污染。

在生产过程中的副产物性的化学污染，如多环芳烃、二噁英、苯并呋喃类、自来水消毒产生的氯代烃类。在环境中产生的二次污染物，如挥发性有机物与 NO_2 在紫外光作用下形成光化学烟雾，生成过氧化乙酰硝酸酯、O_3、醛、酮等。此外污染的化学品在土壤、水、空气中迁移转化，在化学的、生物的作用下发生化合分解与降解，有时产生的降解产物比原化学品毒性更强，如无机汞离子在水体底泥中会转化为毒性更强的甲基汞（CH_3Hg^+），某些有机磷农药也可水解为无害的化学形式。

2 国际上有毒有害化学品污染及防治动态

2.1 POPs 公约

这是一类在环境中持久存在的有机污染物（POPs），它们可远距离传输，能经过食物链在生物体内富集，最终通过哺乳奶水转移到后代体内，其毒性极高。POPs 的首批名单有 12 种，即农药 8 种：狄氏剂、艾氏剂、异狄氏剂、氯丹、灭蚁灵、七氯、毒杀芬、DDT；化学品 2 种：PCBs、六氯苯；工业副产物 2 种：二噁英、苯并呋喃。联合国环境规划署组织召开了一系列的会议

注：原文刊载于《中国工程科学》2001 年第 9 期，作者魏复盛。

和谈判，谋求通过国际协调行动，禁止和淘汰 POPs 的生产和使用，签订一项具有国际约束力的条约。

2.2 《鹿特丹（PIC）公约》

为了防止危险化学品和农药通过国际贸易可能给一个国家和地区的人民和环境造成危害和灾难，在国际贸易对某些危险化学品和农药采用事先知情同意程序公约（以下简称 PIC 国际公约），已有 80 个国家签字。这类化学品出口国要通知并征得进口国的同意，才可出口。首批化学品名单包括禁用化学品，严格限用化学品和极为危险的农药制剂共 29 种，即有 2,4,5-涕、艾氏剂、敌菌丹、氯丹、杀虫脒、乙酯杀螨醇、滴滴涕、狄氏剂、地乐酚和地乐酚盐、1,2- 二溴乙烷、氟乙酰胺、六六六、七氯、六氯苯、林丹、汞化合物、五氯酚、毒杀芬、乐杀螨、久效磷、甲胺磷、磷胺、甲基对硫磷、对硫磷、青石棉、多溴联苯、多氯联苯、多氯三联苯、三（2, 3- 二溴丙磷酸酯）磷酸盐。

2.3 许多化学品污染具有“三致”毒性

多环芳烃、二噁英、PCBs、狄氏剂、氯丹、灭蚁灵、七氯、敌枯双、西维西、烷其汞、β- 萘胺、联苯胺、亚硝胺、五氯酚钠、甲醛、苯、砷、铅等具有致癌、致畸、致突变作用。如伦敦锅炉烟道清灰工人肺癌发生率、死亡率很高，研究已查明是受到烟道灰高浓度多环芳烃特别是强致癌物 BaP 暴露所致。大量基础研究报告表明，有 140 多种化学物质鉴定对动物有致癌作用。经流行病学调查确认有 21 种化学品（如 BaP、二噁英、β- 萘胺、亚硝胺等）污染对人致癌，有 18 种对人可能致癌（如氯丹、灭蚁灵、七氯、六氯苯、毒杀芬、PCBs、滴滴涕等）。致癌还有物理的、生物方面的因素，但据科学家估计人类肿瘤的 80%～85% 与化学致癌物有关。美国在越战施用含有二噁英杂质的橙黄剂已给越南民众造成巨大危害，如癌症高发，畸胎、怪胎等遗传生殖毒性的严重灾难。

2.4 突发污染事故影响社会安定，低浓度化学品污染积累形成潜在危害

印度博帕尔农药厂爆炸，430 t 剧毒农药异氰酸甲酯泄漏污染环境，致使 6 400 人死亡，13.5 万人受害，20 万人被迫迁移。海湾战争的破坏使 50 万 t

原油流入海湾，至少污染 1 000 km^2 海面，使大量鱼虾、贝类、海鸟、海草死亡，是一场极大的生态环境灾难。尽管各国对突发污染事故事前采取了预防及事后采取许多补救措施，但严重化学品的污染事故还是不断发生，危害着社会安定和人民生命财产的安全。

更多的是人类生产活动，造成低浓度的化学品污染长期积累，通过各种环境介质，最终危害着人民群众的生命安全。如日本的痛痛病是由铅、锌冶炼厂含镉废水污染了稻田，人们吃了超标的镉米发生痛痛病，致骨质疏松，骨折而死。又如，美国纽约州的拉夫运河河谷一个镇，由于垃圾填埋场长期污染土壤、地下水和空气，污染物进入家庭、学校，损害着人们的健康，最终导致整个城镇的搬迁。PCBs 污染、汞污染、砷污染、农药污染，往往是低浓度慢积累和长期作用而形成后患无穷的危害。

2.5 环境激素污染影响人类及野生动物生存繁衍

近 20 年发达国家对环境激素类化学品（又称环境荷尔蒙）的研究十分活跃。现在欧洲、美国、日本等国已筛选出来约有 70 种化学品污染物属环境激素类物质，如 PCBs、二噁英类、苯并呋喃类、滴滴涕、六六六、三丁基锡、三苯基锡、双酚 A、壬基酚、酞酸酯类等均是常见的激素类污染物。通过环境介质和食物链进入人体和野生动物体内，干扰雄性激素的分泌，有生殖毒性和遗传毒性，会干扰人和野生动物的生殖功能，影响其后代的生存繁衍。英国发现生长在受污染水域中大部分雄性鱼会变成两性鱼和雌性鱼，并能产卵，即叫“雌性化”。鸟类吃了含杀虫剂的食物，产卵减少，且蛋壳变薄，难以孵化出小鸟，使许多珍稀鸟类濒临灭绝。日本、美国、欧洲等 20 个国家的调查发现，1938—1991 年成年男子精子数量平均减少 50%，其活力下降，有约 20% 的夫妇由于男子的原因不能生育孩子，而且也发现由于污染致使畸胎、怪胎比例呈上升趋势。

2.6 保护臭氧层公约

国际社会分别于 1985 年和 1987 年制定了《保护臭氧层公约》和《关于消耗臭氧层物质的蒙特利尔议定书》，每年进行一次国际会议，推动消耗臭氧层物质的逐步淘汰，以保护当代人民和子孙后代的环境安全。发达国家在 2000 年前全部淘汰消耗臭氧层的氟氯烃类、哈龙类。发展中国家将在 2010

年前停止生产和使用这些化学物质。

2.7　防止全球气候变化公约

由于温室气体 CO_2、CH_4 等大量排放，使全球气候变暖、南北极冰川融化、海平面上升及厄尔尼诺、拉尼娜现象发生频率增加。全球洪涝、干旱、飓风等环境自然灾害严重，对人类的生产、生活造成极大危害。

2.8　筛选出重点有毒有害化学品加以控制

美国在各种环境介质中检出数千种化学品。经过风险评价，只有那些对生物有急性毒性、慢性毒性、易挥发，在环境中难降解、高残留、易生物富集的，对人体有致癌、致畸、致突变、致敏毒性的化学品才是人们最为关注的。发达国家通过大量的调查研究和毒理实验以及化学品的风险评价，筛选出重点控制的有毒、有害化学品名单，制定了相应的法规标准进行控制。如美国《清洁水法》优先控制污染物 129 种。美国超级基金会要公众了解的污染物 317 种。水污染控制法要控制的污染物 299 种。美国 1990 年颁布的新《清洁空气法》要重点控制的有毒有害污染物 189 种。要花巨额资金，研发清洁生产工艺和最佳处理技术。在今后的数十年中要将其有毒化学品排放量减少 90% 作为重要目标，以保护公众的身体健康。苏联是制定的有毒化学物质标准最多的，1986 年颁布水中最高允许浓度污染物达 561 种。日本曾对 600 种化学品污染进行环境调查，检出有毒化学品 189 种，在空气中要重点控制的 165 种。现在，发达国家已将有毒、有害化学品污染纳入法制管理之中，而且进行了大量的基础研究和调查，搞清污染现状、危害并制定防治办法。

美国世界资源研究所副总裁马修斯曾说：20 世纪的最后 10 年要求我们对国家安全重下定义，未来的国家安全概念将由防御外国侵略转变为防止环境恶化。

由此可见，把环境污染包括有毒、有害化学品污染以及生态环境破坏提到国家的安全高度是有道理的。

3　我国已做过的工作

我国科技工作者跟踪世界的科技前沿，对环境有毒、有害化学品污染做过一些局部调查、监测，政府主管部门在制定法规标准方面，在国际履约方面做了大量工作，取得一定进展，但与发达国家相比，差距仍较大。

3.1 局部调查显示污染严重

3.1.1 城市空气有毒、有害化学品污染严重

1999—2000 年对北京市空气进行多次采样监测，共检出有机污染物 130 种，其中挥发性有机物 70 种、半挥发性有机物 60 种。

北京监测结果给我们的印象是：①含铅汽油的淘汰解决了铅污染，但在汽油中添加了 35%～50% 芳烃化合物。我国大中城市空气中苯、甲苯、乙苯、二甲苯污染加重，比美国现在城市空气中的苯系物浓度高 5～20 倍。现在，美国在汽油中已不加芳烃，而改加 MTBE（即甲基叔丁基醚）。后来发现此物为可疑致癌物，正在研发 MTBE 的代用品。我国能否跨越式发展，跳过芳烃和 MTBE 这两个阶段，开发出清洁的汽油添加剂，很值得研究。②在检出的 25 种农药中存在艾氏剂、狄氏剂、DDT、氯丹、PCBs 等属于持久性高毒的有机污染物。③多环芳烃中致癌性强的 BaP 超标，有致癌作用的苯并［*b*］荧蒽、苯并［*k*］荧蒽污染重。

其他城市如沈阳等均有类似情况，如沈阳的居民区，商业、交通、工业区冬季检出的 BaP 27.4～61.9 ng/m^3，超过国家标准（10 ng/m^3）2～5 倍，约有 90% 的 BaP 是在 PM_{10} 中，可进入人体呼吸系统，危害很大。清洁对照点 BaP 为 5.7 ng/m^3。其污染源主要是煤的燃烧，汽、柴油车及垃圾焚烧排放出物。

3.1.2 地面水和饮用水水源污染

某省近年对 25 个饮用水水源和水厂出水监测，累计检测出有机污染物 504 种，能确切定性的 213 种，其中卤代烃 42 种；胺类 8 种；单环芳烃 30 种；呋喃 5 种；酯类 21 种；酮类 4 种；苯系物 27 种；醚类 3 种；多环芳烃 22 种；酚类 17 种；亚硝胺及其他 34 种。

其他在辽河、浑河沈阳段检出有机污染物 143 种，过去在第二松花江检出有机物 374 种。在沱江检出 175 种，在珠江检出 241 种。由此可见，环境中有毒有害化学品污染是普遍存在的，且其中有些污染物对人体健康十分有害。

近岸海水也受到有毒化学品污染，沉积在底泥中，通过海洋生物逐级富

集，最终会危害人体健康。

3.1.3　河流、河口水质的污染

许多有毒有害的有机污染物难溶于水，进入水体后很快沉积在底泥中，如在上海苏州河底泥中检测出 201 种有机污染物：多环芳烃 80 种；烷基苯 18 种；含氮多环芳烃 20 种；烷烃 30 种；酚 6 种；PCBs 1 种；氯酚 7 种；DDT 2 种；六六六 4 种；酞酸酯 2 种；氯苯 7 种；十六烷基聚氧乙烯醚类 10 种；有机酸 12 种；其他 2 种。

又如，在珠江广州段和澳门河口底泥中检出 DDT、PCBs。16 种优先控制的 PAHs 的浓度，超过世界生态风险评价指标的低限，甚至高限，属于高生态风险区，见表 1。

表 1　河流底泥中有机污染物浓度

采样点	DDT	PCBs	PAHs
珠江广州段	73.0	485.5	10 810
	90.9	52.1	2 432
	35.1	48.3	1 423
澳门河内港	1 628.8	338.5	9 219.8
风险评价低限	1.58	22.7	4 022
高限	46.1	180	44 792

3.1.4　二噁英污染

我国用六六六热解工艺生产三氯苯，其废渣检测出二噁英和二苯并呋喃的总含量达 10.2%～17.8%。平均值高达 13%。换算成 2,3,7,8-TCDD 的毒性当量达到 760 mg/kg，比推荐标准值（1 μg/kg) 超出 76 万倍。无疑属于剧毒的危险废物。该工段生产工人 100% 患氯疮。

我国生产的五氯酚、五氯酚钠也含有大量的二噁英类物质，经检测其毒性当量分别达到 118 μg/kg 和 76 μg/kg。这两种化学品用作木柴防腐及杀灭钉螺的杀虫剂，致使二噁英也严重污染了环境。

二噁英是某些生产过程产生的副产物，如上述两类产品的生产，此外还有石墨电极法电解氯碱工业的废渣（盐泥）中含有大量的二噁英，纸浆加氯漂白，其废水检出的二噁英比国外经过处理的废水浓度要高出很多。垃圾焚烧也排放出二噁英。尽快调查摸清情况，淘汰一些生产产品和落后工艺，并对已产生的废物进行安全妥善处理是当务之急。

3.1.5 有毒、有害化学品污染对人体健康的影响

下面列几个实例进行说明：

云南宣威地区农民家里散烧烟煤，造成室内颗粒物、有机物和 BaP 严重污染，如 BaP 浓度 6 269 ng/m^3，超标（10 ng/m^3）600 多倍，其肺癌死亡率为 128/10 万。比烧无烟煤或木柴的农民（2.08/10 万）高出 60 多倍。又如对某些焦化厂调查，炼焦炉旁，焦顶的 BaP 超标 400～22 800 倍。炼焦工人癌症总死亡率，比非炼焦工人约高出 9 倍之多。

空气可吸入颗粒物（PM_{10}）、细颗粒物（$PM_{2.5}$）上富集了重金属、酸性氧化物、多环芳烃、有机农药及病毒、细菌等，对人体健康危害很大。我们的研究表明，颗粒物污染、SO_2、NO_x 污染使儿童和成人呼吸系统的病症增加，并使儿童肺功能发育受到不良影响。

室内装修使用的有些涂料、黏胶、塑料、石料质量低劣，造成室内苯、甲苯、二甲苯、三甲苯、甲醛、氨气、放射性严重污染，其浓度往往比室外高出数十倍，使人感觉刺眼，呼吸困难，白血球降低，甚至引起中毒身亡的事件也时有发生。

3.2 在监督管理有毒化学品方面做过的工作

3.2.1 加强了监督管理

国家环保总局加强了有毒、有害化学品的监督管理，首批重点监管化学品名单（79 种类）即将颁布；农业部制定了《农药管理条例》和《农药管理条例实施办法》；国家经贸委列出了 997 种常见危险化学品，进行鉴定分类和登记注册管理。颁布了《淘汰落后生产能力、工艺和产品目录》，开始走上法制管理。

3.2.2 制定控制标准

经过一些调查研究，筛选出一些优先控制的污染物，在污水综合排放标准中增加了 40 项有毒、有害化学品项目，在大气污染综合排放标准中增加了 17 项有机污染物等。

3.2.3 积极参加了有关化学品的国际谈判

承担了相应的义务，体现了中国对全球环境负责的态度。

3.3　与国外工作的主要差距

3.3.1　情况不明、底数不清

对全国有毒、有害化学品环境污染物的种类、浓度水平不清，污染主要行业、来源、排放总量、污染负荷不清，哪些属落后生产工艺应该淘汰的不清，污染物的去向及其影响也不清。

3.3.2　法规、标准不全，与国外差距很大

我国缺少有毒、有害化学品的污染防治法（包括生产、运输、使用及销毁或处理等）。国外如美国控制的有毒、有害污染物多到几百种，而在我国的标准中仅有十几种至40种，而且有许多标准尚未执行。

3.3.3　基础研究薄弱

对人体健康影响及对生态环境影响不明，缺乏对有毒、有害化学品环境风险评价和管理；此外也缺乏控制目标及产业结构和淘汰落后产品、生产工艺的规划与计划。

3.4　建议

建议国家组织环保科技人员、管理人员开展深入系统调查研究，搞清国情，以便采取有针对性的政策措施，制定相应的法律、法规、标准，进行依法监管，遏制有毒、有害化学品的环境污染，并为产业结构调整，推广清洁生产工艺提供科学依据。

（1）调查研究搞清我国有毒化学品环境污染现状及主要问题。

（2）调查研究我国有毒化学品环境污染的主要来源、污染负荷。

（3）开展基础研究基本了解有毒化学品污染对人体健康及生态环境的影响，进行化学品环境风险评价研究。

（4）研究建立国家有毒化学品污染控制方案。研究提出重点控制名录、行业、减排目标及措施；研究拟淘汰的落后产品、生产工艺的清单及实施步骤；提出调整产业结构、开发和推广清洁生产工艺的规划。

（5）建立环境监督管理体系。在以上工作基础上尽快制定国家的有毒、有害化学品污染防治法；建立监测方法体系，首先制定重点化学品的监测分析方法；制定控制法规、标准体系，加强监督管理，控制有毒化学品污染。

有害化学物质监测监管现状、问题及对策研究

1 引言

根据2010年10月23日时任国务委员刘延东对《中国环境报》一篇报告“我国亟待构建化学物质监测监管体系”批示：“请甬祥、万钢、周济阅研。构建化学物质监测监管体系十分必要。请组织专家研究并提出建议。”中国工程院即设立院部重点咨询项目并组织环境学部和化工学部的院士和相关专家50余人，分5个课题开展调查研究，对国内外化学物质的生产、进出口、储存、运输、使用、排放、转移及废弃处置监管的法律、法规、标准以及化学品产业的发展趋势进行调研，分析了有害化学物质（化学品及进入环境的污染物）引发的生产安全、生态环境安全和人类健康安全事件的态势及其应对的经验教训。在总结了五个课题的调研成果基础上，并召开多次研讨会，进行归纳与提炼，提出了本报告。

2 我国化学物质监测监管的现状和主要问题

2.1 我国有害化学物质监管现状

本报告所述有害化学物质指有害化学品及其进入环境后的污染物，其监测监管体系已初步形成。我国相关的部门构建了石化、化工生产的安全、职业健康防治的法规、条例、标准；在国家的《环境保护法》《水污染防治法》《大气污染防治法》《固体废物污染防治法》等各种法规中对有害化学品也有涉及。国务院颁布了《危险化学品安全管理条例》（591号令，2011年）。近二三十年来，各级政府在应对频发的有害化学物质污染突发事件中积累了较多的经验，在有害化学物质生产安全、环境和健康安全风险不断增大的情势

下，在一定程度上遏制了生产与环境污染事件快速增长的势头。

2.2 化学品工业发展成就

我国的石化和化学工业在“十五”和“十一五”期间快速发展，年均增速达 21.1%。是同期国民经济 GDP 增速的 2 倍以上，化学工业产值已超过美国，居世界第一。石化和化学工业是我国国民经济重要的基础工业和支柱产业。对国民经济发展和方便人民生活和工作，做出了重大贡献。我国有一批现代化石化、化工企业监管比较到位，但较多的中小企业管理水平和手段较落后。

预计未来 15 ～ 20 年，是我国化学工业生产将达到峰值，既是化学品工业快速发展期和化学品使用量高增长期，又是有害化学物质生产安全、健康安全和环境污染的高风险期，因此，我国有害化学物质监测监管正面临着严峻挑战。

2.3 有害化学物质监管立法理念存在不足

我国对化学物质无害管理的指导思想不明确，在有害化学物质监管立法理念上对“预防为主、全程监管、源头控制”认识不足。行动上并没有把健康与环境安全放在与生产安全同等重要地位，国家缺乏一部“有害化学物质控制法”（综合法律）来统一协调各部门的法规、规章和标准。现阶段我国在有害化学物质监管上按生产，储存、经营、使用、废弃排放处置等环节，分段管理为主，这种管理好处是各部门各司其职，齐抓共管，但缺乏相对统一，协调和高效的监管；既存在管理上的交叉重叠，又存在监管链的脱节与缺位，协调难度大。

2.4 化学品生产与使用问题较多，亟需强化监管

石化和化学工业发展相对比较粗放，较多关注大宗通用化学品生产，而高端精细化工和特需化学品的生产比较薄弱，片面追求 GDP，盲目发展化工项目，一批化工产品产能出现阶段性过剩，部分化工企业技术与装备落后。发展化工园区、提高化工产业集中度，有利于加强有害化学物质的监管。但是存在园区设置多、散、乱，企业入园门槛低，造成污染搬家与集中等严重问题，化工产业结构与布局急需优化与调整。其它储存、运输、使用、转

移、排放及处置有害化学物质的单位众多，存在较大的安全隐患，环境突发污染事件呈高发态势，亟待强化有害化学物质的监管。

2.5 全国环境监测组织机构与技术体系亟待加强

全国环境监测以环保系统为主，加上资源部门、工业部门基本形成了对环境质量、污染源排放的常规监测和突发污染事件应急监测的组织体系和技术体系。对化学品的危害测试与风险评价良好实验室技术规范与标准已经建立，但规范性合格实验室较少，其测试数据不能得到国际认可。现在我国仅对进出口有毒化学品和新化学品进行申报许可登记，监管相当薄弱，而对绝大多数化学品（90%）的危害特性不掌握，不利于实行监管。我国目前有许多重点监控的化学品尚未纳入监测业务范围，且缺少相应的监测技术与方法。对全国重点监控的高风险源名录及重点监控的化学品名录底数不清。监控重点不突出。

3 六条建议

3.1 尽快制订国家“有害化学物质控制”综合大法

这部综合大法应包括有害化学品生产、进出口、使用、经营、储存、运输、废弃以及进入环境的污染物实行无害化管理，使其不对人体健康和生态环境产生有害影响（急性毒性和慢性毒性）。在现有国务院及各部门法规、规章与标准的基础上，制定一部国家“有害化学物质控制法”，完善法规、规章、标准，强化我国化学物质风险的预防和全程监控。建议国务院法制办列入立法计划，由环保部牵头启动这部法律的制订工作。

3.2 建立相对集中、协调、高效的有害化学物质监管体制、机制

借鉴发达国家的经验，由国家授权几个主要部门（如环保部、国家安监总局、质检总局、卫生计生委等）分工负责与协调，并由相关部门参与有害化学物质监测监管的体制，统一对全国化学物质生产、进出口、储存、运输、使用、排放、转移及废弃处置过程的安全，环境与健康危害进行有效监管，进一步分清有关管理部门的职责。避免目前多部门分段监管交叉重叠与

监管链的脱节缺位与协调难的问题。

3.3　加快化工、石化产品产业结构与布局优化调整

由工信部牵头研究制订我国化工行业中长期发展战略和安全管理战略。全面清理、整顿、撤并不能满足监管要求的化工园区，关停产能过剩和工艺技术落后的化工企业。加快化工产业结构和布局的优化与调整，实现化学品从通用向通用加高端的产业升级，布局从分散小型化向集群化和规模化提升，大力采用新技术、新设备、改造老企业，建设新企业，实现本质安全，从源头上控制有害化学品的安全风险。

3.4　强化涉化企业的社会主体责任意识，建立健全企业风险防范管理制度

建议政府主管部门制定涉化企业的风险等级，高风险企业必须按规定进行风险评估，明确风险源，并向政府监管部门申报登记，定期向政府监管部门和公众提供生产、经营有害化学物质排放监测与环境危害报告，主动接受监督。企业要严密制定和严格执行安全生产责任制。对可能发生安全与环境事故的，必须制订事故应急预案，对应急处理定期演练，一旦发生事故，做到能及时处置，不发生安全或污染扰民事件；对企业的违法违规行为要实施法律追究制度和损害赔偿制度。为抵御风险，应逐步建立和推行危险化学品生产经营及污染事故的专项安全责任保险。为解决历史遗留有害物质的安全隐患，应建立国家有害化学物质的风险基金制度。

3.5　加快构建有害化学物质监测技术支持体系

建议我国组织相关环保、农业、卫生、质检部门的实验室申请加入经济合作发展组织数据互认工作组，建立良好实验室规范，按全球化学品统一分类和标签制度的标准，对化学品危险性进行测试与评价，加快完善我国化学品的分类、标签和安全说明书制度，使之与国际接轨。加强重点有害化学物质监测新技术、新方法和标准化研究；加大全国重大风险源调查与排查，摸清底数，提出要重点监管的高风险源和重点化学品名录；开展预警监测，报警监控，使问题能早发现早解决，降低污染事件的发生率。

3.6 由环保部牵头建立有害化学物质共享信息平台和数据库，构建广泛的社会监管与安全预防体系

公开透明办化工、石化企业，要坚决消除以“保密”为由把群众拒之门外的思想障碍。化工企业建厂选址、开工生产、排污达标情况以及对环境和人体健康的影响，化学品危害与防护知识应在政府网上公布，以便于群众咨询和监督，同时也便于群众获得正确的科学知识。对于涉及重大项目选址建设，应独立公正公开进行环评，不受干预，环评结果应在网上公告，广泛听取公众意见，包括召开有群众代表和技术专家参加的听证会、论证会，听取意见，完善防治方案。对公众有疑虑的要耐心解释，做好科普宣传。构建涉化企业与周边群众和谐共建局面。使有害化学物质生产、使用、排放受到政府和公众的有效监督。

编写后记

魏复盛院士在中国科技大学就开始进行环境监测技术方法研究及环境污染调查工作，调入中国环境监测总站后，多年来致力于环境化学、环境监测技术、环境污染与健康影响方面的研究，从事环境保护及环境监测工作40余年，积累了大量的、丰富的资料，为我们提供了宝贵的资料。

在总站领导的支持下，以及各有关科室和同事的帮助下，我们将多年来魏复盛院士发表的论文、讲稿、评论建言、媒体采访等文章进行了整理，选编了其中一部分集成《魏复盛院士文集》一书。

文集主要包括“媒体访谈录”“构建并推动环境监测分析方法体系的建设”“土壤环境保护、污染防治与酸雨调查”“环境污染对健康影响的研究”“注重环境保护与经济协调发展”等几个部分。由于水平和时间所限，编辑中难免有不妥之处，敬请广大读者批评指正。

编委会